ナミケダニ上科 *Trombidioidea* の一種。体長 1.7cm（脚は除く）。土の中の微小昆虫やその卵を食べる。

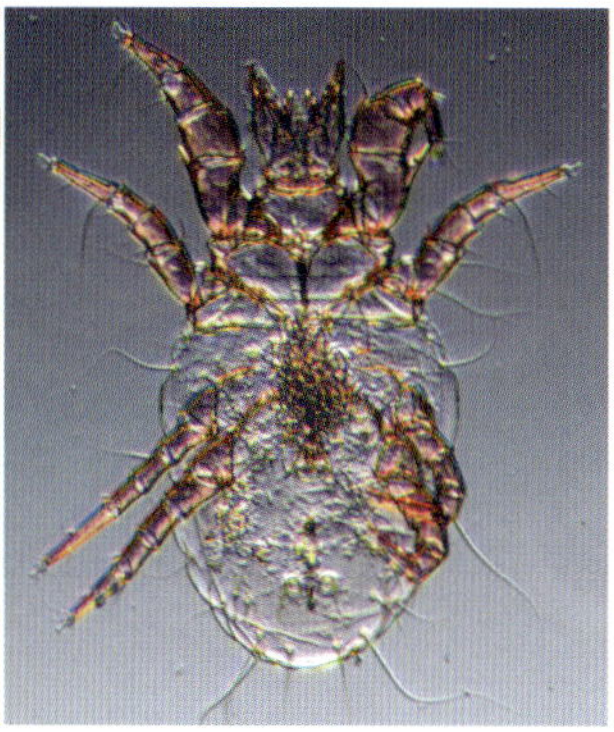

ミモレットチーズに付いていたダニ。由緒正しい名前を持つ（本文p.99参照）。

葉の上でクルクル動き回るハモリダニ科 Anystidae の一種（写真提供：西田賢司氏）。

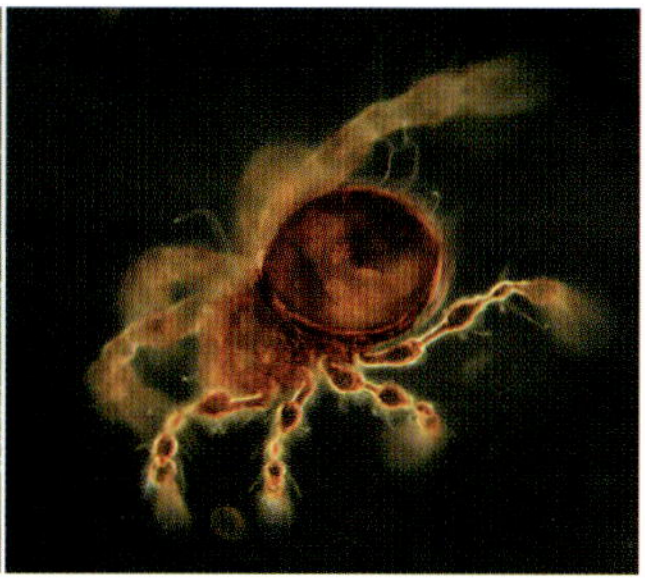

長い脚で外敵から身を守るジュズダニ科 Damaeidae の一種（本文参照）。

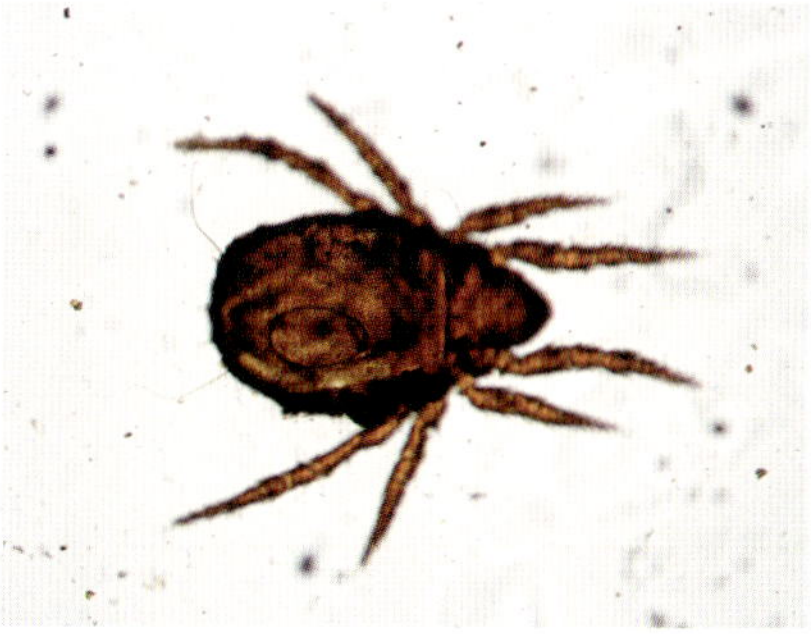

森林土壌の物理的分解者、ヨコヅナオニダニ *Nothrus palustris* の成虫。ササラダニで初めてフェロモンが発見された種（本文参照）。

ムシノリダニ上科 Antennophoroidea の一種。アリ同士のあいだに割り込んで食べ物を横取りする。アリの頭部に付いたダニは、アリに噛まれず、離れることもない（写真提供：島田拓氏）。

外敵からの攻撃を受けると背毛を逆立てて威嚇するコシミノダニの一種 *Gozmanyina majesta*。走査型電子顕微鏡像に着色（写真提供：Valerie Behan-Pelletier 博士、Roy A. Norton 博士）。

背毛がうちわのように広がっているマイコダニの一種 *Pterochthonius* sp. の側面図（写真提供：Günther Krisper 博士）。

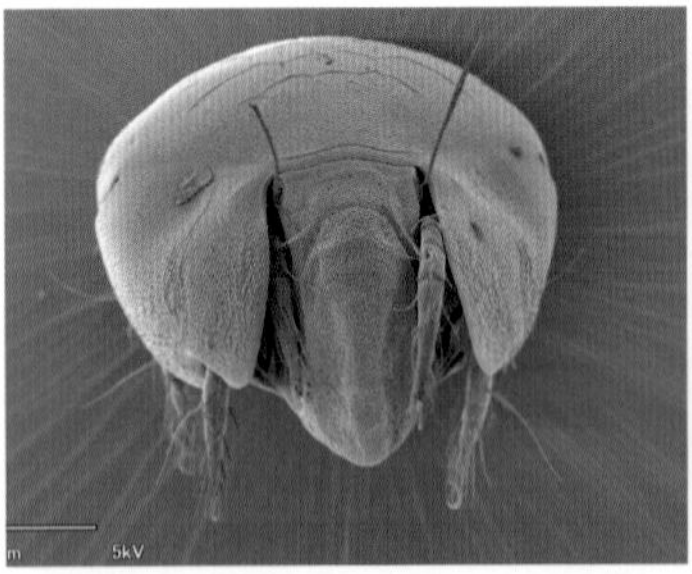

脚を守るために振り袖のような翼を閉じることができるオキナワフリソデダニモドキ *Galumnella okinawana*。

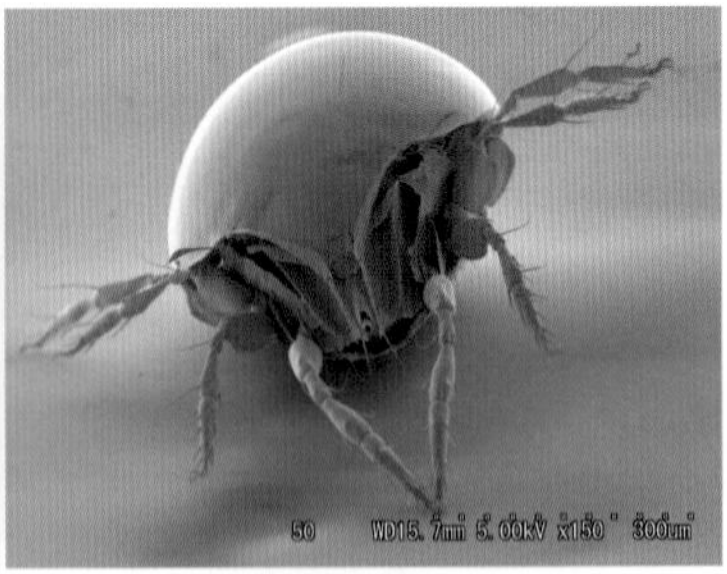

イトノコダニ *Gustavia microcephala* は、ストローのような口器から細い糸ノコのような顎を出してカビの菌糸を切って中身を吸う。

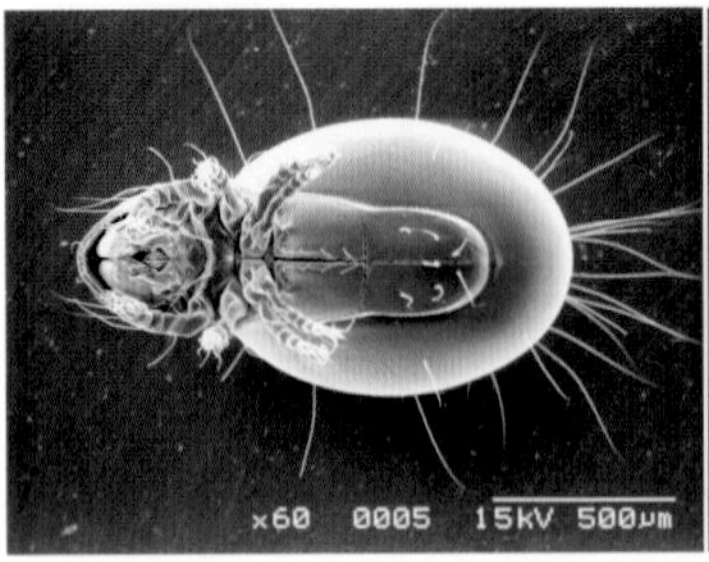

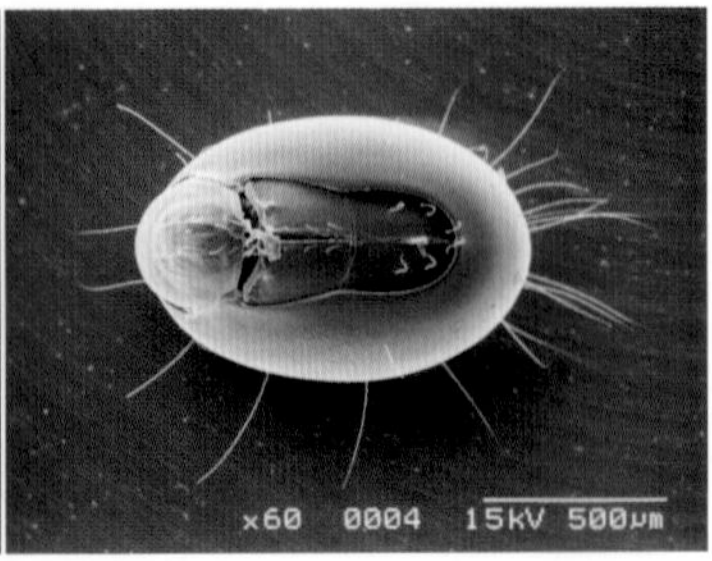

［左］オオイレコダニ *Phthiracarus setosus* が開いたところ。［右］同ダニが閉じて身を守る体勢になった状態。捕食者は、我々がカニを食べるときと同じようにダニの脚をねらう。

カニムシの一種（カニムシ目 Pseudoscorpionida）。鋏に毒針で素早く獲物をしとめる（本文 p.50 参照、コスタリカ産、写真提供：西田賢司氏）。

クツコムシ（未成熟）*Cryptocellus* sp.（クツコムシ目 Ricinulei）は、ダニ類と最も近縁の生き物（コスタリカ産、写真提供：西田賢司氏）。

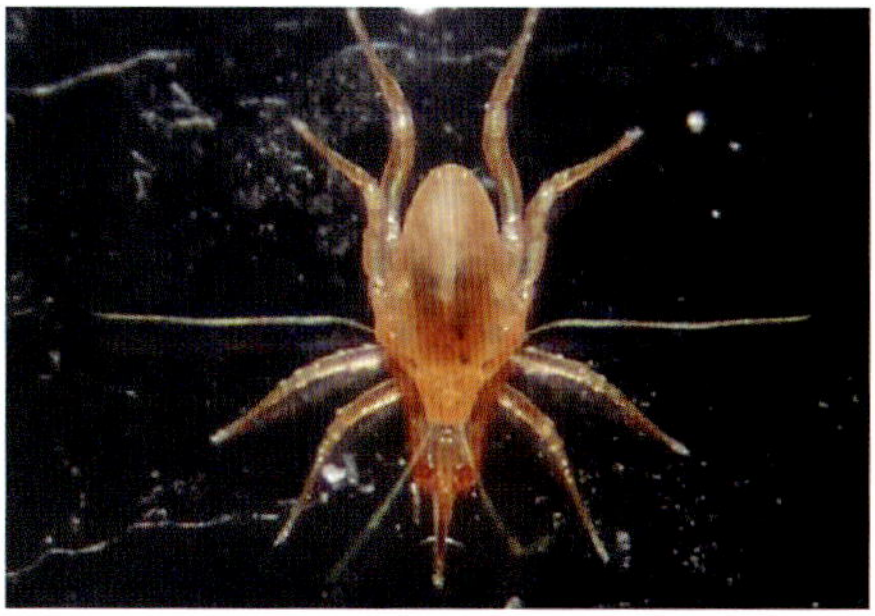

テングダニ科 Bdellidae の一種。口器は細長く、獲物に直接この口器を突き立て、体液を吸う（写真提供：本橋美鈴氏）。

イタリアのダニ学者、アントニオ＝ベルレーゼ Antonio Berlese（1863-1927）の手による種名リストの A の表紙。すべて属名が A で始まる多種多様なダニは、いずれもベルレーゼ博士が記載した（写真提供：Roy A. Norton 博士）。

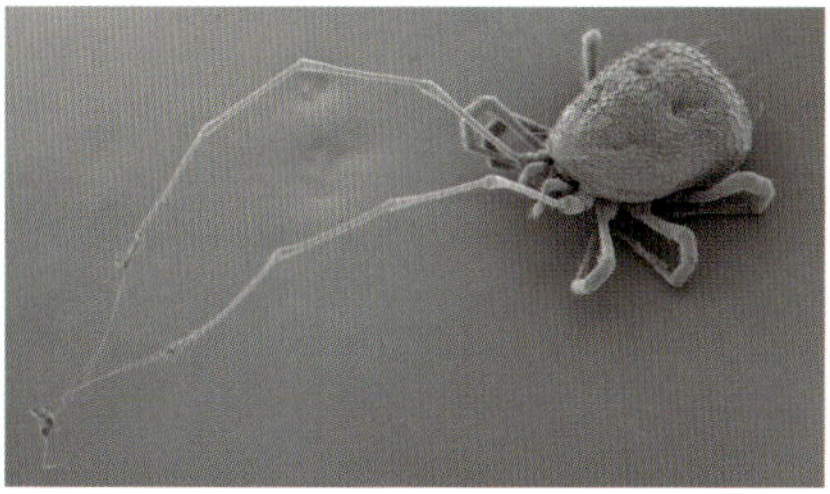

多くのダニには目がない。長く伸びた第 I 脚の先端には 2 本の長い毛があり、昆虫の触角のように使う。タマツナギウデナガダニ *Podocinum catenum*（同定：高久元博士）。

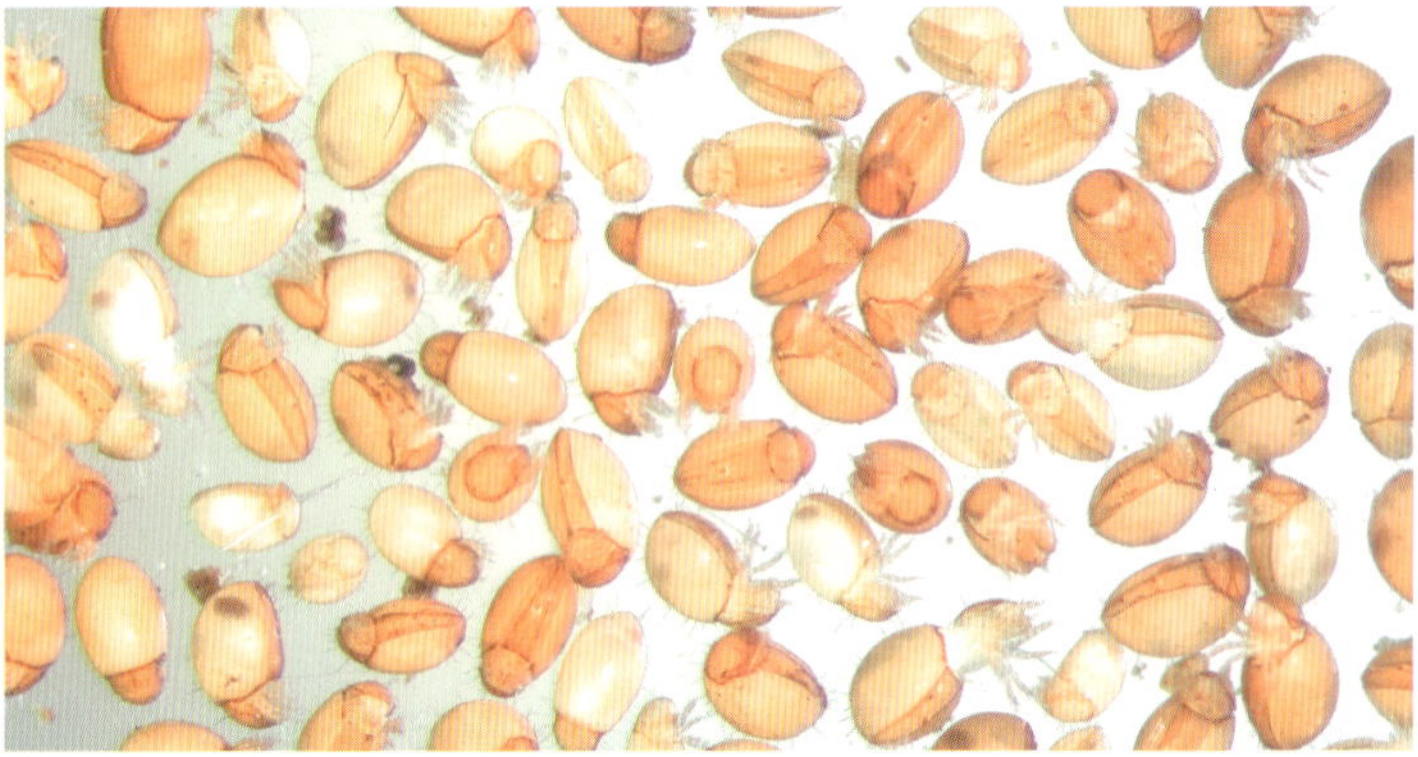

ヒメヘソイレコダニ属の２種。ヒメヘソイレコダニ *Acrotritia ardua* とウスイロヒメヘソイレコダニ（仮称）*Acrotritia sinensis*。着物の襟のような部分の角度が違う。パイオニア種として劣悪な環境にも負けずに、再び森を作ろうと、勇敢にメスだけで立ち向かうササラダニ（本文 p.50 参照）。街路樹など身近な土に多数生息。“いいダニ”の代表格。

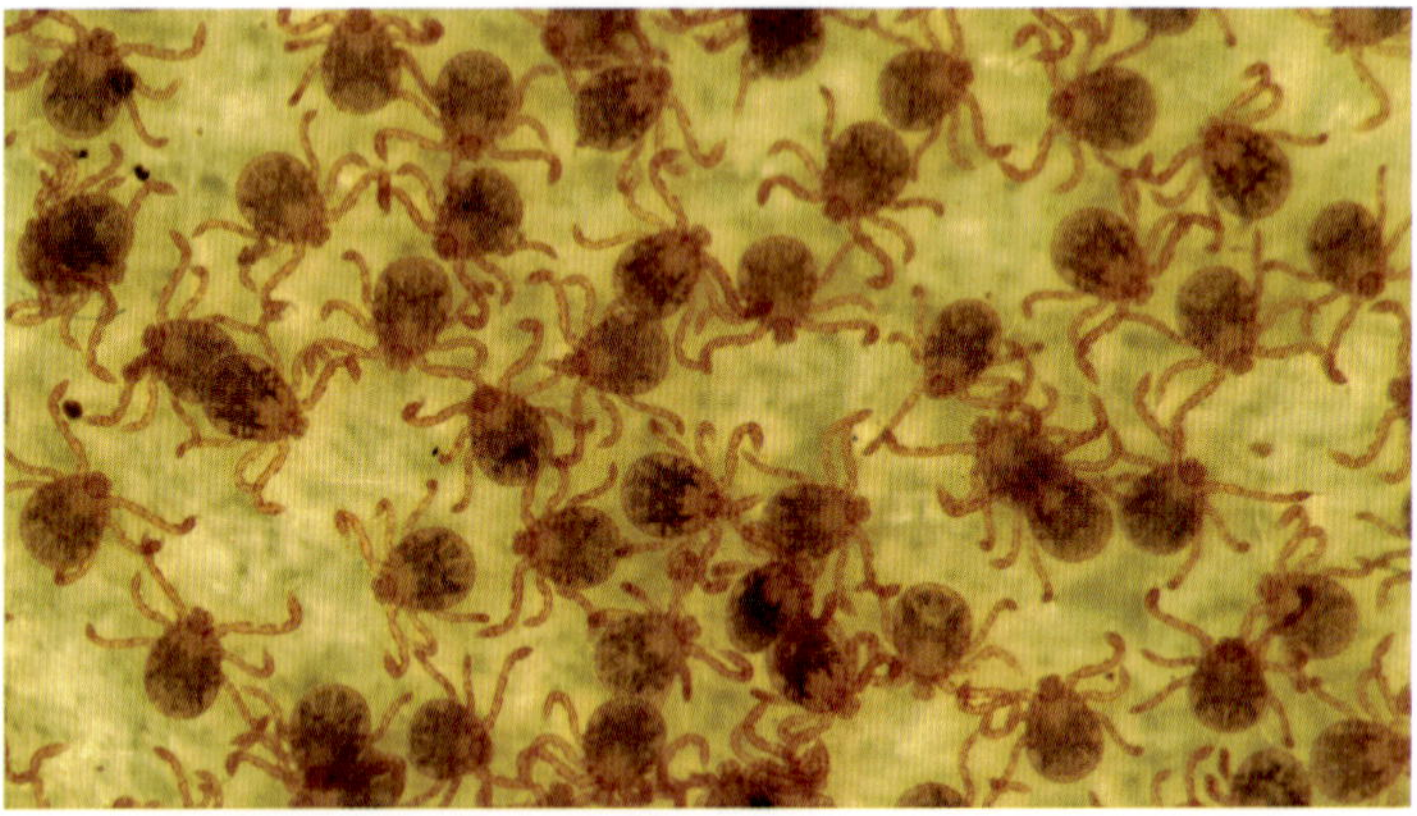

マダニの仲間の幼虫。ダニは一般的に、卵 ー 幼虫（脚は３対）ー 若虫（脚は４対）ー 成虫（脚は４対）という生活環を持つ。ケダニの仲間は、幼虫のときにだけ動物から吸血したり（ツツガムシ類）、昆虫に寄生したりしたあとは（タカラダニ類、ナミケダニ類、ミズダニ類）、悠々と土の中で生活するが、マダニはすべての時期で吸血する。宿主の二酸化炭素や赤外線を感知し、喰らいつく（本文 p.70 参照）。“わるいダニ”の代表格。

ダニ・マニア

チーズをつくるダニから巨大ダニまで

《増補改訂版》

島野智之［著］

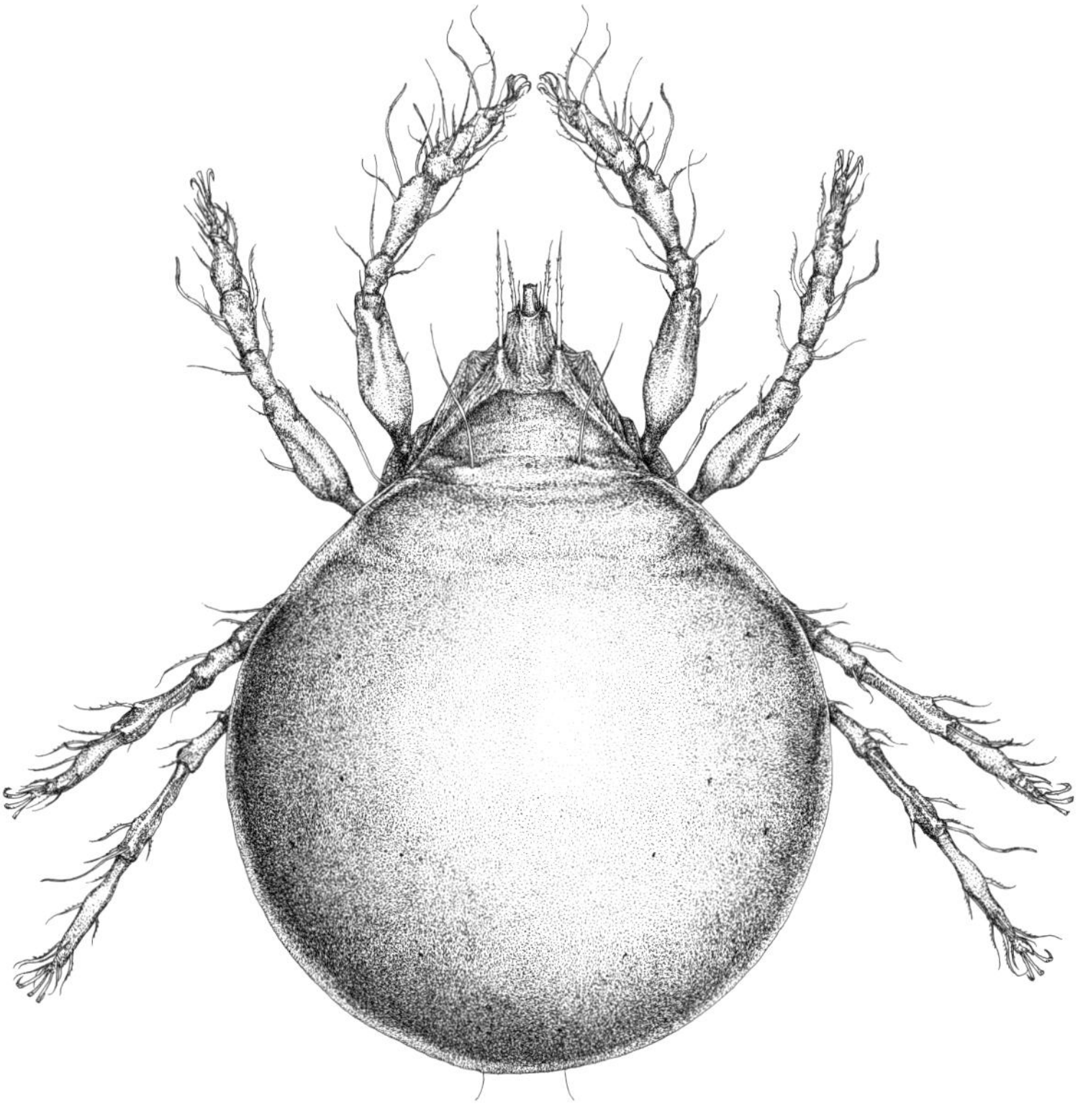

八坂書房

◎目次

心だに誠の道にかないなば、祈らずとても神は護らん

菅原道真

増補改訂版　まえがき

『ダニ・マニア』を上梓させていただいた後、世の中には、マダニが媒介するウイルスのニュースが飛び交うようになった。街角の交差点では、お母さんと子供が「ダニって怖いわね」と話すようになり、世の中に少しでもダニのことを考えてくれる人が増えて、私はうれしくなったものの、日本では「ダニはキケン」と、連日、新聞やテレビのニュースで報道されるようになって、状況は深刻になった。

僕の本はこうした世間の動きとは全く関係なく出版されたのだけれど（帯には「かっこいい！　これがダニ？」とあることでわかるように）、専門家として解説を求められる機会が増えた。

しかしながら、ダニという言葉は少しメジャーになったものの、世の中の人がダニのことを完全に誤解していることに気づいた。これは大変。そこで、この誤解を解く部分を書き足して、増補改訂版とすることを八坂書房からご提案いただいた。ご指摘いただいた間違いもできる限り修正した。

ダニがすべて悪者ではない。また、チーズを作ったり、良い土を作ったり、わりと良いことをするダニもいる。しかしながら、世の中の人が、ダニと正しく向き合い、危険を避け、あるいは、恐怖心もある程度、癒されたらいいと思った。何かの役に立てたら幸いである。

そんなことを考えていると、うれしいニュースが入ってきた。図書館振興財団が主催をしている第

18回図書館を使った調べる学習コンクールで、『ダニ・マニア』を読んでくれた中学生が「優秀賞・図書館振興財団賞・中学生の部を受賞したという。「ダニだって役に立っている！〜自然界に無駄なものはないい〜」鈴木貴裕君・鈴木智裕君（三郷市立早稲田中学校2年［埼玉県］）

本当に、素晴らしいタイトルだ。著者よりもダニの本質をよく理解し、表現しているのではないかと思う。

さて、僕自身も『ダニ・マニア』を上梓させていただいた後、環境が変わった。仙台の大学から東京の大学に移ることになったのだ。研究室の引っ越しで離ればなれになっていた、たくさんのダニの標本を新しい研究室に迎え入れ、無事に到着したダニたちを眺めてほっと一息。

夕暮れ時、下町のカフェでひとり、ゆったり、ダニのことを思い浮かべる至福の時間。たくさんのダニの資料もようやく手元に整理し、ゆっくり読みたい本を忍ばせてきた。近所の人たちが集まりはじめ、わいわいワインを飲みながら、実に楽しそうなことになってきた。ワインのお供は、もちろんチーズ。私も近所の人にまぎれ、新しく出会ったチーズを作るダニのことを思い出しながら、こっそりパソコンを開いてダニへの誤解を解いていこう。

はじめに

私は、仙台のとある教育大学に勤務している。大学が丸ごと教育学部だからなのだろう、女子学生が多い。学生時代からずっと男ばかりの農学部や工学部にいた私からすると、女子学生の割合が極端に多いと感じてしまう。

二〇〇五年に赴任してからというもの、私は自分がダニ学者であることを、なるべく学生には言わないようにしてきた。なぜなら、赴任してすぐの授業でダニの話をしたときに、目の前の女子学生がなんともイヤな顔をしたから。そのわずかの隙もない全否定の憎悪の表情をいまでも忘れることができない。しかも、そのとき私はとっさに、「……そんなダニを研究している友達もいるんだけどねー」とごまかしてしまったのだ。ダニの話を嫌がる学生がいてもしかたがないけれど、何とも情けない態度をとってしまった自分に腹が立った。そうは思いながらも、大学の中で「先生のご専門は何ですか?」と尋ねられると、「微生物です」とか、「微生物生態学です」と答える日々は続いた。もちろん嘘ではないが、「ダニ」という言葉を口から出すのを意識して避けるようになってしまったのだった。

しかし、私は本書を書くにあたり決意をした。世の中にカミングアウトをするときが来たのだ。自分のやりたいことを曲げてはいけない(ダニの研究を断念していたわけではないが……)。好きなものは好きなんだと言おう。

「私はダニが好き」

大学の事務室から郵便物を受け取るときに、「シマノ先生、沖縄から荷物が届いていますけど、中身は何かおいしいものじゃないんですか?」と女性の事務官に聞かれても、もう怖くない。かつての私なら、「中身は、沖縄のダニの標本なんだよ」なんて、口が裂けても言えなくて、笑ってごまかし、廊下に出てから一人でニヤニヤしていたはずだ。でも、今日からは「中身はダニです」ときっぱり言おう。「見たい?」くらいなら、笑顔で問いかけてみてもいいかもしれない。

その昔、一九九〇年頃に「やっぱり猫が好き」という人気テレビ番組があった。女優のもたいまさこさん、室井滋さん、小林聡美さんが三姉妹という設定で、マンションの一室を舞台に、この三姉妹と飼い猫が繰り広げるコメディーである。ほのぼのとしてよかった。こっそり、私は心の中でつぶやいてみる、「やっぱりダニが好き」。

ダニなんて、地球上からいなくなってしまえばいいと思っている人は多いだろう。確かにハダニは大切な農作物を台なしにすることがある。森の中を歩いていたら知らないうちに腕にホクロのようなマダニが付いて血を吸われたり、梅雨になると寝ているうちにダニに刺されたり。

このような人間にわるさをするダニは地球上から消えてしまったほうがいいという意見もあるだろう。実際、〝わるいダニ〟が引き起こす被害を抑えるために、日夜研究に励んでいる優秀なダニ学者は大勢いる。

一方で、人にとって役立つダニもいる。たとえばチーズをおいしくするチーズダニは、食生活を豊かにする〝いいダニ〟の代表選手だ。あまり知られていないが、森の地面に棲み、ひっそりと落ち葉を食べて、生態系の分解者として生き物の社会に貢献しているダニもいる。私は、ダニの中でも後者のいいダニのほう、つまり、あまり人の目に触れない、一見〝どうでもいいダニ〟を研究している。

わるいダニの研究は人間の暮らしに役立っている。一方、森林生態系や池や湖のような淡水生態系で暮らしているダニの研究は、あまり人間社会に貢献しているようには見えないかもしれない。そんなダニを研究してどうする？　という素朴な疑問に私は答えなければいけない時期が来ていると感じている。

「ダニとは何か？　ダニ学者とは何者か？」

本書では、ダニのような虫でも、見所はあると信じて一生をダニに賭けている人々の研究成果をもとに、多様性に富んだ魅力あるダニの世界をご紹介しようと思う。これからたっぷり登場するダニのようなちっぽけな生き物も、工夫をこらして生きていること、ダニを知るために命を懸けて生きている人もいることを知ってほしい。

いろいろあって生きるのに疲れたときに、ダニとダニ研究者のことを思い出して、少しは元気を出してもらいたいのだ。「何でも楽しく、クヨクヨ悩まず、明るく前向きに！」。これが、ダニから学んだ、〝ダニ・マニア〟の合い言葉。それでは、ダニの話をはじめよう。

人間による世界最古のダニの記録は、紀元前850年、バッカスの神殿の天井を飾る彫刻。美しい4匹のダニは、長編叙事詩『オデュッセイア』に出てくるマダニらしい。酒の神の神殿をつくった古代の人々は、ダニを酒の神のそばに寄り添う存在としてここに表したのだろうか（Gorirossi-Bourdeau, 1995より）。

1章　ダニでチーズはうまくなる

フランスで見かけたチーズ

私はダニ屋である。

もちろん、ダニ屋と言っても「ダニを売る人」ではない。虫が好きで虫を研究したり、虫を愛でたりする愛好家のことを「虫屋」と呼ぶが、私は、生き物の中でも特にダニが好きで研究しているので「ダニ屋」なのだ。

私はダニと同じくらいチーズが好きなので、フランス国立科学研究所での研究のため、フランス東部のブザンソン（フランシュ＝コムテ地域圏）に滞在したときは幸せだった。スイスと隣り合った同地では、ありとあらゆるチーズがあり、どれも絶品（一種類だけ除く）。ブザンソン特産の大きな新鮮なチーズ、コムテ Comté、初冬に店先に並ぶ特産のモン＝ドール（「金の山」の意）は最高だ。木の入れ物に新鮮な針葉樹のトウヒの葉とチーズが入っており、白ワインを注いで、オーブンで焼いて

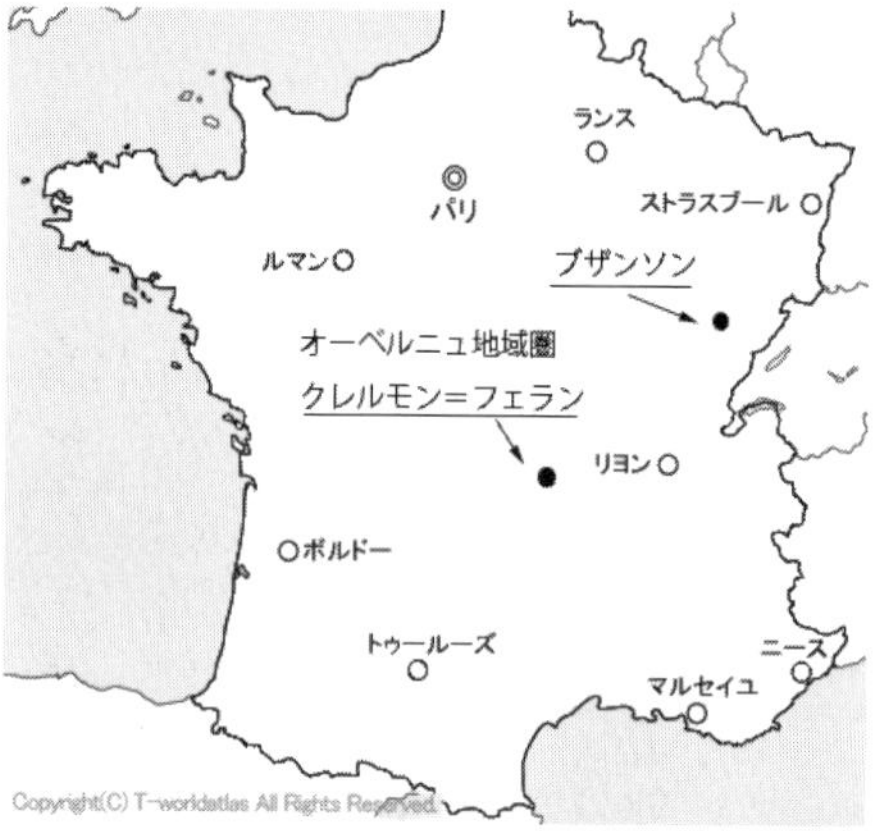

ロックフォール（ブルーチーズ）の発祥地クレルモン＝フェランと筆者の滞在したブザンソン。
地図：sekaichizu.jp『世界地図 SEKAICHIZU』

から食べる。こうして書いているだけで無性に食べたくなる。

フランスには、お腹いっぱい料理を味わった後に、また何種類ものチーズをどっさり食べる習慣があるのだが、「別腹」という感覚を私は、フランスのチーズで初めて知ることになった。

チーズにダニがいる！

フランスのマルシェ（市場）のチーズ屋には、特にうまそうなチーズが並んでいる。ある日、私は、マルシェの人混みの中、うれしさで顔がゆがみそうになるのを押し隠しながら、もう一度、横目でチーズ屋に並ぶチーズを確認していた。店先の、さまざまなおいしそうなチーズの周りに、ダニがわんさかいることが遠目にもわかったからだ。

私はポケットの中のユーロをかき集めて、チーズ屋の店主に、「これを買ってもいいですか？」と聞いた。店主はうれしそうに「いいよ、どれがいい？」と答えてくれた。

「いちばんダニが付いていそうなの！」と喉元まで出てきた言葉を飲み込んで、「いちばんおいしそ

私の滞在したフランス・ブザンソンのマルシェ（市場）。水曜日と土曜日の午前中に仮設の商店が集まる。野菜、果物、チーズ、骨董品などが販売される。農業の国フランスらしく、実に多くの種類の食材が並べられ、試食ももちろん大丈夫。その中から気に入ったものを選ぶ。

うなのをください」と私。

店主は、熱心にチーズを選ぶ私をよほどチーズ好きな東洋人と思ったようで、ニコニコしながら見守っていてくれた。私はそのとき、「チーズは大好きだけど、ダニはもっと……」と心の中でつぶやいていた。

このとき買ったのは、fromage（チーズ）de vache（牛）très（とても）affiné（熟成している）と fromage de chèvre（ヤギ）très affiné（19ページの写真）。

その日の私は、ダニとチーズに囲まれてよほどうれしかったのだろう、友人のダニ学者にメールを送っていた。

「写真を見てください。チーズの下にこぼれているようなつぶつぶの小さいのが、生きのいいダニちゃんたち！　今日、マルシェでダニが付いているチーズを買いました。二ユーロ。表面が少し硬いのですが、この表面部分にたっぷ

マルシェに並ぶチーズ。日本人の感覚なら、埃だらけに見えるチーズは、むしろ高い。高いと言っても日本の半分から3分の1の値段。

りダニが付いていて、ダニがチーズをおいしくしてくれます。味わった感覚では、ダニが付いているところは、味が濃い（普通は食べないと思いますが、ダニごと食べてみました）。全体的に塩分が高い。もちろん生きているダニは裸眼で確認できます。チーズに付いているダニはエタノールに入れて保管しています」。

これがもし日本なら、ダニがわいているチーズを買わされたと、すぐに返品され、保健所あたりに持ち込まれて、大騒ぎになるかもしれない。

ところが、ブザンソンのマルシェでは逆に、いかにもダニが沢山いそうなチーズは熟成しているので値段も少し高いのだ。

マルシェには、こんなきたないほこりだらけ、ダニだらけのチーズが沢山売られている。初めてダニ付きチーズを見たときはさすがにたじろいだが、次の瞬間、フランス滞在中でもっとも気持ちが高ぶり出したのだった。

ダニがおいしくするチーズ。バゲッドとワインで味わう昼食。著者がフランス滞在時に借りていたアパートにて。

マルシェで手に入れたチーズのおいしさに満足しながら、そのチーズに付いていたダニの正体をつきとめたくなってきた。

チーズコナダニだったらいいな

そんな期待を込めながら、さっそく日本にいるコナダニの専門家である岡部貴美子博士に、チーズに付いていたダニを空輸して同定してもらった。結果は……、買ったチーズに付いていたダニは、どれも、どこにでもいる普通種ケナガコナダニ *Tyrophagus putrescentiae* であった。味は期待以上、ダニはちょっと残念な結果に終わったが、フランスで私はチーズに魅了されてしまった。

チーズには、鮮度のいいものと、カビの力を借りて熟成させた味の変化を楽しむものがある。そして、熟成させるチーズには三通りがあるように思う。ブザンソンのコムテのように表面にカビを生やさないようにして、乳酸菌や酵素の働きのみで熟成させるタイプがひとつ。あとのふたつが、どちらも表面にカビが生えることを前提で熟成させるタイプだが、「積極的」と「消極的」に分けられる。

表面にカビを接種し積極的に熟成させるタイプの有名どころはカマンベールチーズや、ブルーチーズだろう。熟成に使われる、白カビのペニシリウム＝カマンベルティィの名前の由来は、もちろんカマンベール camembert チーズである。

日本のスーパーマーケットで簡単に手に入る国内産のものは食べやすいが、ノルマンディー産のものの中には、ややオレンジ色をしているものがあり、私がフランス滞在中に唯一降参した。あるフランスの詩人は、そのカマンベールチーズを前に、香りを嗅いで一言、「神の足よ！」と感嘆の声をあげたらしい。なんとも言えない臭いに私も閉口し、そのチーズだけは、いつまでも冷蔵庫の中に残り食べられずにいた。

日本でブルーチーズと呼ぶものは、本来、ロックフォール roquefort と呼び、フランスでは数千年前から作られているようだ。羊の乳から作られたチーズを、やはりチーズ名から名前をとったアオカビである、ペニシリウム＝ロックフォルティィで熟成するわけだが、この青カビはパンに生えるカビから採集する。

小学校のときに、給食で出たパンを教室に置き忘れて青カビを生やしたことがあるが、それを思い出すと複雑な心境になる。もっとも、フランスでは、パンは乾燥して硬くなってしまいカビはあまり生えない。ロックフォールを作るために、今でも、ピレネーの洞窟から青カビを採集するそうだ。

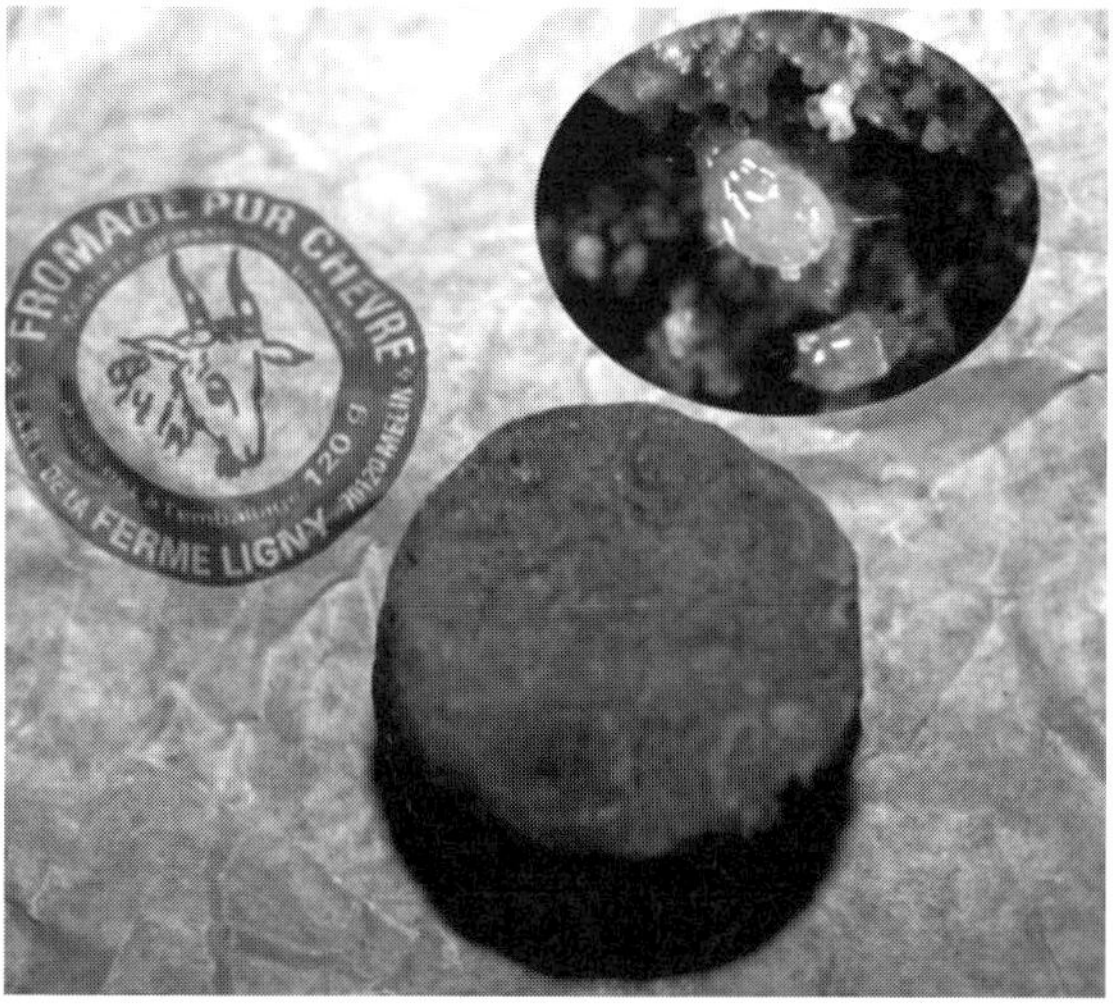

［上］Fromage de vache très affiné（牛乳製）。
［下］Fromage de chèvre très affiné（ヤギ乳製）。
チーズに付いていたダニは、どちらも同じケナガコナダニだった（写真提供：後藤哲雄博士）。

ダニが付いたチーズの話に戻そう。おそらく、カマンベールとブルーチーズに代表される「積極的」にカビで熟成させるタイプのチーズは、カビの成長に勢いがあるのでダニは関与していない。しかし、三つめの「消極的」なタイプ、つまりチーズを棚などにおいて熟成させるタイプは、ダニが熟成に貢献している。ダニがカビを食べて、カビの量をコントロールしながら、チーズにほどよい風味をつけているのではないだろうか。6章で詳しく説明するが、ダニは身体の表面から分泌物を出していて、我々が香辛料として使う香りも含まれていると書けば、少しは納得してもらえるだろうか。

ダニをチーズの熟成によく使うのは、オーベルニュ地域圏（12ページ地図）だろう。チーズをスポンジケーキのような丸い形に整形した後、棚にチーズを並べ、チーズにダニを振りかけるのだ。オーベルニュ地方の人々は、こう自慢していた。

チーズにすばらしい味をつけるのはダニ

おじさんたちは、ダニの付いているチーズの表面をパッパと軽くはらい、ダニもいっしょに食べていた。

ドイツにも、アルテンブルガーチーズがある。チューリンゲン地方のアルテンブルグで大切にダニといっしょに壺の中で熟成されるらしい。このチーズの芳香を出すために、チーズコナダニ *Tyrolichus casei*（casei はチーズの意）が飼育されているのだという〔増補版注：現地で確認済〕。

ドイツのチーズダニの話は、青木淳一博士のダニの本『ダニにまつわる話』（筑摩書房）に登場する。私の師匠である青木博士へのライバル心を掻き立てられたわけではないが、フランスで私がチーズコナダニを見つけたかったのは、一度、〝本場〟で本物が見たかったからだ。でも、結果は前述の通り。信頼している岡部貴美子博士によると、チーズから得られるダニの多くがケナガコナダニという普通種であるらしい。

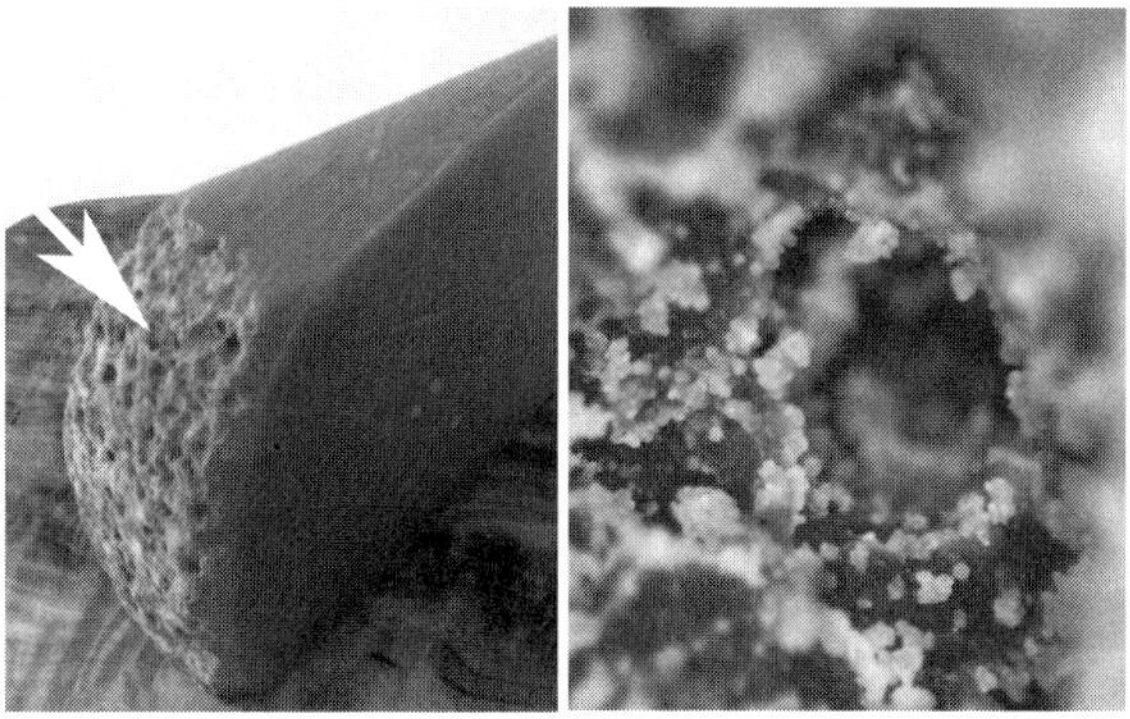

［左］我が家の近所のスーパーで購入したミモレット。よく見ると外側はでこぼこのトンネル状になっている。［右］その部分を顕微鏡で覗くと……。

ダニとチーズをめぐる話では昨今、うれしい変化もあった。インターネットで見かけたチーズのネット販売の文句に、「我が社の販売している空輸の熟成ミモレットには、元気なダニが付いています」と堂々と書いてあるものがあったのだ。ダニ研究者としては、うれしいことこの上ない。確かに、ダニが元気なら、チーズの熟成の過程が適切に管理され、鮮度が保たれていた証拠になる。

さっそく、二四か月熟成と書かれたものを買って食べてみた。届いたチーズをよく見ると、表面にはでこぼこのトンネルがある。これはダニが食べた跡だと考えていい（写真）。

このチーズをスライスして顕微鏡で覗くと、ダニの抜け殻や排泄物がたくさん見えた（前ページ写真）。もう少し詳しく観察すると、ダニはチーズの表面から二〜三ミリメートル以上深くは潜り込めないことがわかった。だから、表面を薄く削ってしまえば大丈夫（ブザンソンの人々がチーズの外側を少し削ってから食べていたのはこういうことか！）。

ダニが二年間ものあいだ熟成させてくれたミモレットはおいしく、ことのほかワインもすすんでしまったのは言うまでもない。

いいダニ、わるいダニ

「あいつらは街のダニだ」と言ったりするように、ダニは周りに迷惑をかける人の代名詞として使われている。学生に、「今日の午後は悪いけど、君たちとではなくて、ダニといっしょに過ごしたい」と言うと、気の利いた学生は笑いながら、「私たちはダニ以下ですか？」と返してくる。

「世の中の生き物には、上も下もないのにな」

と私は思いながら、笑顔で「ゴメンね。そういうことなんだ」とやり過ごす。学生たちもそれぞれ何となく納得しているのだろう、図書館あたりに行ってくれているようだ。

もともと、「虫」という言葉も、相手を卑下する言葉だ。「虫けらのような扱い」などと言う。虫けら（虫螻）を辞書で引くと、「虫類を卑しめていう語。また、小さくて取るに足らないものの意で、人をも卑しめていう（デジタル大辞泉）」とある。「虫を卑しめる」とはどういうことなのだろう、と首をかしげつつも、きっとダニは、それ以下の扱いだろうと思うのだ。なぜなら、「ダニのようなヤツだ」と言われるほうが、断然、卑しめられている感じがする。

ダニ屋の私でさえ、「ノミのようなヤツだ」とか、「シラミのようなヤツだ」と言われると（実際にそんなことはないが想像してみると）、やっぱり嫌だ。きっと、見た目がダメなんだろう。土壌動物学者という肩書きもあるので、職業柄、ミミズもナメクジも素手で触るが、見た目、触感ともに正直得意ではない。

ダニは小さいからはっきり見えないし、触った感じがダメという人はいないはずなのに、ムカデ、カ、ブユ、アブなどといった実際に人を咬んだり刺したりする虫たちと比べても、圧倒的にひどく嫌われているのはなぜなのか？

嫌われ者として勝るとも劣らないゴキブリはどうだろう？

日本にいる五二種類のゴキブリのうち、人家の中に入ってきて不快虫となるのは、クロゴキブリ、チャバネゴキブリなどの五種類だけ。あとは自然界の森の中で生活をしている。

昔は、ゴキブリが雑菌をばらまくとして嫌われたのだが、実は、ゴキブリの体は抗菌物質におおわれていて、人間よりも雑菌は少ない。抗菌物質のおかげで、三億年間も姿を変えずに生き残ってこれたのだという。

また、家族生活をつつましく営むゴキブリだっている。タイワンクチキゴキブリや、エサキクチキゴキブリなどは家族で朽ち木の中で暮らしている。石垣島などで朽ち木を割ってみると、クチキゴキブリの大家族に出会えるのだ。

ダニはどうだろう？

日本にいるダニ類は、全部で約一八〇〇種。このうち、人を刺して血を吸うのは二〇種程度に過ぎない。つまり日本産のダニ類全体から見れば、人間にとって「わるいダニ」は、一パーセントあまりしかいないのだ。ダニは人の血を吸う〝悪者〟と思っていた人たちにしてみれば、驚きの数字だろう。ほんのわずかの〝悪者〟のために、ダニ全体が嫌がられているのだ。

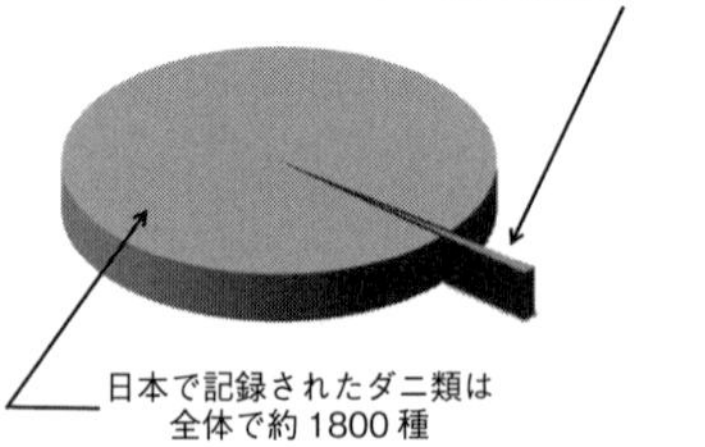
20種のみがヒトの血を吸うダニ（約1％程度）

日本から記録されたダニの種数に対する人に害を与えるダニの割合。

地球上はダニでいっぱい！

ダニに対する過剰反応は、ダニのことをあまり知らないために起きている。森に棲むダニは、ほかの動物には目もくれず、せっせと落ち葉を食べながら何億年も生き続けてきた。木の葉っぱの上には、家族で暮らすダニがいる。池の中には宝石のように美しい色をしたミズダニがいる。海岸にはひっそり生活するウシオダニがいる。言ってみれば、地球上は自由に生活をするダニでいっぱいなのだ。

生物の多様性を示した左図を見ていただきたい。該当する生物の大きさは、その生物の種数を示している。バクテリアなどの原核生物は、種としての認識が難しいため、種数自体はさほどでもない。

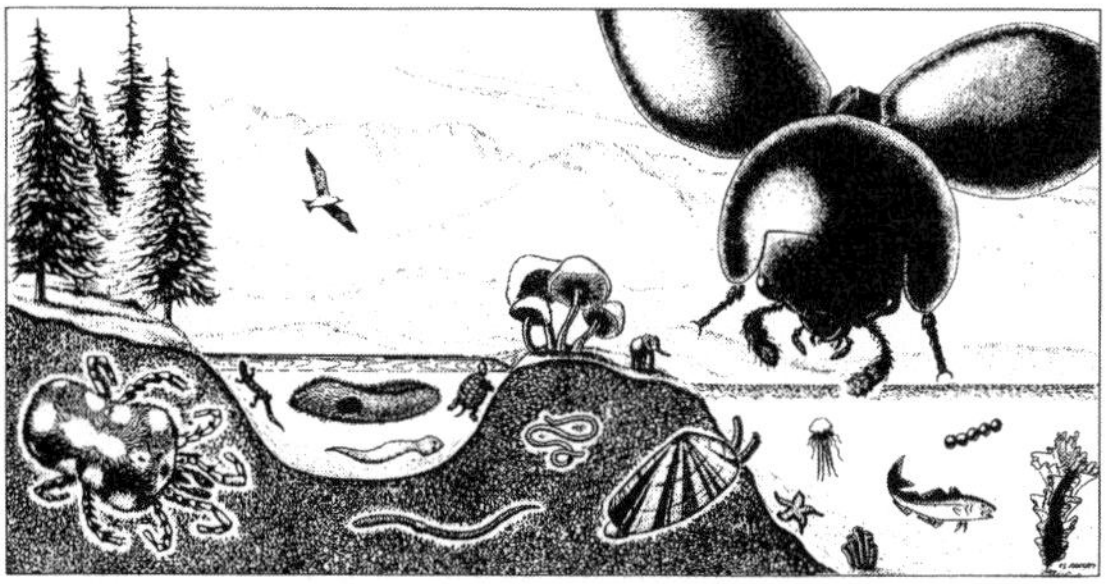

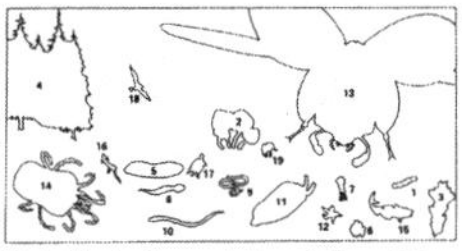

Illustration by Frances L.Fawcett. From Q.D. Wheeler. 1990. Ann. Entomol. Soc. Am. 83: 1031-1047.

出典："Species-scape" illustration in which size of organisms are proportionate to the number of species in group it represents. Drawing by Frances Fawcett.
From: Wheeler, Quentin D. 1990. Insect diversity and cladistic constraints. Annals of the Entomological Society of America, vol. 83, pp. 1031-1047.

各々の生物の大きさが主要分類単位ごとに記載されている種数を示す。
単位面積□＝約1000の記載された種

	分類単位	記載されている種数		分類単位	記載されている種数
1	原核菌類（細菌，藍藻類）	4,760	10	環形動物（ミミズなど）	12,000
2	真菌類	46,983	11	軟体動物	50,000
3	藻類	26,900	12	棘皮動物（ヒトデなど）	6,100
4	植物(多細胞植物)	248,428	13	昆虫類	751,000
5	原生動物	30,800	14	昆虫以外の節足動物（ダニ，クモ，甲殻類など）	123,161
6	海綿動物（カイメン）	5,000	15	魚類（魚）	19,056
7	腔腸動物（クラゲ，サンゴ，クシクラゲ）	9 000	16	両生類	4,184
8	偏形動物（ウズムシ）	12,200	17	爬虫類	6,300
9	線虫（回虫）	12,000	18	鳥類	9,040
			19	哺乳類	4,000

地球上の生物多様性を示した図。種数によってそれぞれの分類群の大きさを決めている。
（WRI、IUCN、UNEP 編／佐藤大七郎監訳『生物の多様性保全戦略』中央法規出版、1993 年より）

海に浮かんでいるラン藻が小さく描かれているだけだ。なんといっても、最も種数が多いのは昆虫類で、右上の甲虫の大きさが示すように種数は圧倒的だ。

昆虫以外の節足動物の代表として、ダニが左下に大きめに描かれている。モデルになったのは土壌性のケダニだ（ただし、この中には、エビやカニなどの甲殻類もそのほかの節足動物として含まれている）。

このように、「昆虫以外の節足動物」の種数は、菌・キノコ類をしのぐのだ。我らがほ乳類の代表のゾウは、どこにいるのかさえも分からないほどちっぽけだ。

日本のナミケダニは、大きいもので脚を含めない体長が２mm 程度（写真提供：萩原康夫博士）。

巨大ダニ

ダニは、一般的な英語の表現では二つある。牛や犬などに取りついて血を吸う大型のマダニを tick、コナダニやハダニなどの小さなダニのことを mite と言う。tick はわるいダニ、mite はそれ以外のダニ。韓国でも前者は jindeugi で、後者は eungae と呼ぶそうだ。日本では、両方をまとめて「ダニ」と呼ぶのでダニ全体が嫌われてしまう原因になっているのだろう。

さて、私がこれまで出会った人に害を与えないダニのうち、最大のダニは、インドにいたナミケダニ上科 Trombidioidea のダニである。見た瞬間、親指の爪程もある大きさに、おもわず手が出てつかんでしまった。赤いベルベットのようなその肌触りが心地いい。

日本のナミケダニは、国内のダニの中では大きいが、体長は鉛筆の芯の先ほどだろう（写真）。

ナミケダニ上科 Trombidioidea のダニ。ペットショップから手に入れたものらしい。ゲッチョ先生からスギモッチさんを紹介されたときに「あげる」と言われたが、その後、南大東島の調査に行かねばならず入手を断念した。

森の緑のコケの上を、ゆっくりと歩いている赤い大きなダニと言えば思い当たる人もいるだろう。湿度の高い森なら、落ち葉をめくると赤い身体を目印に見つけることができる。

国内でも巨大ダニとの出会いはある。沖縄で作家の盛口満さん（ゲッチョ先生とひとは呼ぶ）と杉本雅志さん（スギモッチとしてゲッチョ先生の本でお馴染み）に見せてもらったもの（写真）。

盛口さんには、私が大学院時代からお世話になっているから、もうかれこれ二十年ほどのお付き合いになる。

その盛口さんたちと三人で泡盛を飲んでいたとき、私は、「大きなダニをこの手でつかみたい」と思っていた夢がかなない、少々浮かれていたのだろう、ダニを手のひらの上で転がしながら飲んでいた。いま思えば、おでんの皿の上にダニを落としやしないかと、お二人はきっと、内心ハラハラしながら見ていたに違いない。

盛口さんの著書『土をつくる生きものたち —— 雑木林の絵本』（岩崎書店）には、森の中の小さなダニが、どーんと大きく描かれているので、いつ見ても気分がいい。絵本で、これほど大胆にダニが描かれたものは、後にも先にもこれ一冊ではなかろうか。

物語に出てくるダニと言えば、有名なのが小説『トム・ソーヤの冒険』で、主人公たちが学校の授業をさぼって大型の赤いダニで遊ぶシーンがある。これもこのナミケダニの仲間だと私は思っていたのだが……（123ページコラム参照）。

ダニへの片思い

私はなぜダニが好きなのだろうか？　自問自答してみる。この問いは本書の中で何度か繰り返されるが、そのときによって、異なる答えが私の中で見つかるかもしれない。

ある時、私の友人の一人が、〝僕のササラダニ〟がもっと大きかったら、より多くの人がダニを好きになってくれるに違いないと言ってくれたことがあった。でも、私はそうは思わない。私が「かっこいい」と思うササラダニが、ソフトボールくらい大きかったら、私はササラダニを自分の研究対象にしたいとは思わなかっただろう。

ササラダニは小さくて顕微鏡でしか見えないくらいがちょうどいい。森に入ると足下には、ほぼ無限大の個体数の彼らが生きているのに、誰も知らないところがいい。その数、一平方メートルに二万から一〇万個体！　それなのに、私だけが彼らの存在を感じ、その美しさやかっこよさを知っているところが、何とも心地いい。彼らにしてみれば、人間の誰にも知られなくていいのだが、私だけが彼らのことを知っているのがいいのだ。

「誰にも知られないダニたちにせめて名前をつけよう」と私は研究をしているが、人間が名前をつけなくてもダニはこまらない。それは人間（私）の勝手なのだ。

「まだ、名前のないダニたちが、私たちに名前をつけてもらうのを待っている」と、ほかのダニ学者もそう思って研究しているはずだが、ダニたちはそんなことは関係なく、今日も落ち葉を食べている。そんな片思いのところもいい。

たとえると、クラスにいる目立たない女の子のチャームポイントを見つけて好きになったとしよう。勇気をもって告白したからといって、彼女に受け入れてもらえるわけではない。こんな片思いに似ている。女の子が人気者になって、彼女のチャームポイントを、みんなが認めるようになってしまったら一〇〇年の恋も冷めてしまう。私だけが密かに、彼女を認めているのがいい。だからダニは、顕微鏡で見えるくらい小さいほうがいい。

運命を変えた一冊の本

私は子供の頃から昆虫学者になりたかった。最初からダニ学者になりたかったわけではない。ただ、人と同じ昆虫の研究をするより、少し違うものを研究したいとは思っていた。

小学生になると、不格好でも気味がわるくても一生懸命に生きている虫たちを、僕だけは決して嫌いになったりしないと誓った。勉強机の上に、ユスリカや、チャタテムシを見つけては、この虫に名前がつけられているのだろうか？　名前を知るにはどうしたらいいのだろうか？　もし名前がついていないのならこの虫のことを僕だけは分かりたい、と思う毎日だった。図鑑に載っていない虫を知るためにはどうしたらいいのか、知りたかった。ファーブル昆虫記を愛読していた頃の話だ。

中学二年生のときに、運命の一冊と出会う。それが将来、私が弟子入りをする青木淳一博士の『自然の診断役・土ダニ』（ＮＨＫブックス）だった。当時、私はこの本を手にとり、パラパラっとめくってから、「とりあえず」というつもりで買っておいたことを憶えている。なぜなら、その頃、私は生意気にも、シュレーディンガーの『生命とは何か ―― 物理的にみた生細胞』（岩波新書）を読み、生命は物理学と化学で説明できるか？　などと考えたりしていたから、虫の世界に戻るのがおっくうだったのだ。

ところが、この本がダニとの最初の出会いとなり、以降、私の本棚にずっと居座ることになった。私の人生を決定づける素晴らしい言葉が記されていたからだ。

「生き物を研究するのに昨今の学者は、生き物を切り刻むことしかしない。しかし、本当に生き物を好きな人間は、そんなことをして楽しいのだろうか」

同じような言葉を、昆虫学者のファーブルも書いている。

「あなた方は研究室でムシを拷問にかけ、細切れにしておられるが、私は青空の下で、セミの歌を聴きながら観察しています。あなた方は薬品を使って細胞や原形質を調べておられるが、私は本能の、最も高度な現れ方を研究しています。あなた方は死を詮索《せんさく》しておられるが、私は生を探っているのです」（集英社刊『完訳ファーブル昆虫記』第二巻上より）

結局、大学を決めるときには昆虫・ムシが研究できるという理由から農学部を選んだのだが、三年生になり研究室を選ぶ頃に（いまふり返ると無駄なことはないのだが）、昆虫ではなく、植物の遺伝子の研究室に配属されることになった。

ところが、不思議なものでこの後、ダニとの運命的な出会いが待ち受けていた。知人の紹介で、青木淳一博士に会う機会ができたのだ。私は虫を研究したいという思いを素直に青木博士に打ち明けたところ、大学院生として引き受けてくださったのだ。私はそれから、ダニを研究することになったのである。大学院生になっても、中学生のときに買った本は、変わらず私の机の横の本棚にあった。

ファーブルの像。ファーブルは永住の地にアルマス（荒れ地、自然の庭という意味）と名付けた（南フランスのプロバンス地方、セリニャンにて）。

ダニとの運命か。それとも、私のへそ曲がりな性格が運命を引き込んだのだろうか。いずれにしても、私はダニと楽しい毎日を送っているのだから、これでいいのだ。

学生時代からのポリシーは、死んだダニを顕微鏡で見るだけではいけないという強い思いだ。通常のササラダニの採集は、持ち帰った土を、ツルグレン装置というものに入れる。ダニはアルコールの中に落下して死に、そのまま保存され、プレパラートになる。研究試料となるダニの中でも、日本のササラダニ研究者は、プロとアマを合わせると世界中で最も多いが、ほとんどが死んだダニをプレパラート標本として観察するだけである。

私はダニの本当の姿を知るためには、ダニの身体の機能、生活行動、すべてを見なければならないと思い、日夜ダニとたわむれている。

ダニグッズ

世界にただ一つのダニグッズから紹介しよう。ダニの師匠である、青木博士の還暦のお祝いに注文して、プレゼントしたウズタカダニ *Neoliodes* の純銀製のブローチである（次ページ写真）。制作したのは、現在、ドイツのマグデブルグ在住のアクセサリー作家、佐々木宏さんだ。佐々木さんは、カエルの装飾品を作るために、生きたカエルを飼育されていたのだが、ある日、その水槽の石と石の隙間から小さな生き物がしずかに現れた。それがウズタカダニであった。ウズタカダニは、函館から〝甲虫〟として新種記載されたというエピソードからも分かるように、まるで甲虫のような硬い身体を持っている（次ページ写真）。一般のササラダニとはちがい、全身が漆黒のダニである。彼らは樹皮の上などや土壌からも見つかる。

ウズタカダニの純銀製のブローチ（佐々木宏氏作）。

ウズタカダニの一種 *Neoliodes* sp.（写真提供：本橋美鈴氏）。

ドイツの佐々木宏さんから、この生き物は何でしょうか？　という質問が私のところに届いたのが縁で、ダニブローチの作成をお願いしたのであった。ワックスで作る折れやすい脚に、装飾的な意味合いを持たせるなど、かなり苦労されたらしいが、すばらしい仕上がりとなった。

フランスでは、ダニのぬいぐるみとの出会いがあった（次ページ写真）。二〇〇九年に滞在していたフランスのブザンソンの動物園でのこと。ダニ？　ザトウムシ？　と思いながら近寄ってみる。

ダニの場合、目は胴体の側面に一つずつある。ザトウムシの目は、背中に両方の目がついている。ぬいぐるみの形はザトウムシのようでもある。いずれともしがたい。しかし、脚の形が、ダニの仲間、クモ形類の特徴をつかんでいるので、ダニ屋としては迷わず購入することにした。

ブザンソンでは、ダニのぬいぐるみとの出会いにとどまることなく、同じ町の古本屋で買ったファーブルの書いた教科書の再版本の中ではサソリに出会った（ダニはサソリの仲間。詳しくは2章）。昆虫学者として知られるファー

フランスで買ったダニのぬいぐるみと古本屋でみつけたファーブルの書いた教科書。

ブルだが、いろいろな分野の教科書を書いたことで知られている。

写真（上）の一番下の本が『地球について』というファーブルの書いた教科書だ。流し絵の装丁が美しい。

ダニグッズではないが、ダニ学者が共有する宝物も紹介しておこう。本なのだが、資料という範疇をはるかに超えて、愛すべき物として大切にされている。次ページの絵を見てほしい。描いたのは、イタリアのアントニオ＝ベルレーゼ博士（一八六三－一九二七）である。博士は、土壌ダニを中心に幅広く分類学的研究を進めたダニ学黎明期のもっとも重要なダニ学者の一人だ。

ダニに限らず、生き物の新種の記載には、記載論文として、言葉の説明と図をもちいるのが通常だ。図のない記載もあるが、彼が描いた図は、この時代としてはもっとも美しく、かつ正確であった。手書き四分冊の種名リスト「Acaroteca」は、属名のアルファベットで並べられており、各項の最初のページには、大文字のアルファベットと、そのアルファベットからはじまる属名で記載された種のイラストレーションが、彼の手によって描かれているのだ。

ベルレーゼ博士が亡くなるまでに、アルファベットのイラストレーションは完成することはなかった。彼の標本は、一万一一九四枚のプレパラート標本と二三四八本のガラスの細い管に保存された液

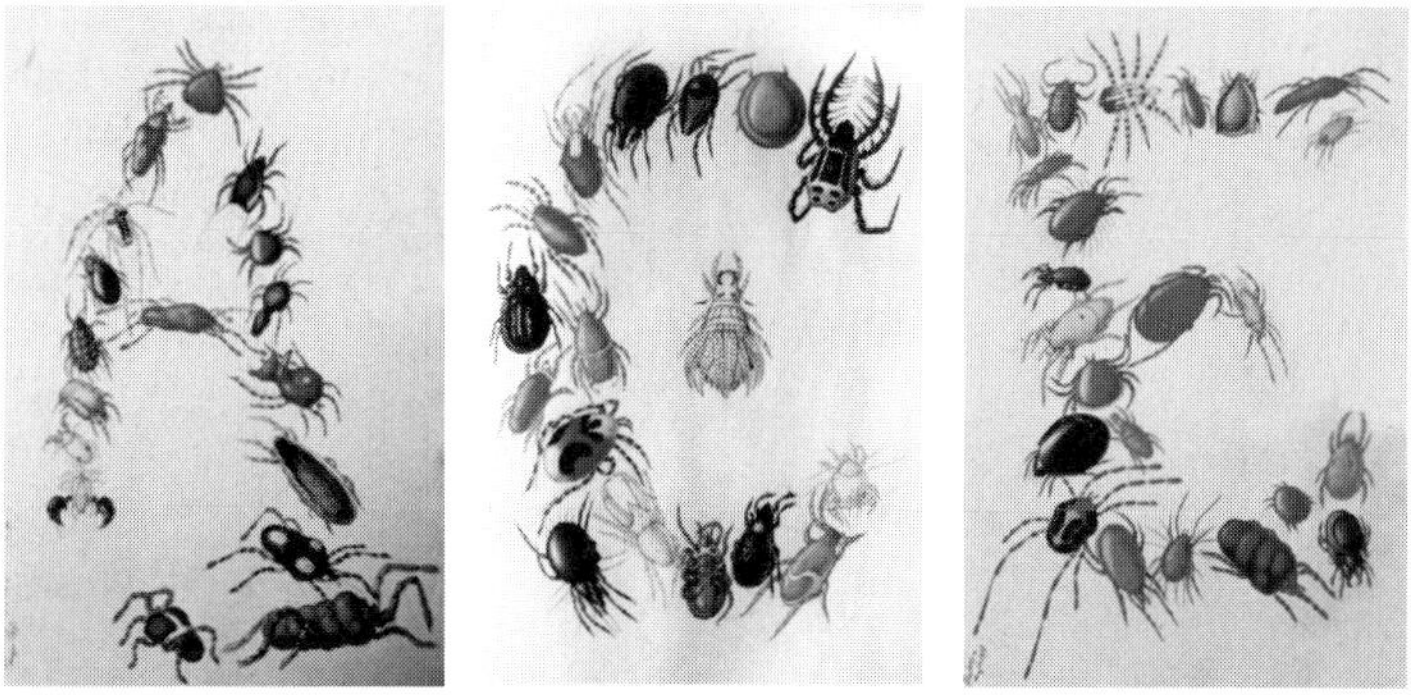

属名が「A」「C」「E」で始まるダニ（すべてベルレーゼ博士が記載したダニたち）。

浸標本と呼ばれる状態のものがある。百年近い年月を経ているものの、ガラスの管の中に閉じ込められた標本は、ほぼ、当時のままの状態だという。

ダニ学者の顔つき

ダニの研究者は、日頃ダニの話をできないという欲求不満がたまっているらしい。または、〝ダニなんてもの〟を研究しているという、世間に対する引け目もあるようだ。

研究室を離れると、研究者同士の電話でさえ、「アレ」などと隠語を使うことになる。非常に肩身の狭い思いをする。友人と飲みにいく居酒屋でも、酔いに任せて、ダニという言葉を使わないように、それは気を使うものだ。リラックスして飲むこともできない。

私が入会したばかりの頃の日本ダニ学会は、このような研究者が年に一回、思い切りダニの話に花を咲かせることのできる唯一の場であった。ダニ研究者同士の会話の中には当たり前だが、とてつもない勢いで「ダニ」という言葉が出てくる。二言目には「ダニ」だ。

　学会期間中だけは、どれだけダニという言葉を口にしてもよく、また、ご飯を食べながら、酒を飲みながら、ダニの話だけをしてもいいのだ。次第に、みんなの顔が明るくなってくるのが分かる。本当にうれしいのだ。人によっては、お互いに、ダニの話を日頃できないことを慰め合ったり、ほかの人には分かってもらえないダニの自慢話をここぞとばかりに競い合い、朝までダニの話を語り明かすことになる。


日本ダニ学会のシンボルマーク。入会したての私にはこのマークは衝撃だった。デザインは角田浩之博士（日本ダニ学会会員）

　まだダニのことがよく分からなかった学生の頃は、専門的な会話の中に身を置くことが随分楽しくも感じられた。日本ダニ学会から帰るときには、ダニの世界が、たとえどのようなものであろうとも、これからも益々ダニに没頭しようという気持ちを新たにしたものだった。学生時代、ダニについては分からないことも多く、悩む毎日も続いたのだが、何とかダニ研究を諦めないでこられたのは、ここで知り合った先達とダニ仲間たちのお陰である。

　今でもよく覚えているのは、私が初めて参加をした日本ダニ学会第三回大会でのこと。学会発表は、長野の信州大学で行われた。懇親会は浅間温泉に泊まり掛け。私がそれまで出席したことのあった学会は、ネクタイを締めた偉い先生が、難しい話をするところで、懇親会も固い雰囲気が最後まで続くようなものだった。温泉で泊まりがけ？　心底びっくりした。

もっとびっくりすることが続いた。浅間温泉の懇親会場に着くと、温泉の入り口に、「歓迎」という宿泊者の名前の欄に、「第三回日本ダニ学会ご一行様」と書かれているではないか。一般客の多くは、せっかく温泉に泊まりに来たのに、日本ダニ学会といっしょに泊まるのは、なんだかカユくてとても嫌だと感じるのではないかと、そのとき思った。温泉の係もよく堂々と、歓迎の看板に「ダニ」と書いたものだ。もっとも、歓迎と書くしかなかっただろうが。

滋賀県の大津でダニ学会大会が行われたとき、同じビルの五階では、結婚式が催されていた。当日はよい日取りだったのだろう。その結婚式の披露宴が、ダニ学会と同じフロアだった。人生で一度の華やかな舞台である披露宴。それが、まさかのダニのそばである。

エレベーターから下りてきた新郎新婦の親族と居合わせてしまった私は、目の前にある、「日本ダニ学会第四回大会」と書かれた横断幕（！）を一瞥した後、うつむくしか手だてがなかった。親族が横断幕の文字に気づいた瞬間、私は本当に申し訳ない気持ちでいっぱいになった。

「ダニなんて、研究していてごめんなさい」

いくら何でも一生のハレの日に、日本ダニ学会といっしょに結婚式をするのは気の毒だ。でも、そんなダニ学会とそこに集まる人々が好きで、私は毎年、学会には欠かさずに出席している。

日本ダニ学会は、また、多くの分類学者と出会える貴重な場だ。二〇〇五年に逝去された今村泰二博士は、ミズダニの専門家であり、日本の動物分類学の歴史に偉大な功績を残されている。今村先生とお話しできたことは大感激だった。詳しい話はまた次の機会に。

また、日本ダニ学会には、ダニを愛好する女性も多く所属している。堤中納言物語にも「虫愛づる

［上］国際ダニ学会議はダニ学者にとってのオリンピックだ。世界中の研究者は、まるで家族のようでもある。左端が筆者。［右］2010 年 8 月にブラジル、レシフェで行われた第 13 回国際ダニ学会議のマーク。南アメリカ大陸のダニがくっついている。

姫君」が登場し、虫を集める変人ぶりを発揮する。彼女たちの名誉のために書いておくが、容姿も端麗で、「虫愛づる姫君」と似て、ダニ学会員の女性には美人が多い。

こうした状況は国の内外を問わない。世界中のダニ学研究者が集まる国際ダニ学会議でも、日本ダニ学会大会とまったく同じような体験をする。

国際ダニ学会議は、四年に一度、オリンピックの年に開催される。言ってみれば、ダニ学者のオリンピックだ。日本でも世界でも、ふだんは少し小さくなっているダニ学者、ダニ愛好家が学会に来るとみんな生き生きするのだ。ダニの話をすると、いつまでも止まらない。実におかしくて、楽しい。

私は、このようにしていつしか世界中のダニ学者と交流を深めて今に至っている。

〔増補版注〕二〇一四年に国際ダニ学会議は日本で開催され、筆者も運営を手伝い基調講演のひとつを行った。

2章　ダニの正体

ダニを描けますか？

ダニとは、どのような生き物なのだろうか。私が勤務している大学の学生に授業でダニを描いてもらったことがある。その日は、まず人間にとって不快生物とは何か、有害生物との違いは何かについて聞くことにした。

「有害生物」とは、実際に人間を刺したり、病気を媒介したりする生き物だ。たとえば、カは人の血を吸うだけではなく、マラリアを媒介するので有害生物と呼んでいい。一方、「不快生物」とは、見ていると不快になるが、実際には、人間にはそれほど害のない生き物のことだ。その代表選手はゴキブリだろう。かつてゴキブリは、伝染病を媒介するとして有害生物とされていたが、実際には抗菌物質におおわれていて、人間よりも持っている雑菌は少ないことが分かっている。ミミズにしても、なんら人間にとって害はない。おしっこをかけると股間が腫れるというのは迷信である。このように、

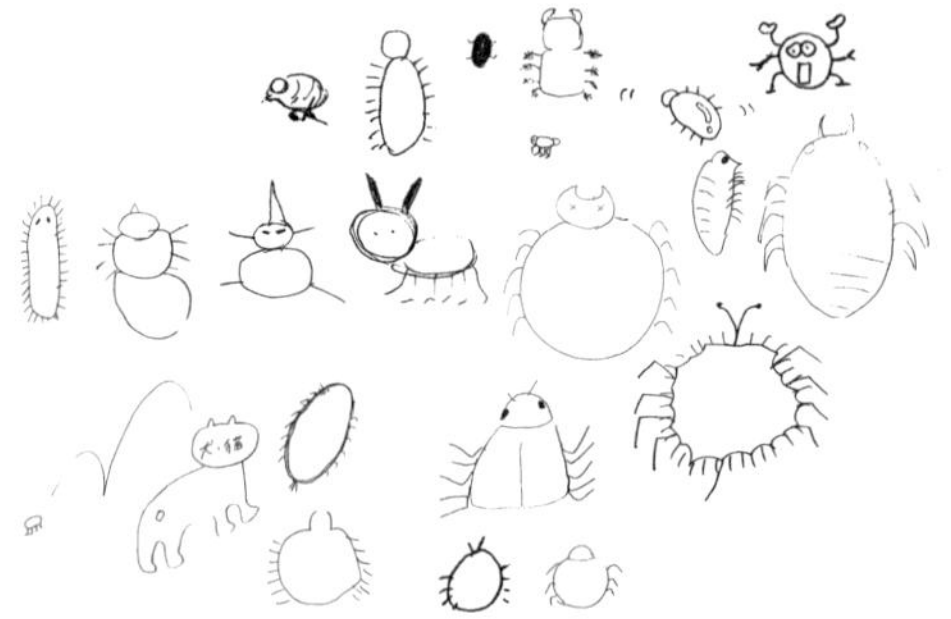

大学生の描いたダニの絵。どれも脚の数が本物より多い。

不快生物とは、人様の勝手な都合でそう呼ばれているに過ぎない。

こうした説明をしたうえで、いよいよ本題のダニである。女子学生の多い授業では、いきなり「ダニを描いてごらん」と発言すれば、後でなんと言われるか分からないので、布石として、有害生物や不快生物の話をしたのだ。雰囲気を作り、ようやく学生たちに描いてもらったダニの絵は、果たしてどんなものだろう。

結果は、白い紙の上に、ゴマ粒のような〝点〟として描かれているものがほとんど。そこに矢印で「ダニ」と添え書きされていたりする……。あれほど嫌っておきながら、ダニのことを知らなすぎる。

後日、もう一度、別のクラスの学生たちにもダニを描いてもらった。今度は、「ボールペンで大きく描くように！」という指示を付け足すことを忘れずに。

果たして二回目も、ダニをきちんと描けた学生はいなかった。しかし、興味深いことに、ダニを昆虫と同じ三対六本脚で描く学生もほとんどいなかったのだ。その代わり、ヤスデやムカデ（多足類）のようにやたらと沢山の脚を描いた絵が多かった。これはもちろん間違い。ダニはクモの仲間（クモ形類）なので、脚は四対八本を描くのが正解である。

ダニは昆虫ではない ― 脚の数が違う

私たち人間を含むほ乳類は、脊椎（背骨）があるので脊椎動物と呼ばれている。脊椎動物の人間の場合、骨が身体の内側から支えている。それ以外の動物は、脊椎がないので無脊椎動物と呼ばれる。そのなかでも、エビやカニなどのように、外骨格という身体の外側をおおっている殻で身体を支えているものを節足動物という。

乱暴な言い方をすると、脊椎動物は内骨格で支えられている〝串だんご〟のようなもの。一方、節足動物は、外骨格で支えられている〝缶詰〟のようなものだと言ったら分かりやすいだろうか。

ダニもクモも昆虫も節足動物（節足動物門）である。節足動物のグループには、エビやカニだけではなく、ダンゴムシなども入る甲殻類（甲殻亜門）も含まれる。その節足動物の中でダニは、クモ形綱 Arachnida に属し、クモ目 Araneae（真正クモ目：糸を出すクモ）と同じ仲間である。したがって、昆虫とはまったく違った身体のつくりをしている。

まず、前述のとおり昆虫とは脚の数が違う。ダニもクモも脚が四対（八本）。昆虫は脚が三対（六本）で、基本的に翅《はね》が四枚ある（昆虫の中には、例外的にハエやアブの仲間のように翅が一対＝二枚しかないものもいる。残りの一対の翅は、退化して平均棍という痕跡になっている）。

分類学上、クモとダニは、昆虫よりも、同じ鋏角亜門のカブトガニやサソリに近いことが分かっている。

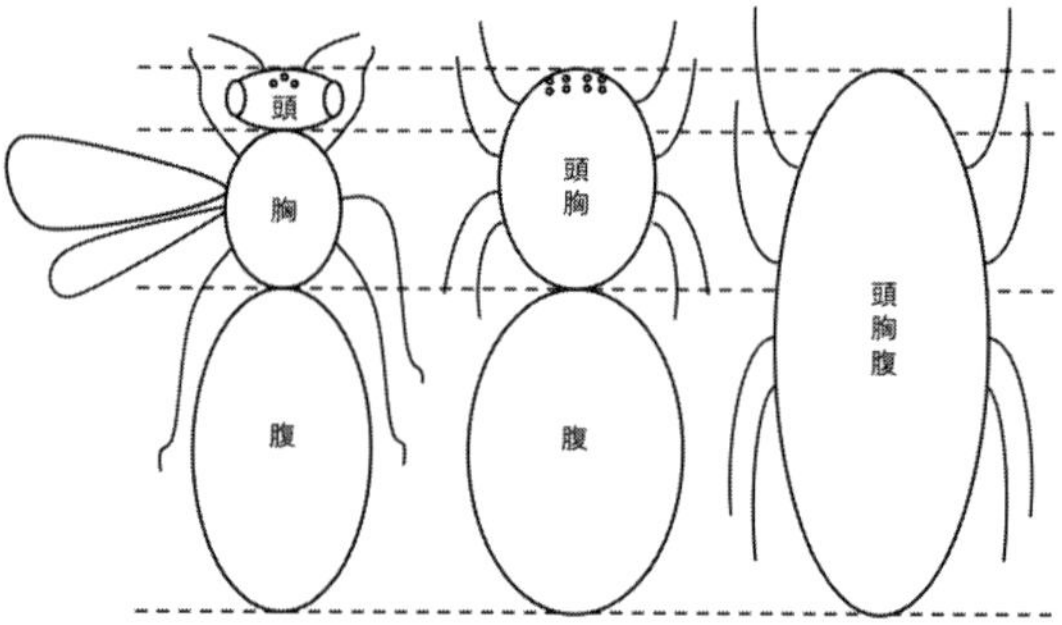

昆虫、クモ、ダニの体のつくり（青木、1996 を改変）。昆虫は脚が三対、羽が二対、体は頭・胸・腹に区分され、わずかな例外をのぞいて一対の複眼、一対の触角をもつ。クモは、脚は四対、体は頭胸部と腹部の二つに分けられる。ダニは、脚が四対、体は頭胸腹には分けられず、複眼も触角も羽もない。

ダニは昆虫ではないが……

不思議に思われるかもしれないが、昆虫学の学会でダニの研究が発表されることは珍しくない。二〇一二年、韓国のテグで開催された国際昆虫学会でも、昆虫の発表に混じって、ダニの研究も数多く発表された（クモの発表はほとんどない）。これには理由がある。実は、国際昆虫学会は純然たる昆虫学だけではなく、農業害虫を研究対象とする応用昆虫学や、医療的な被害の原因となる節足動物を研究する衛生昆虫学を扱った研究を含んでいるのだ。

ダニは、農業の被害などに関して応用昆虫学の分野で重要であり、また人間や家畜被害に関して衛生動物学の分野で、とても重要な生き物なのだ。このような訳で、国際昆虫学会ではダニの研究発表が数多く見受けられる。

一方、クモは、人とのかかわりの深い応用昆虫学や衛生昆虫学というよりは、人とのかかわりのない純然たるクモに関する研究が大多数を占める。だから、クモは昆虫ではないと考えているクモの研究者は、「昆虫」と名のつく学会には顔を出さないのである。

ダニはどこにいる?

昆虫とダニは、まったく別の生き物だということが分かっていただけただろうか。1章で触れたが、日本に生息するダニは全部で約一八〇〇種。このうち、人間の血を吸うダニは、一パーセントあまりである。それでは、大部分のダニはいったいどこに棲んでいるのだろうか。

棲む場所は、ダニが何を食べるかによって決まってくる。ダニは、実にさまざまな食性を持っている。ほかの動物を食べるもの、植物の栄養を吸うもの、カビを食べるもの、落ち葉を食べるもの、昆虫の体表の分泌物を食べるもの、その分泌物に繁殖する微生物を栄養とするもの、動物の古い皮膚や分泌物を餌として利用するもの、そして、動物の体液を吸うものなどである。

ところが、ダニを含むクモ形綱のダニ以外の生き物は、ほかの動物を捕まえて食べるだけなのだ(たとえばクモはほぼすべてが捕食性であるように)。そこで、進化を念頭におくと、ダニの代名詞となっている「人の血を吸う」は、かなり特殊な姿なのだということになる。

ダニは、その食の好みを見るだけでも、昆虫と同じようにさまざまな生活をおくる多様な生き物の集まりなのだ。昆虫と比べると、その大きさが目に見えるか、見えないかの違いなのである。

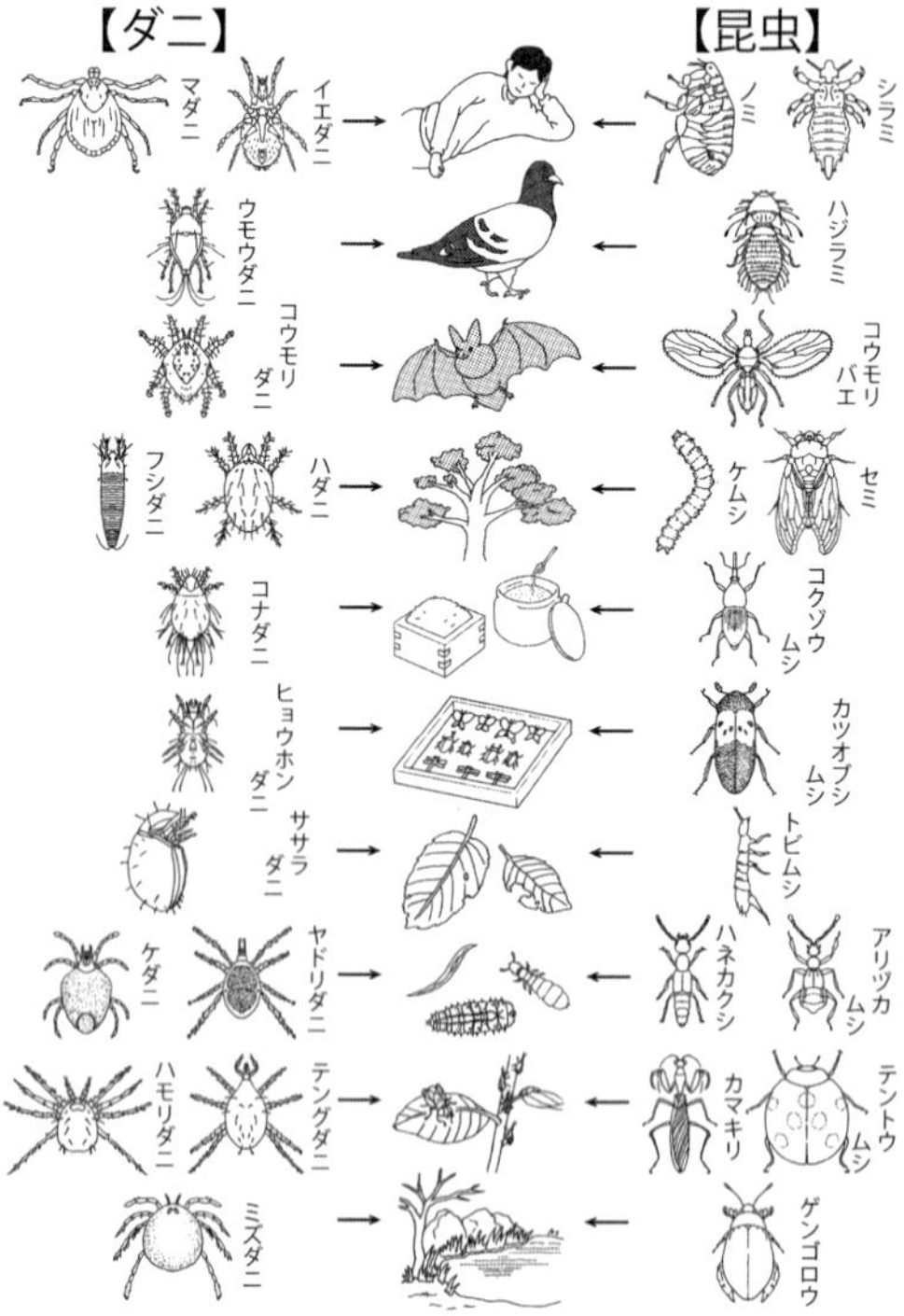

昆虫類と同じように幅広い生活圏を持つダニ類。生息環境または、栄養源が似たもの同士を並べた（青木、1976を改変）。

ダニは昆虫並みに多様

たとえば、セミは植物の樹液を細長いストローのような口器で吸う。ハダニは、同じように植物の樹液を細長い口器でチューチュー吸う。

水たまりには、肉食のゲンゴロウが棲んでいる。同じ場所には、ミズダニがやはりほかの動物を狙っている。

植物の茎や葉では、ナナホシテントウがアリマキ（アブラムシ）を捕食する。ハモリダニも葉っぱの上で微小な節足動物を捕食する。

俊敏なカマキリは獰猛にほかの昆虫を狙って草むらの陰に潜んでいる、テングダニは敏捷かつ攻撃的にほかの節足動物を襲う。キノコには、オオキノコムシやデオキノコムシなどがいるが、ササラダニ類やコナダニ類にもキノコを好むものがいる。このように、昆虫と同様、ダニにも多種多様なものがいる。地上では、ダニのいない環境を探す方が難しいくらいだ。

生き物が好きな人が自然の中を歩けば、そこにある大小さまざまな生き物たちの姿を目にするだろう。それと同じように私は、森の中にいるとき、街を歩いているとき、フランスのマルシェを歩いているときにも、そこにいるダニを探している。実際に肉眼ですべてのダニを見ることはできないが、心の目にはくっきりとダニの姿が映っている。

身の周りのダニ

身近なところで、どこにどんなダニがいるのかを具体的に見てみよう。

まず、庭の植木には、ハダニ、フシダニという植物を食害するダニがいる。また、葉っぱの上をくるくる回る赤いダニ、ハモリダニはほかの微小節足動物を食べている。赤いダニというと、春先に駐車場のコンクリートの上に見かける赤いダニを想像されるだろうか。これは、カベアナタカラダニというダニで、若虫のときには昆虫に寄生しているが、ふだん見かけるのは成虫で、春先の花粉を食べている。動くスピードは、ハモリダニのほうが断然速い。

庭の植木の下の落ち葉のたまっている場所には、ササラダニ類がいる。芝生にもいるし、有機物が

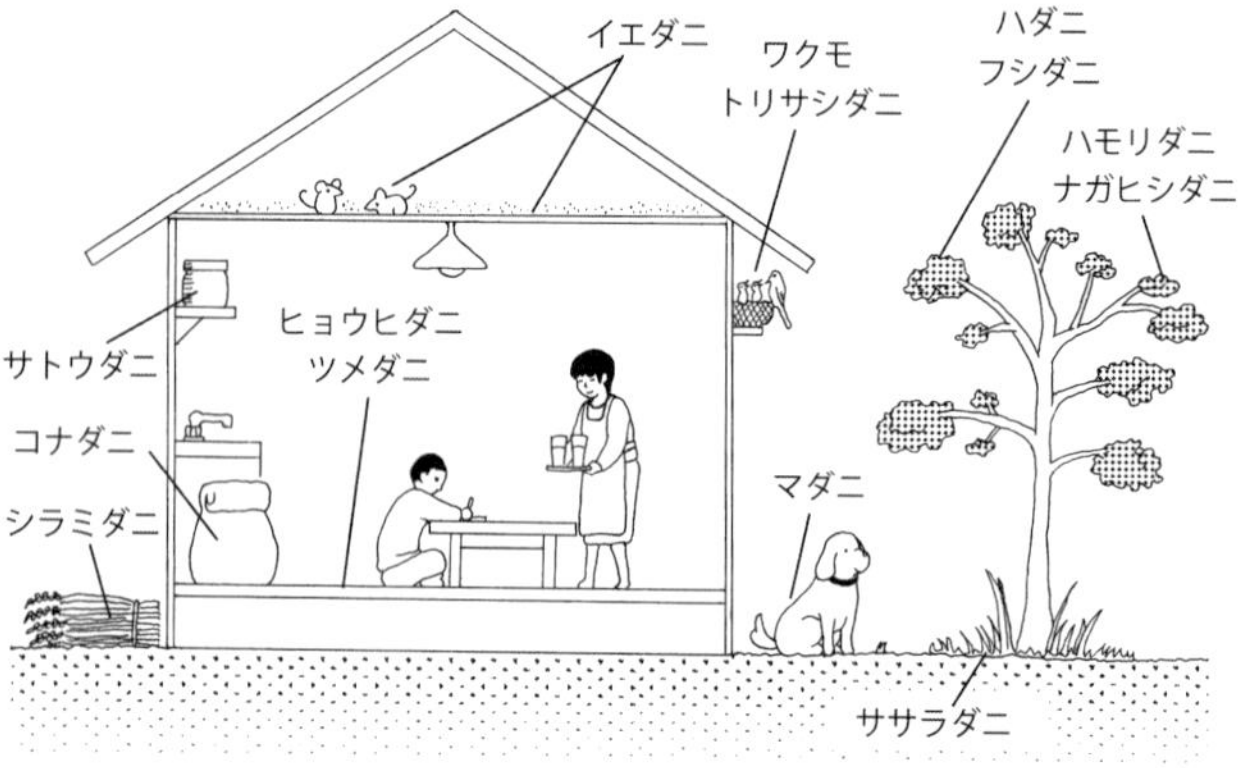

人家とその周辺に生息するダニ類（青木、1976を改変）。

あるところならササラダニは見つかるだろう。

顔につくダニ

飼っている犬には、吸血性のマダニが付いていることがある。時々、犬の皮膚炎を引き起こす、ニキビダニもいることがあるが、心配する必要はない。飼い主に感染はしないと言われている。

一説によると、七割程度のヒトの顔には、ニキビダニがいるらしい。しかし、人間の場合、それが皮膚炎の原因になることはないとされる（高田、一九九二）。

化粧品関係の市場では、ヒトのニキビダニは、「顔ダニ」と呼ばれるほど有名で、顔ダニ予防用石けんが売られている。しかし、ニキビダニが仮にいても人間には全く問題はない。むしろ、炎症を起こしている皮膚にステロイド剤を塗るとニキビダニが増えることがある。

身近な生き物とダニ

軒先の鳥の巣には、ワクモやトリサシダニがいる。鳥に付くダニだが、ヒトの皮膚を刺すことがあるので、鳥の巣が落ちていたからといって持ち帰るとひどい目にあうこともある。

いまどき、ネズミのいる家も少なくなったかもしれないが、昔の家にはネズミがいた。イエダニはネズミに寄生する吸血性のダニである。ネズミが巣を捨てたり、死んでしまったりすると人間の血を吸うことがある。

日常の暮らしの中で最も気になるのは、ヒョウヒダニ類だろう（ここで言う「ヒョウヒダニ類」とは、ヤケヒョウヒダニとコナヒョウヒダニの総称として。コナダニ類の一グループ）。ヒョウヒダニは、通常、はがれ落ちたヒトの皮膚や髪の毛などを食べる。ヒョウヒダニの消化管内分泌物は、糞とともに周辺に散乱し、これがアレルギーの原因になる（アレルゲンという）。

また、このダニの身体そのもの、体表分泌物もアレルゲンになる。

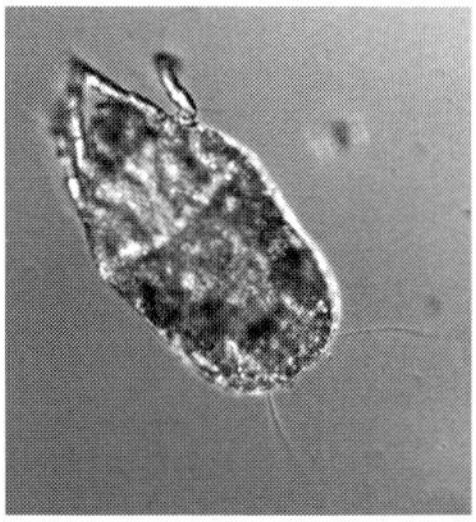

室内塵から得られたダニ（コナダニ類）。

畳とダニ

新しい畳には、コナダニ類が大発生することがある。私も大学入学時に借りたアパートの新品の畳で、コナダニの大発生に遭遇した。

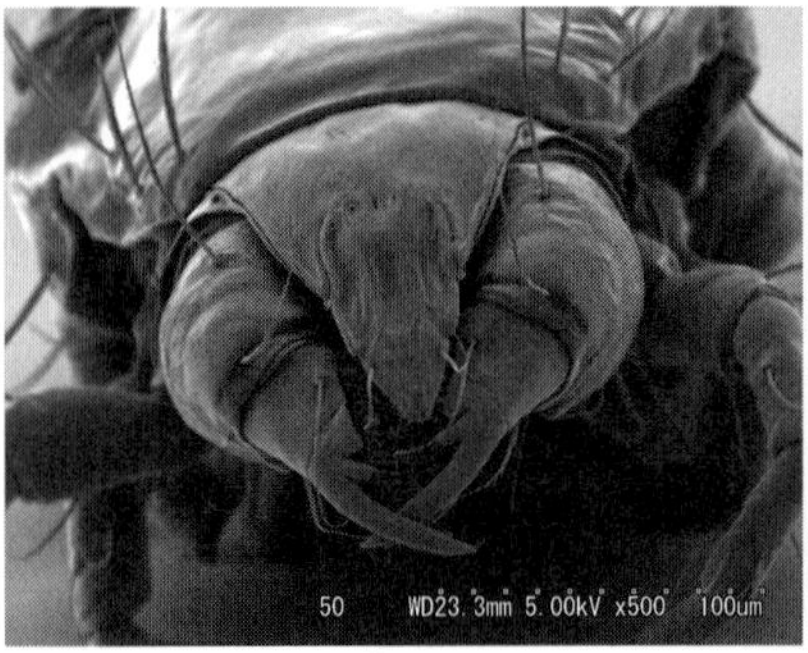

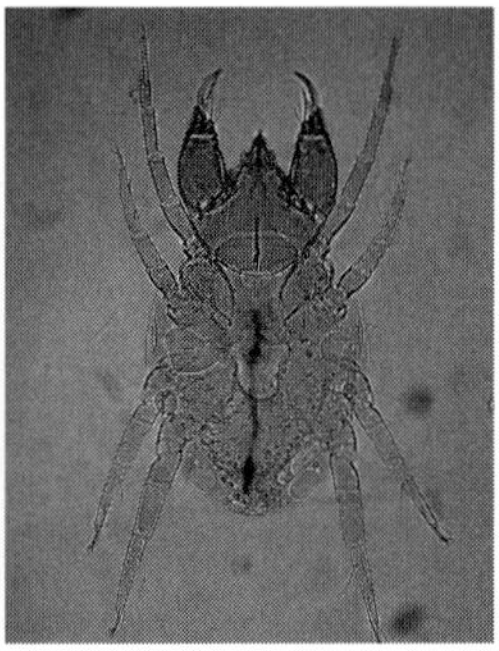

［左］クワガタツメダニ *Cheyletus malaccensis* の顎体部。大きな一対の触肢の内側に隠された針のような口器で、ほかのダニや小さな昆虫類の体液を吸う（走査型電子顕微鏡像）。［右］同ダニの全身（写真提供：武田富美子博士）。

畳の表面をよく見ると、東京渋谷のスクランブル交差点のように、ダニが入り乱れての大混雑。私の場合は、これはもう運命なのだろうが、やり切れなさ半分、うれしさ半分だったことを思い出す。

コナダニの名誉のために付け加えると、コナダニが人間の皮膚を刺したり、咬んだりすることは決してない。コナダニが増えると、これを食べるツメダニが増える。このツメダニが人間を刺す。刺された部分は非常に痒くなる。ダニに刺されたというのはたいていこれである。対策としては、部屋全体の湿度が六〇パーセント以下になると、ダニの繁殖速度がかなり落ちるので、換気をして、部屋の湿度を落としてみてほしい。

ダニを駆除する

一般的に、布団を日光に干してダニを駆除するという話を今でも聞くことがある。しかし、通常、人間にかかわりのあるダニは七〇度以上にならないと死滅しない。また、死んでもヒョウヒダニ類は、死骸がアレルゲンになるので、その死骸を布団タタキでたたいて粉々にすると余計にアレルゲンを増やすことにもなりかねない。そこで、布団カバーをかけて十分に高温になるような布団乾燥機を使う方法があるが、もっとも効果的なのは西宮市の環境衛生課が考案した、床や畳は少なくとも三日に一回、一平方メートルにつき二〇秒間のペースで掃除機がけをする方法だろう。布団についても同じペースで行う。一週間に一度がよいという（『喘息予防・管理ガイドライン２００９』、協和企画）。

少々値は張るが高密度繊維ふとんカバーというのもある。繊維の隙間からダニが出入りできないほど高密度で織られた生地を使っている。

また、アサヒフードアンドヘルスケアという会社から最近、「ダニスキャン」という商品が発売された。ダニスキャンは、室内にいるダニ（おそらくヒョウヒダニ類）の密度をムノクロマトによって一五分程度で目視できる。ダニの生息密度の検出精度は顕微鏡観察には到底いたらないと思うが、簡便で比較的安価だ。

動く七味唐辛子

昔の家では砂糖の容器はそれほど密閉性が高くなかった。そこで、サトウダニが増えることがしばしばあった。砂糖の運搬中などでも増殖被害があったという。

穀類にはコナダニ類が発生する。以前、中華料理屋で餃子を頼んだときのことだ。辛くして食べるのが好きな私は、餃子のタレにラー油を加え、さらに七味唐辛子をパラパラとかけたのだが、そのタレの上で七味唐辛子が動き出したことがあった。

七味唐辛子は、七つの食材、唐辛子、山椒、ケシの実、麻の実、シソの実、胡麻（黒ごま）、陳皮（温州みかんの皮を干したもの）からなる薬味である。動くようなものは入っていない。そのとき動いたのはダニだったのだ。

よくあることなのか分からないが、七種類の中のどの食材がコナダニを発生させているのかを調査した報告がある。七味唐辛子の中の七つの食材をピンセットで選り分け、それぞれ餌として、ケナガコナダニを飼育した結果、麻の実を与えたダニが最もよく繁殖することが分かった（青木、一九九六）。あるとき、ダニ屋が集まり、この話で大いに盛り上がったのだが、そこはそば屋。我々は、テーブルの上に置いてある古そうな七味唐辛子を眺めながら、「ダニが入った八味唐辛子のほうがうまいんじゃない？」などとうそぶいていた。しかし、その場にいたダニ屋たちの表情は次第に曇っていった。なぜなら、我々は古い七味唐辛子そのものがモゾモゾ動く光景を容易に想像できるからだ。モゾモゾを頭から払拭し笑い飛ばすためには、さらなるやせ我慢を言ったりしなければならない。

昨今はこれらのダニもアレルゲンになることがあるため、貯蔵穀類で増えるダニには注意が必要だと言われはじめている。アレルギーを持たない人には何の被害もないが、大量のダニが発生している場合には注意が必要だろう。私も強烈な花粉アレルギーを持っているので、いくらダニが好きでも気をつけるようにしている。

ダニとその仲間たち

ダニはクモと同じクモ形類（クモ形綱は以前「蛛形綱《ちゅうけい》」と呼ばれていた）に属するが、ほかにはどのような生き物がいるのだろうか？　クモ形類では、ダニとクモだけが多くの種を持ち多様性を維持しながら地球上で繁栄している。しかし、これら以外のグループは、ごく少数の種が所属するだけで、生きた化石のようだ。ただ、その変な姿や奇妙な形は、クモ形類を研究していてよかったと思わせてくれる格好のいいものばかりだ。

クモ（クモ目 Araneae）

真正《しんせい》クモ類と呼ぶことがある。クモ、サソリ、ダニなどを含むクモ形類をクモ類と呼ぶことがあるので、これと区別した名称である。クモを漢字で表記する日本蜘蛛《くも》学会では、多足類（ムカデ・ヤスデ）やクモ形類も包括した発表が行われる。

日本最大のクモをご存知だろうか？　西表島産のオオジョロウグモだ（写真）。オオジョロウグモのメスは体長約五センチメートルになる。

オオジョロウグモ *Nephila pilipes*。
日本最大のクモである（西表島産）。

巣も大きく、直径が二メートルにもなる円網《えんもう》はとても頑丈で、シジュウカラを食べたというニュースを見たことがある。ふだんは、昆虫を食べている。

サソリ（サソリ目 Scorpiones）

クモ以外のクモ形類のうち、お馴染みなのはサソリだろう。写真（上）は、ヤエヤマサソリで、体長三センチメートルほどの小型のサソリだ。沖縄県八重山諸島の枯れ木の皮の下などに棲み、シロアリなどを食べる。尾部に毒針をもつが、ほぼ無毒だとされる。

ヤエヤマサソリ *Liocheles australasiae*。3 cm ほどの小型のサソリ。沖縄県八重山諸島の枯れ木の皮の下などに棲む（石垣島産）。

このヤエヤマサソリを石垣島で捕獲したのは偶然で、同島の森でダニを採集するために落ち葉を集めていたときに、ふと見ると手の中に入っていたのだった。気がついた瞬間、私は思わず叫んでいた。無毒だと知っていても、サソリに似た姿が目に飛び込んでくるとびっくりするものだ。

カニムシ（カニムシ目 Pseudoscorpionida）

カニムシは英名 pseudoscorpion（pseudo= ニセ、scorpion= サソリの意）と呼ばれている。サソリは目で見える大きさだが、カニムシは、数ミリ以下の体長なので、ふつう肉眼では見えない。尾部に

カニムシ *Parobisium* 属の一種。［左］正面図、［右］背面図（広島県産、標本提供：盛口満氏、同定：佐藤英文氏、走査型電子顕微鏡像）。

も毒針はない（写真）。

カニのように横向きにジグザグに動きながら逃げたり、外敵に襲われて驚くと、後方にピッと直線的に逃げたりもする。

こんなカニムシだが、秘密兵器をもっている。ハサミに毒針を隠しているのだ（次ページ写真・右上）。餌になるトビムシは素早い。トビムシはその名の通り、お尻に跳躍器というスプリングを持っている。いったん逃がすと二度と捕まえられないのだろう。獲物のトビムシに忍び寄り、カニムシは目にも止まらぬ速さで、そのハサミを伸ばしてトビムシを挟む。速やかにハサミの先端の毒針から毒が注入される仕組みだ。

トビムシは、毒液によってすぐに動けなくなってしまい、カニムシは餌をゆっくりと味わうことになる。百獣の王ライオンの狩りさながらの光景が、我々の足下の落ち葉の下で演じられている。

ザトウムシ（ザトウムシ目 Opiliones）

ザトウムシは、森の木の幹などで長い脚をひろげて歩き回っている。大きなものになると脚を入れて一〇センチメートルになるが、その場合でも体長は一センチメートル程度と小さく、〝歩く

［右］カニムシ *Parobisium* 属の一種。触肢のハサミの先にある毒針（矢印）を示す（広島県産、標本提供：盛口満氏、同定：佐藤英文氏、走査型電子顕微鏡像）。
［左］ザトウムシの一種（兵庫県ハチ北高原産、写真提供：西田賢司氏）。

豆〃のようである（写真・左上）。身体のくびれはクモのように強くはない。くびれていてもバイオリン型程度である。

長い第二脚を触角のように使って周囲をたぐりながら歩く。この姿から盲目の人、座頭の名前がつけられた。目は、頭胸部の中央近くに一対の単眼があるものがほとんど。長い脚と目の二点がほかのダニや、クモと見分けるポイントになる。クモ形類のなかでは例外的に真の交尾を行う。雌雄は向き合い腹面を合わせて交尾をするのだ。

ヒヨケムシ（ヒヨケムシ目 Solifugae）

砂漠や乾燥サバンナに棲み、日本には生息しない（次ページ写真・右上）。私は最近まで「ヒヨケ」を「庇」のことかなのかと思い、なぜか日傘のような「のんびりした」イメージを抱いていた。実際、sol＝太陽、fuga＝逃避の意で、太陽光が射す日中は避けて夜行性だというのが「陽避けムシ」の語源だという。ところが、英名 wind scorpions から私の以前のイメージは完全に払拭された。クモ形類の中で最速の脚を持つのだから。

その特徴は、「すべてのヒヨケムシは捕食性で、サソリのよ

［右］ヒヨケムシの一種（コスタリカ産、写真提供：西田賢司氏）。［左］ウデムシの一種（カメルーン産、写真提供：堀繁久氏）。

うに獲物が通りかかるのをじっと待つのではなく、活発に獲物を狩る。ヒヨケムシは砂漠の地面をジグザグに走り抜け、前脚と触肢を使いながら常に餌がいないか周囲を伺う」、「大型のヒヨケムシは死んだサソリや、トカゲ・ネズミ・小型の鳥等の脊椎動物も獲物として容易に扱うことができる」（青木淳一監訳、二〇一一）という。

毒は持たないが、非常に好戦的で、エサとなる生物や、敵に襲われた場合には強力な顎で容赦なく相手に咬みつく。顎の力は強靭で、対象生物の外皮を食い破り、肉を食い千切り、出血多量で参らせてから食するらしい。地上最強のクモ形類にランクインだ。その獰猛さに似合わず、コスタリカのヒヨケムシは、その可愛い目が印象的だ。

ウデムシ（ウデムシ目 Amblypygi）

ウデムシは、類縁関係はクモに最も近い（写真・左上）。日本には生息しないので、今のところ私のあこがれの虫である。体長は最大でも四センチメートル程度だが、複雑に鋭いトゲの張り出した迫力のある触肢を使って獲物を獲る。

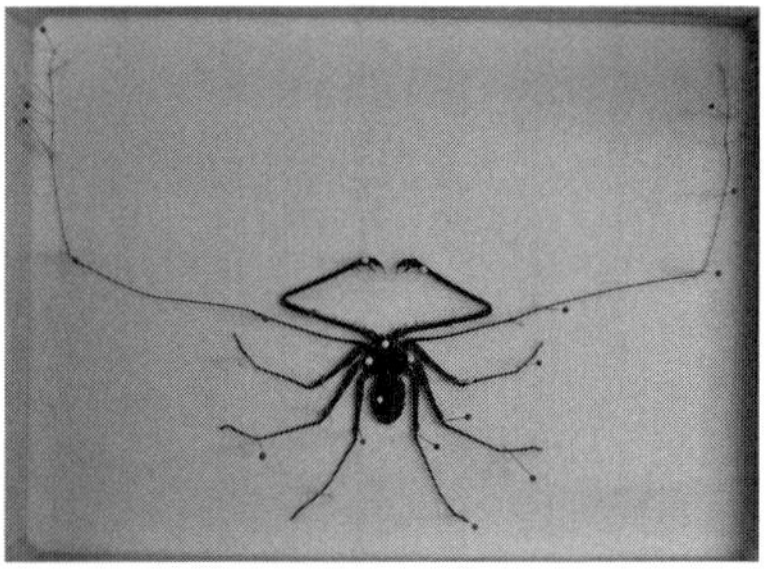

［右］ウデムシの一種。展足した標本（カメルーン産、写真提供：堀繁久氏）。
［左］タイワンサソリモドキ *Typopeltis crucifer*（石垣産）。

中でも、特に細長い大きく広げた長い脚《ウデ》の第Ⅰ脚は、鞭のように伸び、触角の代わりとなる。あまりに第Ⅰ脚が長いので、横幅三〇センチメートルの標本箱にも収まり切らない（写真・右上）。配偶行動として、婚姻ダンスを行ったのち、卵はメスが腹につけて保護する。生まれた幼生はメスの背中でしばらくのあいだ過ごす。

サソリモドキ（サソリモドキ目 Uropygi）

サソリモドキは日本に生息するクモ形類のなかでもっとも私が好きな虫だ（写真・左上）。体長一〇センチメートル程度、ちょうど大人の手のひらに乗るくらいのサソリモドキは、つや消しの黒い身体に赤い線の入った大変に美しい色を呈し、目は宝石のように輝いている。

日本には、アマミサソリモドキと、八重山諸島にタイワンサソリモドキが生息している。写真は、石垣島で採集し、しばらく飼っていたタイワンサソリモドキである。餌は、ペットショップで買ったコオロギを与えていた。

モドキという名前は、まるで、「偽物」のような響きがあり、

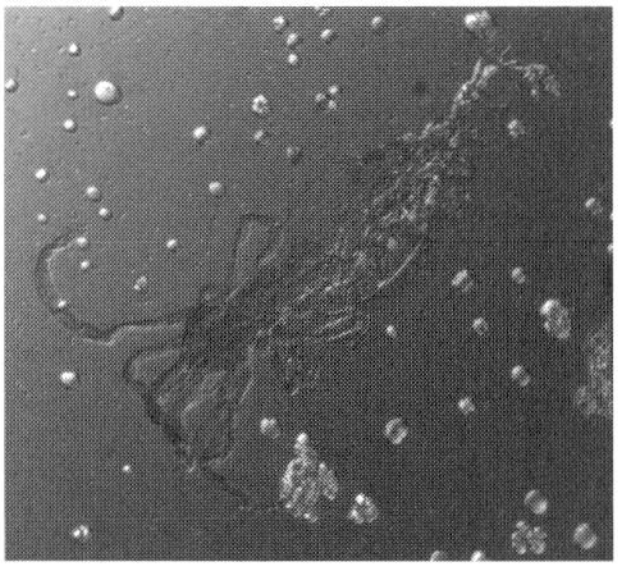

［右］タイワンサソリモドキの触肢はハサミ状だが、太く短い。［左］コヨリムシの一種（日本産）。

本来その種にとっては、不名誉な名前かもしれない。サソリモドキは、サソリのように尾部に毒針はない。その代わりに、尾部から酢酸を噴射する。少し刺激を与えると、周囲にお酢の匂いがたちこめる。酢酸の濃度は高く、皮膚に触れると火傷のような皮膚炎を起こす可能性がある。

コヨリムシ（コヨリムシ目 Palpigradi）

「クモ形綱の珍虫の一つで日本では石垣島で一個体（種名未確定）が発見（青木、一九七三）されて以来、一度も記録がない」（小野、二〇〇八）。和名は尾部がこよりのように細いことからつけられている。

クモ形類がおもしろいのは、珍虫が多いところである。そして、見つけたら大発見。写真（左上）も、日本のある場所から採集された未記録の個体だ。

クツコムシ（クツコムシ目 Ricinulei）

ダニは、クツコムシと最も近いと考えられている。「体長四～一〇ミリメートル。日本には生息しない。和名は前体部前縁の頭

［右］クツコムシ（未成熟）*Cryptocellus* sp.（コスタリカ産、写真提供：西田賢司氏）。［左］ヤイトムシの一種（ウデナガサワダムシ *Trithyreus siamensis* 、宮古島産、写真提供：唐沢重考博士）。

蓋の形が、畜牛の口部につける口籠《くっこ》に似ていることによる。動作は鈍く、乾燥を嫌い、乾期には地中にもぐるという。双翅目の幼虫、シロアリ、クモの卵を食べているところが観察されている」（小野、二〇〇八）。写真（右上）はコスタリカ産の若虫である。私も標本を持っているが、クツコの部分が格好いいと見惚れてしまう。

ヤイトムシ（ヤイトムシ目 Schizomida）

世界中の熱帯、亜熱帯に広く分布する。語源はギリシャ語で schizos= 裂けた、omos= 肩の意で、背甲が分裂していることに由来している。

和名の「ヤイトムシ」は、尾部の形状が「やいと（お灸）」に似ることによる（小野、二〇〇八）。ヤイトムシ科とサワダムシ科の二科、日本には両方が生息している。小笠原諸島には、サワダムシ *Orientzomus sawadai* が生息している。

ダニはどのように地上に現れたのか

 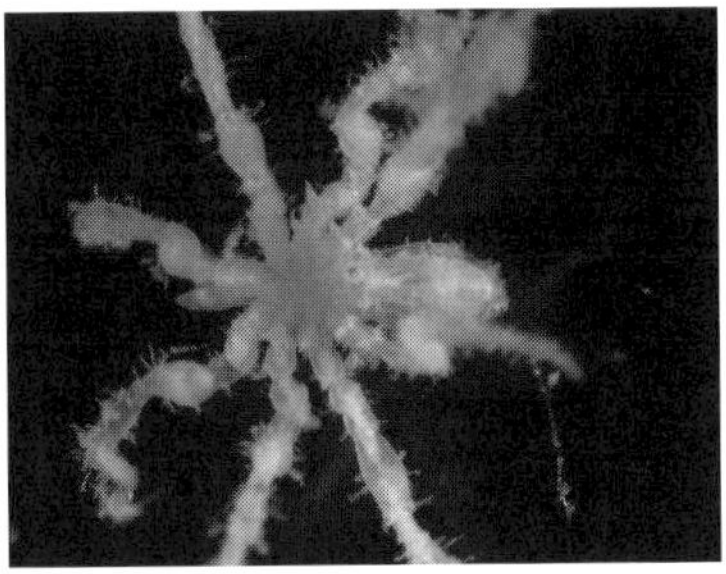

［右］トゲイソウミグモ *Achelia japonica*（北海道・忍路湾産、写真提供：柁原宏博士）。［左］厦門の市場で見つけたカブトガニ（中国）。

ダニは、頭部の口の前に鋏角があるほかは、顎のような構造はない。このような特徴を持つものは、鋏角類（鋏角亜門 Chelicerata）と呼ばれている。たとえば、バッタの大顎は左右に開き両側から草をバリバリ噛み砕くことができるが、鋏角類にはこのような顎はなく、両脇に突き出た一対のペンチのような鋏があるのみである。この特徴は、ウミグモや、カブトガニも同じである。

鋏角類は、現在、（1）ウミグモ綱、（2）カブトガニ綱、（3）クモ形綱（ダニ類が属する）の三つに分けられる。この三つのグループの系統関係を図に示した（次ページ）。ただし三つのグループの関係は確定していない。

そもそも、鋏角類は古生代の初期、カンブリア紀に出現したとされている。それ以降、つねに節足動物の中では優勢を誇ってきた。鋏角類の祖先に当たるものの中で最も古いものだろうと考えられているものの一つには、サンクタカリス *Sanctacaris* がある。カンブリア紀中期のバージェス頁岩から見つかった。

同じカンブリア紀の終わりに出現したウミサソリは、シルル紀には海中の食物連鎖の頂点に立っており、最大のものは体長二・五

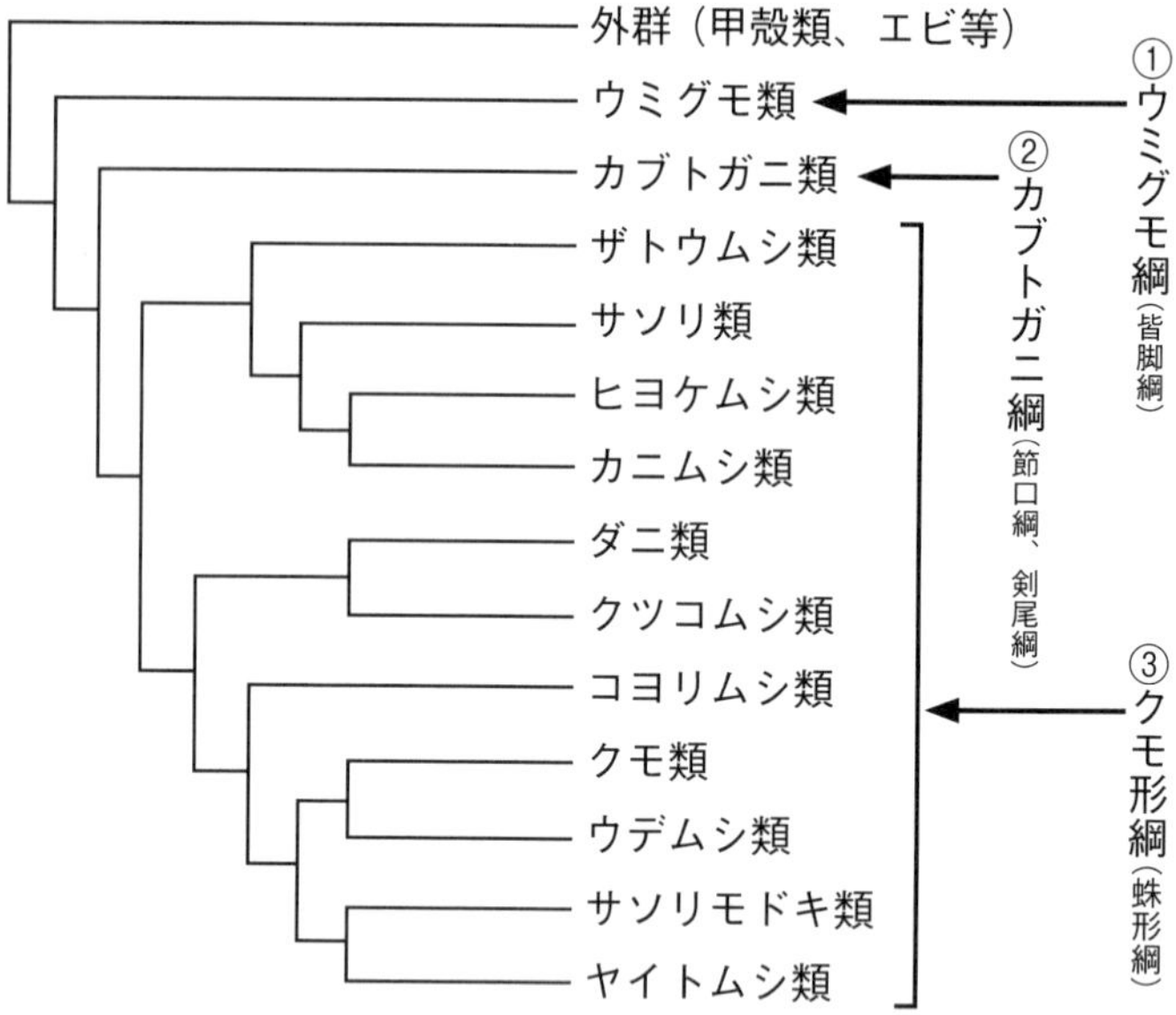

鋏角亜門における18Sと28SリボゾームRNA遺伝子に基づいたWheeler and Hayashi（1998）の分岐図。①ウミグモ綱（皆脚綱）、②カブトガニ綱（節口綱、剣尾綱）、③クモ形綱（蛛形綱）の3つに分けられる。

メートルに達し、史上最大の節足動物の一つとなった。同じ時代に起きた植物の陸上進出と合わせて、クモ形類は早々に陸上進出を果たした。この時期、カブトガニやサソリ、クモの化石が見つかっている。ほかの生き物を捕食する肉食の節足動物としての地位を陸上でも築いたのである。

一般的に、クモ形類は、ウミサソリを祖先として、サソリを起源に一度に陸上に進出したのではないかと考えられてきた。しかし、近年、クモ形類の仲間は、何度かにわたって地上に進出したのだろうと考えられている。

小野（二〇〇二）は、各々の分類群の呼吸器官に着目して、生物

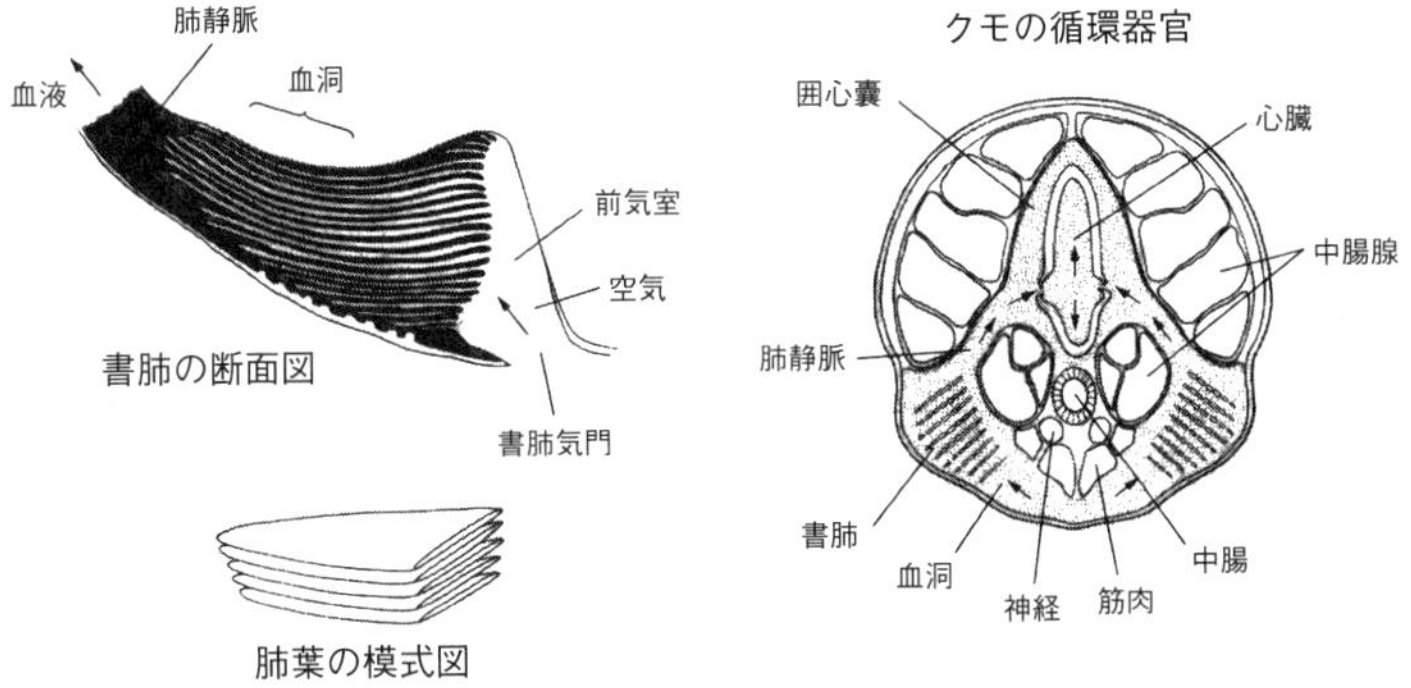

［左］クモの書肺。黒い部分が血液（小野展嗣，2002 より）。［右］クモの腹部全域の断面。矢印は血流を表す（Foelix, 1979 を改変、小野展嗣，2002 より）。

の陸上への進出について興味深い提案をしている。ウミサソリの持っていた書鰓《しょさい》は、サソリ、サソリモドキ、ヤイトムシ、ウデムシ、クモなどの書肺《しょはい》と相同の気管であるという。コヨリムシには書肺が退化したと考えられる背嚢《はいのう》をもっている。

気管を発達させた生き物たち

ダニのように気管が発達した動物の仲間には、ザトウムシ、カニムシ、ヒヨケムシ、クツコムシ、そしてクモがいる。クモの気管は起源が異なるため、これを除いた気管系を持つ五つのグループを「真気管類」と呼び、書肺を持つものを「書肺類」と呼んでいる。小野（二〇〇二）は、これらのグループ分けは、理解を進めるために仮に提案したとしている。

実際、サソリの分子系統と形態の両方から推測される体系内の位置は、この提案とは合致しない。

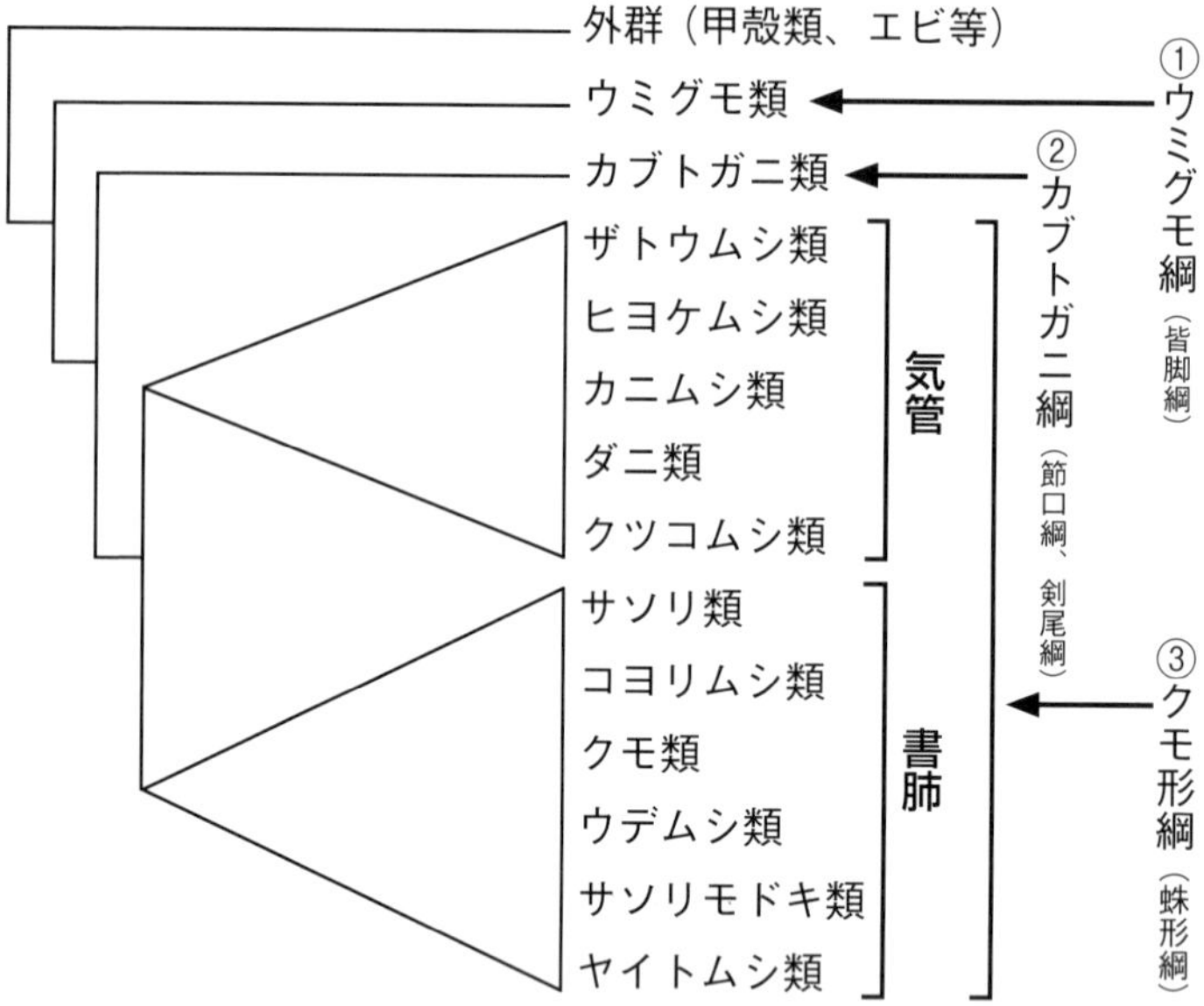

クモ形綱（蛛形綱）を呼吸器官によって区別した２つのグループ（小野，2002 を参考に作図）。気管系を発達させたものと書肺を持つものの２つのグループが仮に提案された。クモ類は気管系も合わせて持つが、これは中生代以降、書肺の後対が変化してできたことが明らかなので、他のものがもつ気管系とは起源が異なるという。サソリの系統的な位置は現在の一般的な理解とは異なるが、Bristowe（1971）のように陸上進出の時期が他の書肺を持つものとは異なるという考え方もある。

しかし、Bristowe（1971）も同様に、クモとサソリなどは別々に陸上進出を果たしたのではないかと示唆していることを考えると、クモ形類は複雑に、何度も陸上進出を試みたと考えるのが妥当だ。その意味で決定打とは言えないが、呼吸器官に基づく考察は、クモ形類を理解するうえで有意義である（系統関係については巻末付録の参考書も参照のこと）。

大量絶滅を乗り切った理由

さて、このように繁栄したクモ形類であったが、古生代の終わりである地上生物の三回目の大量絶滅（P－T境界）を乗り切れずにウミサソリは絶滅した。

地上でも同様に、多くのものは次第に衰退して、現在ではクモ類、ダニ類以外のグループは、それぞれ種数は少なく、古生代の姿を残した生きた化石に近い。理由としては、鋏角という単純な構造の口器では、さまざまな食物に適応することができなかったようである。いずれにしても、海では甲殻類、陸上では昆虫類の多様性に押されて衰退したと考えられている。

鋏角類のなかで生き残ったクモ類とダニ類は、なぜ現在でも多くの種数を保つことのできるような大発展を遂げたのだろうか。

まず、クモ類は、糸とそれによる網の活用で広範囲な陸上昆虫を捕食する能力を発達させた。土壌に生息している土壌動物には、昆虫の幼虫なども多いが、これらが成虫になって土壌から飛び立った後もクモの餌食になるものが多く、つまるところ陸上昆虫と土壌性昆虫の食物連鎖の頂点にクモ類がいることが分かる。

一方、ダニ類は身体を小さくすることで、さまざまな環境に進出できるようになった。また、陸上のさまざまな餌資源を利用することで、食性の幅を広げることができた。前述したように、ほかの節足動物を食べるトゲダニの肉食、ハダニの草食、マダニの行う吸血、ササラダニの植物遺体食（落葉・落枝）、コナダニの菌食など、陸上のあらゆる餌資源を利用している。

ダニの分類体系（その1）

たった二文字にすぎない「ダニ」だけれども、その中にはさまざまなグループがある。また、研究者によってさまざまな分類体系もある。過去の説から、一般的な説と最新の説（Krantz and Walter, 2009）を付録1にまとめた（213ページ参照）。

複雑なようだが心配はない。以下に紹介する体系を理解すれば、高次分類体系については、ほぼダニの専門家と同じレベルになる。

ダニの高次分類は、かつてはその気門の位置と気管の仕組みによっていた。気門とは、空気を取り入れるために身体にあいた穴で、人間の鼻と口に該当する。

ダニを理解する上で基本となる七グループは、気門の位置に基づいていたので、その名前も気門の位置にちなんでつけられていた（64ページ図および、付録1参照）。

ダニには——、

（1）アシナガダニ亜目　Opilioacarida
（2）カタダニ亜目　Holotyrida
（3）マダニ亜目　Ixodida
（4）トゲダニ亜目　Gamasida
（5）ケダニ亜目　Actinedida
（6）ササラダニ亜目　Oribatida

（7）コナダニ亜目　Acaridida

以上のの七つのグループがある。

Krantz and Walter（2009）によって提案されたダニを亜綱という分類階級に位置づける体系も、この七つのグループを組み替えたものだ（付録1・2を参照）。

しかし、本書では読者のわかりやすさを重視し、より一般的な体系を用いて説明する。それは、ダニを目に位置づけ、七つのグループそれぞれを、亜目とするものである。この体系は日本で唯一、ダニ類全体が分かる図鑑『日本ダニ類図鑑』で用いられているものだ（付録1）。

分類階級として目というレベルは、昆虫でいうと、たとえばコウチュウ目にあたる。背中が硬い前バネで覆われているのが特徴で、カブトムシ、クワガタムシ、カミキリムシ、ゲンゴロウ、オサムシ、ホタル、テントウムシ、ゾウムシなどが所属するグループだ。

（1）アシナガダニ亜目は日本から未記録である。背中に四対の気門があり、背気門亜目と呼ばれていた（次ページ図A）。

（2）カタダニ亜目も日本から未記録である。四気門亜目と呼ばれていた。体の側面にある二対の穴が気門であるとされていたからだ。現在では、一対は気門であるが、もう一対は防御物質を出す腺だと考えられている（次ページ図C）。外皮は堅くカタダニと呼ばれる。

日本に生息するダニの五つのグループ

日本のあらゆるところに生息するダニのグループを見ていこう。

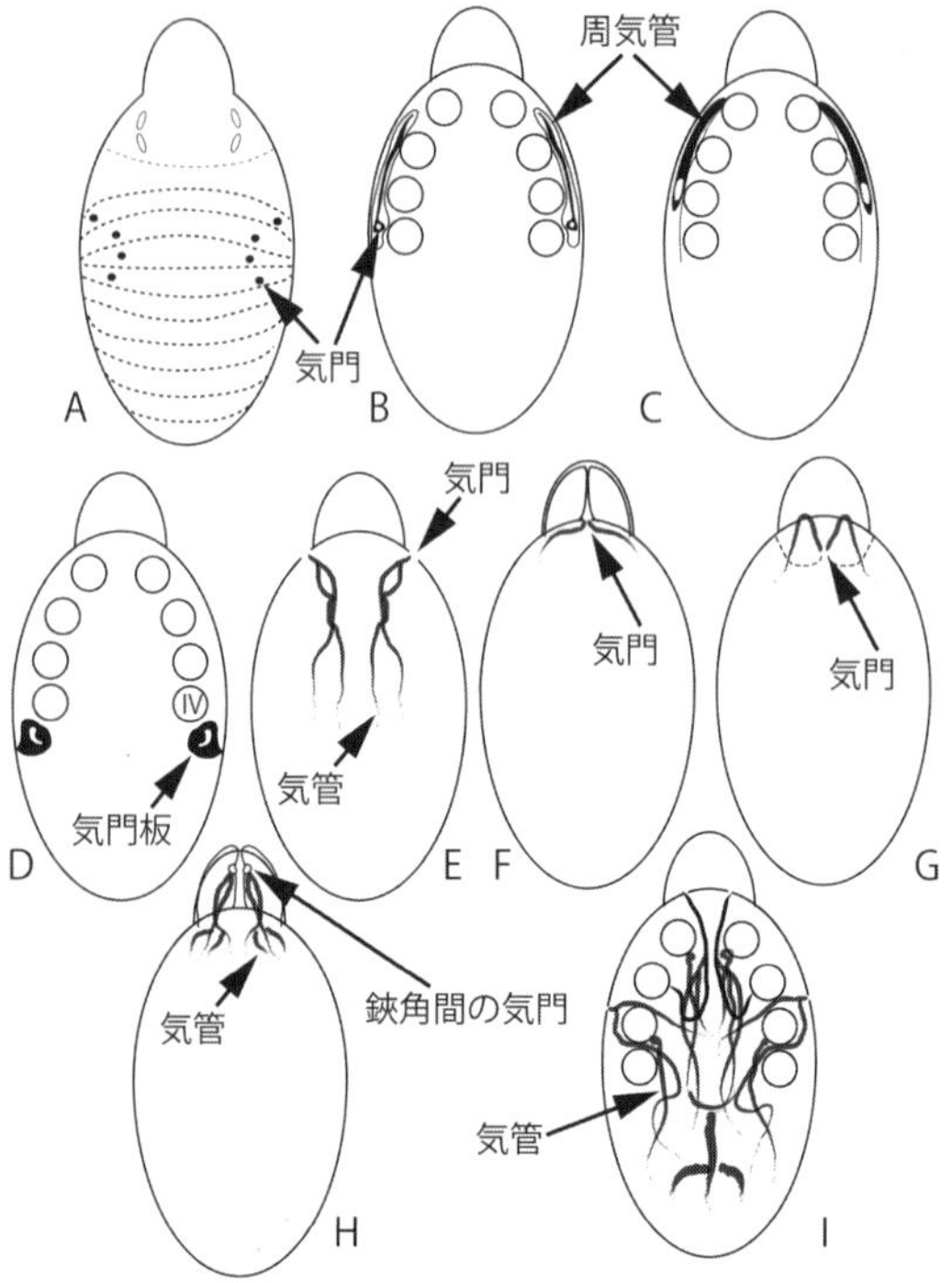

ダニ類のさまざまな気管のつくり（Krantz and Walter, [2009] を改変）。

（3）マダニ亜目は、後気門亜目と呼ばれていた。第四脚の付け根（図D）、つまり身体の後ろに気門があるので後気門亜目なのだ。

（4）トゲダニ亜目は、中気門亜目と呼ばれていた。身体の真ん中ほどに気門がある（図B）。

（5）ケダニ亜目が、前気門亜目と呼ばれていたのは、身体の前方に気門が開いていたからである（図E・F・G・H）。

ササラダニをひとまず飛ばして――、

（7）コナダニ亜目は、無気門亜目と呼ばれていた。明確な気門がないからである。

このように漢字で気門の位置を書く名前はとても分かりやすい。しかし、多くの生き物で名前をカタカナで表記するようになってしまったために、ダニの仲間も、カタカナの分類群名を使うようになった。昆虫などでも漢字で書いた方が分かりやすいケースがあるが、仕方のないことなのだろう。

さて、最後に、（6）ササラダニ亜目である（右図I）。ササラダニ亜目は、隠気門亜目と呼ばれていた。気門の位置が外側からではよく分からず、気門が隠れているという意味である。漢字変換で〝陰〟気門と間違えないように注意が必要である。

ただし、ササラダニ亜目の気門は隠れているのだが、実は身体のあちらこちらに気門があるのだ（次ページ図）。昆虫のように明確な穴があいているわけではなく、ツルツルした表面の一部が少しくぼんでおり、光学顕微鏡で見るとつや消し状になった部分がある。ここに、細かな小さな穴が無数に開いており、そこから体内に酸素を取り込んでいる。

背中には、背孔という気門があり、身体の横にも気門がある。肛門板のなかにも空気を溜め込めるようになっているものもいる。種類によっては、光学顕微鏡で見ると、脚にもつや消しになった部分が見えることがあり、ここにも気門が開いているらしい。

次に、ダニ類のこれまでの体系を、簡単に見ていこう。

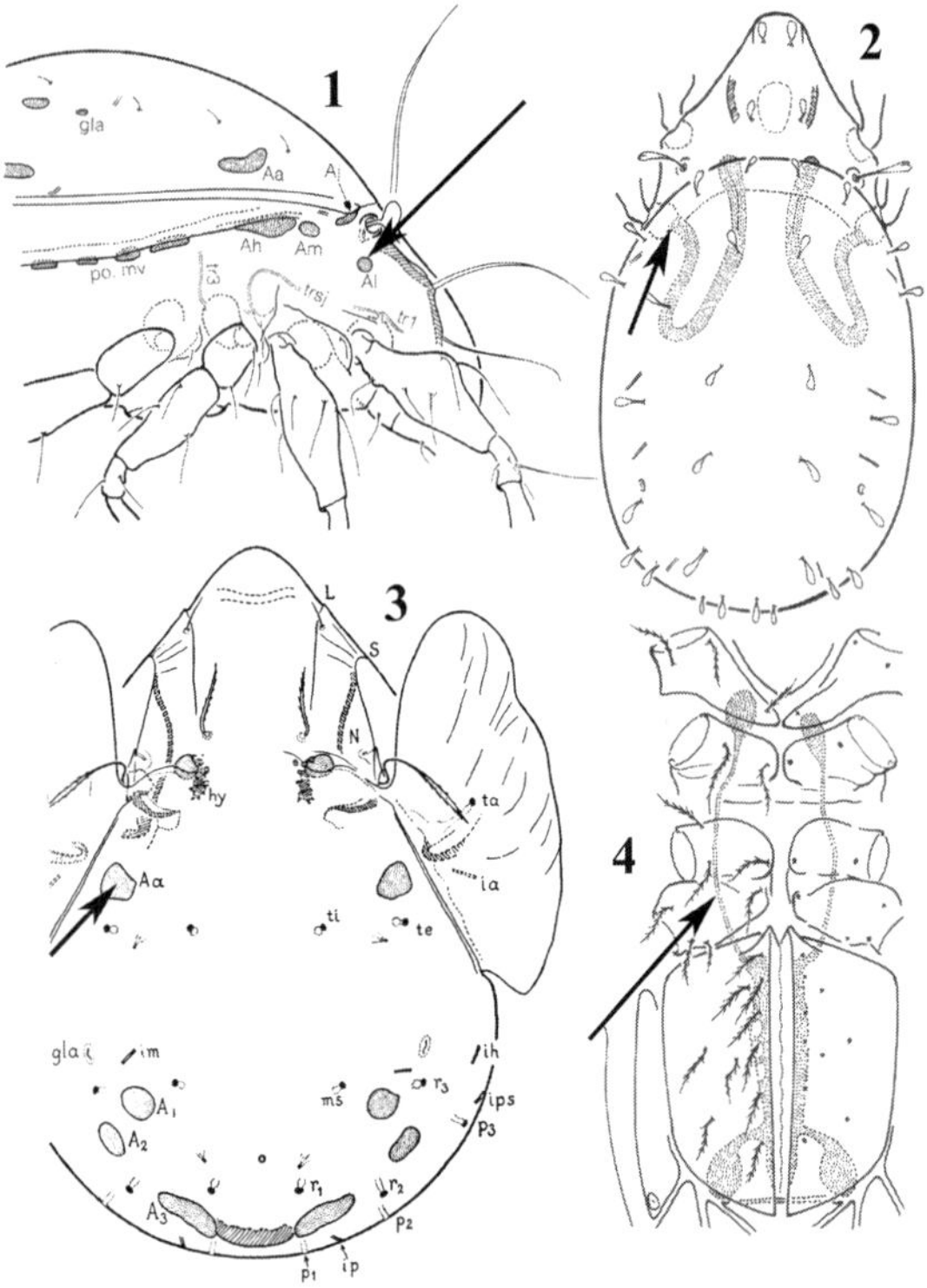

ササラダニ類が呼吸に用いるための背孔、気門、気管。（1）ササラダニ類の側面にある背孔（背中にある気門のことを特別にこのように呼ぶ）の典型的な位置（areae porosae：矢印はそのうちの１つ、点描で色付けられている部分はすべて背孔。Grandjean, 1971；Norton et al., 1997による）、（2）*Galapagacarus schatzi*の背面、矢印は気門、そこから気管が延びている(P. Balogh, 1985)、（3）フリソデダニ類の背面にある背孔（矢印はそのうちの１つ、点描で色付けられている部分はすべて背孔。Grandjean, 1956による）、（4）カザリヒワダニ *Cosmochthonius reticulatus* の腹面、気管が肛門に伸び袋状の構造をつくっている（Grandjean, 1962）。全体は、Norton et al., 1997より抜粋。

ダニ目（Acari）

胸穴類 パラシティフォルメス Parasitiformes

(1) アシナガダニ亜目	(2) カタダニ亜目	(3) マダニ亜目	(4) トゲダニ亜目
Opilioacarida	Holotyrida	Ixodida	Gamasida Mesostigmata

胸板類 アカリフォルメス Acariformes

(5) ケダニ亜目	(6) ササラダニ亜目	(7) コナダニ亜目
Prostigmata Actinedida	Oribatida	Astigmata Acaridida

ダニ類全体の高次分類体系

ダニの分類体系（その2）

ダニは大きく二つのグループに分けられる。一つめのグループは、「パラシティフォルメス Parasitiformes」という。parasite（パラサイト）は、「寄生性」という意味なので、〝寄生するダニ〟とでも訳したらいいのだろうか。

もう一つのグループは、「アカリフォルメス Acariformes」という。acari は、「ダニ」、form は「種類、形態」という意味なので、〝ダニらしいダニ〟と訳したらいいだろうか。*Acarus* というコナダニ類のダニが最初にリンネによって記録されたので、コナダニ類が含まれるダニのグループという意味だろう。ササラダニもこの仲間に入る。

「ダニとは？」と聞かれて多くの人が思い浮かべるのが、マダニだ。マダニは、ササやぶの上などに陣取って、その下を獣や人が通ると、その吐く息に含まれる二酸化炭素を察知して発生源の宿主をめがけて襲ってくるダニである。飼い犬でも、血を吸ってアズキほどの大きさになったダニを付けてくることがある。このマダニに代表されるグループが、パラシティフォルメスだ。

もう一方のアカリフォルメスの代表は、ダニアレルギーの原因になるヒョウヒダニや、コンクリートの建物の屋上で見かけることのある赤い小さいダニ、タカラダニたちである。

Krantz and Walter（2009）によって提案されたダニを亜綱 subclass とする体系では、この二つの大きなグループのうち、パラシティフォルメスは胸穴上目、アカリフォルメスは胸板上目として、上目 superclass の分類階級に位置する。これまで曖昧だったこれらの分類単位を分類階級の中に位置づけた点で評価できる。

なお、「胸穴上目」は、可動する脚の基部を外すと腹面に穴が開いているように見えるため、こう名付けられた。一方の「胸板上目」は、脚の基部が胴部と融合して固着し、腹面が板のようになっているため、こう呼ばれている（安倍ほか、二〇〇九）。

ダニの分類体系3〈日本のダニは五つのグループ〉

最新の分類体系（Krantz and Walter, 2009）とは異なるが、一般的な体系は下記の通りであり、これは『日本ダニ類図鑑』で用いられているものだ（付録1参照）。

まず、パラシティフォルメスのグループには、全七グループのうち四グループが入る。

（1）アシナガダニ亜目

（2）カタダニ亜目
（3）マダニ亜目
（4）トゲダニ亜目

このうち、（1）アシナガダニ亜目、（2）カタダニ亜目は、前述の通り日本にいないので、これ以上は触れない。（3）マダニ亜目は、動物の血を吸うダニ。（4）トゲダニ亜目は主に捕食性としてほかの動物を食べるダニで、吸血性（イエダニ、ワクモ、サシダニなど）のものもいる。

もう一つのアカリフォルメスのグループは、残りの三グループが入る。

（5）ケダニ亜目
（6）ササラダニ亜目
（7）コナダニ亜目

分かりやすいので、これらを脚の爪の数で比較してみよう。

（5）ケダニ亜目は二本爪。無数の毛が生えてベルベットのように見える外観に特徴がある。（6）ササラダニ亜目は一、二、三本爪。生態系内の分解者である。（7）コナダニ亜目は一本爪。本書の冒頭で触れた、チーズについていたダニである。

以上が、ダニ類のすべて。それでは、日本に生息する五つのグループ（亜目）ごとに、個性的なダニたちを見ていこう。

目のないダニの戦略〈マダニ亜目 その1〉

ダニの多くは、脚が六本の幼虫期の次に、若虫期を二期または三期過ごして成虫になる（若虫と成虫の脚は八本）。しかし、マダニ類には若虫は一期しかなく、幼虫→若虫→成虫となり、すべての時期で吸血をする。成長のために血を吸った宿主の動物から落下し、脱皮をして、また吸血のために、ササの葉の上などにのぼり、ふたたび宿主となるほ乳類のシカなどが下を通るのを待つ。

一部のもの以外、眼を持たないマダニは、なぜ動物の動きが分かるのだろうか？ 目を持つマダニにしても、明るさが分かる程度らしいのだ。

秘密は、マダニの第I脚の先端にある「ハラー氏器官」だ（次ページ写真・右上）。この器官で、宿主動物が吐き出す二酸化炭素だけではなく、赤外線さえも検知しながら、宿主動物の生体反応をとらえ、食らいつこうとする。マダニが獲物を待つとき、この第I脚を左右にゆっくり振り動かすのが特徴で、両脚のセンサーの反応強度が同じになる方向に前進する。

野蛮な口器〈マダニ亜目 その2〉

マダニは、宿主動物の上に落下し、飛び乗った後、触肢が吸血点を見極めると、触肢が左右に開き、鋭利な刃物のような、返し刃がたくさん付いた不気味な顎体部が現れる（次ページ写真・左上）。

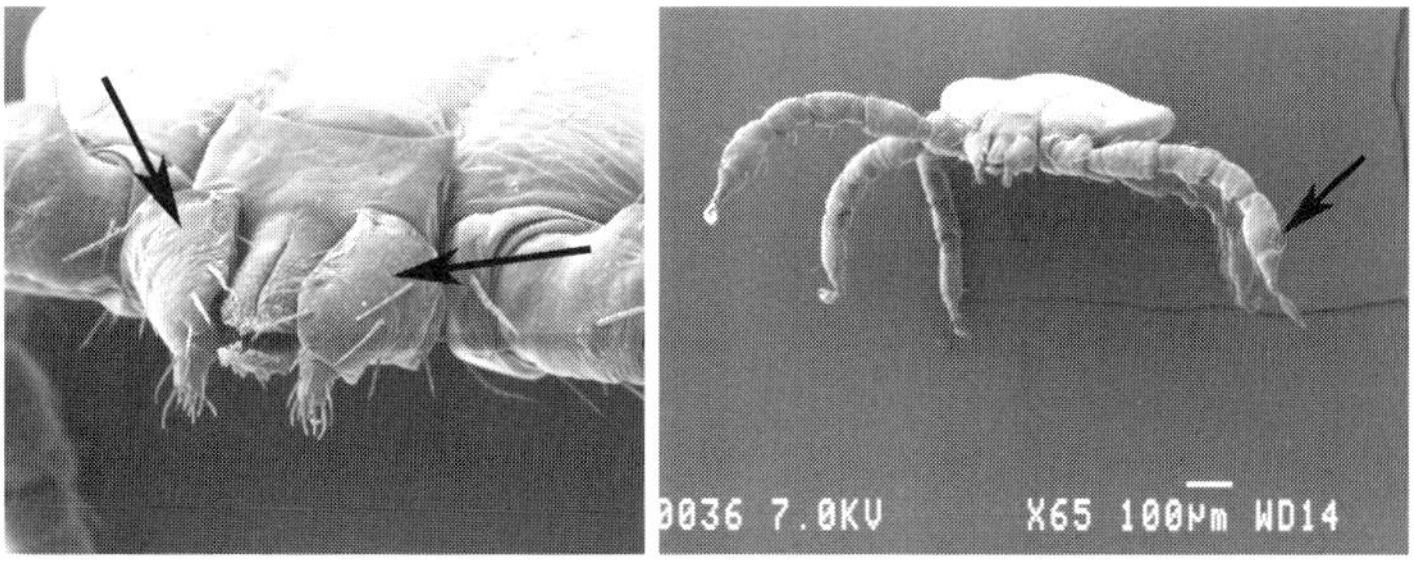

［右］キチマダニ幼虫の正面図。第Ⅰ脚のハラー氏器官（矢印）には、横向きのスリット構造が見える。［左］キチマダニ幼虫の正面図。触肢（矢印）が左右に開いて、宿主動物に挿入するための口器（顎体部）が現れる（共に走査型電子顕微鏡像、写真提供：森田達志博士）。

顎は、皮膚を切り裂く鋏角、これを納める鞘の鋏角鞘、後ろ向きの大きなトゲ（返し刃）、後でセメント物質を出して皮膚に固定するための口下片、そして土台となる顎体基部からなる。

これらは、昆虫、たとえば、注射器のような口器を皮膚に刺して血を吸うカや、ブユのように鋭利な手術用のメスのような口器で、人間に痛みを感じさせず、瞬間で皮膚を切り裂き体液をなめるのとはまったく異なる。吸血性の昆虫の口器は、ある意味エレガントだが、マダニの口器は、グロテスクで野蛮だ。まるでサメの歯を連想させる（次ページ写真）。

マダニは、二本の鋏角を前後に別々に動かしながら皮膚を切開し、口器全体を宿主の皮膚に差し込む。その後、口下片と鋏角鞘の隙間から血液を吸い上げる。吸血しているあいだは、さまざまな成分の含まれた唾液をだす。唾液の成分には、血液の凝固を防ぎ、血管を拡張させ、また感覚を麻痺させる働きもある。

吸血するとマダニの体重は、三ミリグラムから三〇〇ミリグラム、およそ百倍に増えると言われている（73ページ写真）。

体重が増えた分、三〇〇ミリグラム（約〇・三ミリリットル）程度の血液が奪われるのかというと、そうではなく、血液中から必要な成分だけを摂取し、水分や塩分などは宿主動物に唾液とともに吐き戻しているというから恐れ入る。

オスのマダニ成虫では、吸血量はごくわずかか、まったく吸血しないものもいるらしいが、メスのマダニ成虫は、種によるが多いときには二千〜二万個ほどの卵を産む必要があるので、一週間以上、

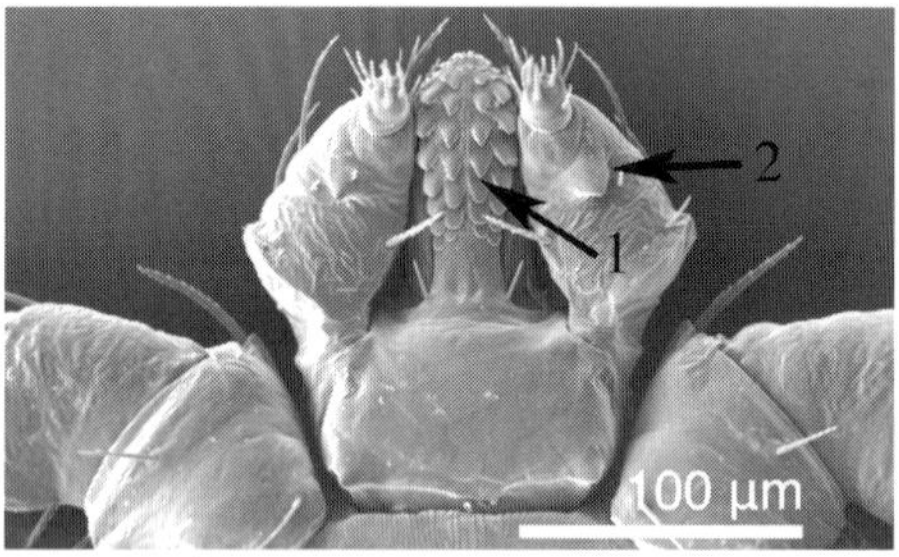

キチマダニ幼虫の顎体部腹面像。1: 口下片、2: 触肢。1週間ほどにも及ぶ吸血の間、顎体部全体は、口下片を中心に皮膚にセメント物質で固定される（走査型電子顕微鏡像、写真提供：森田達志博士）。

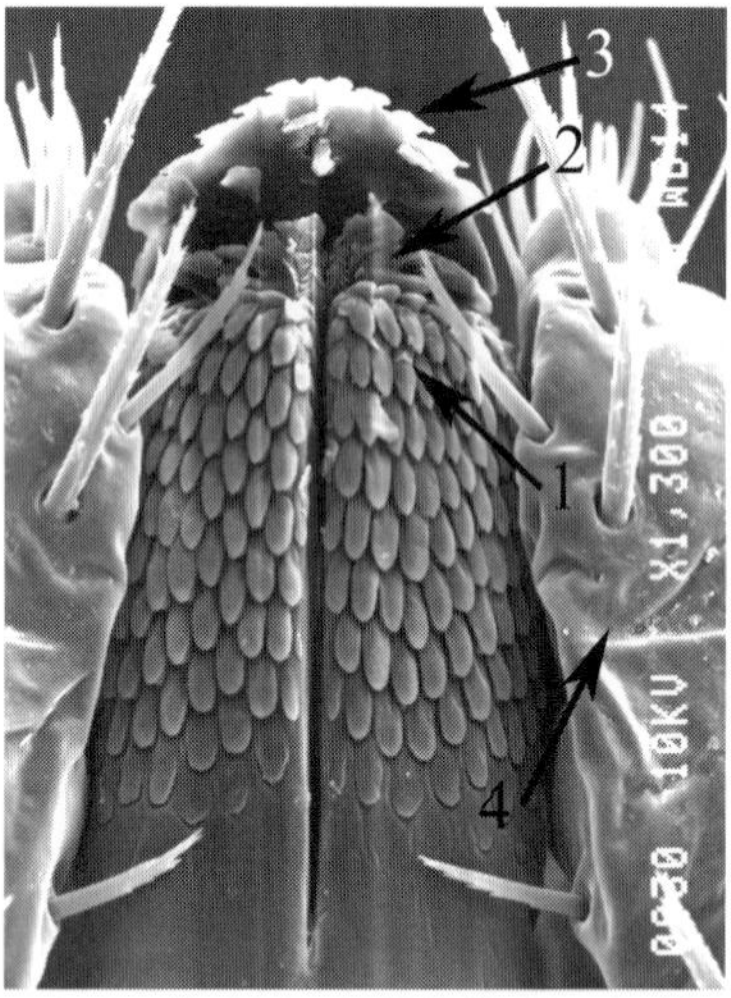

キチマダニ幼虫の顎体部背面像。1: 鋏角鞘、2: 鋏角、3: 口下片、4: 触肢。鋏角が左右とも別々に前後に動いて皮膚を切り開く。口下片は、まっすぐ皮膚に差し込まれる（走査型電子顕微鏡像、写真提供：森田達志博士）。

［右］マダニ亜目マダニ属の一種 *Ixodes* sp. の幼虫。顎体部を人間の皮膚に挿入する瞬間を捉えた（コスタリカ産、同定：山内健生博士、写真提供：西田賢司氏）。［左］カモシカマダニ成虫 *Ixodes acutitarsus*（写真提供：北岡茂男博士）。

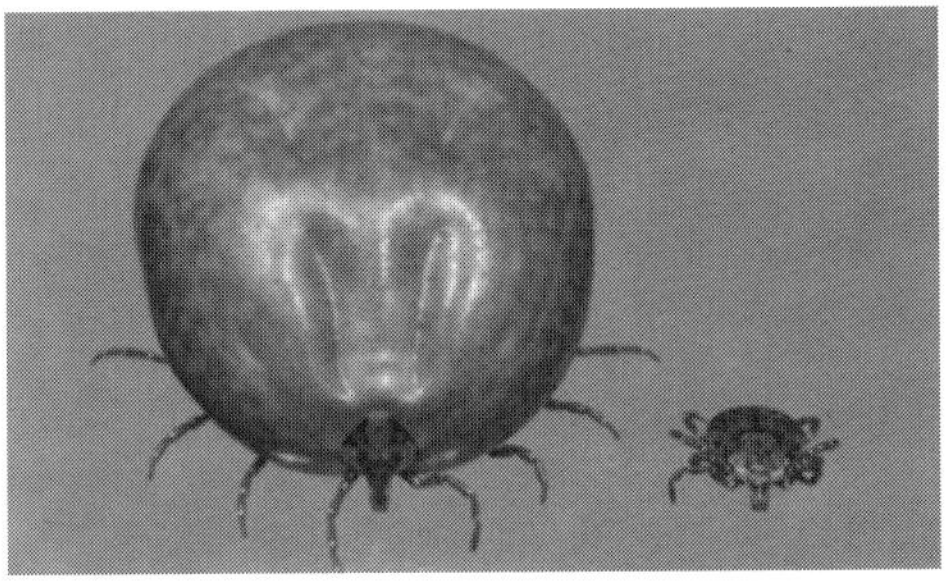

［上］飽血後のタカサゴキララマダニ *Amblyomma testudinarium* のメス（左）とオスの比較。マダニが十分に血液を採取した状態を飽血というが、マダニのメスが飽血をすると、オスに比べてさらに大きくなる。［右］飽血後の同マダニのメスの産卵。時には２万個を超える卵を産む（共に写真提供：北岡茂男博士）。

宿主の皮膚に自らをセメント物質で固着させ吸血を続ける。最終的には一ミリリットル程度の血液中の成分のみを吸血することが分かっている（森田、二〇〇八）。

媒介する伝染病〈マダニ亜目 その3〉

マダニがやっかいなのは、吸血するだけではなく、ライム病やダニ脳炎（ロシアなど）の伝染病を媒介するところである。国内でもライム病は、ノネズミや小鳥などを保菌動物として、野生のマダニによって媒介される人獣共通の細菌（スピロヘータ）による感染症として近年も報告されている。日本では、シュルツェマダニに血を吸われた後に、ライム病を発症するケースがほとんどだ。これらのマダニは、本州中部以北の山間部に棲息するとともに、北海道では平地でもよく見られる。一般家庭内のダニでは、これらの伝染病を感染させる能力はないとされている。

目のないダニ〈トゲダニ亜目 その1〉

落葉落枝の堆積する土壌に生息するトゲダニ亜目には、第Ⅰ脚がとても長いものがいる。ウデナガダニ科に所属するタマツナギウデナガダニだ（次ページ写真）。

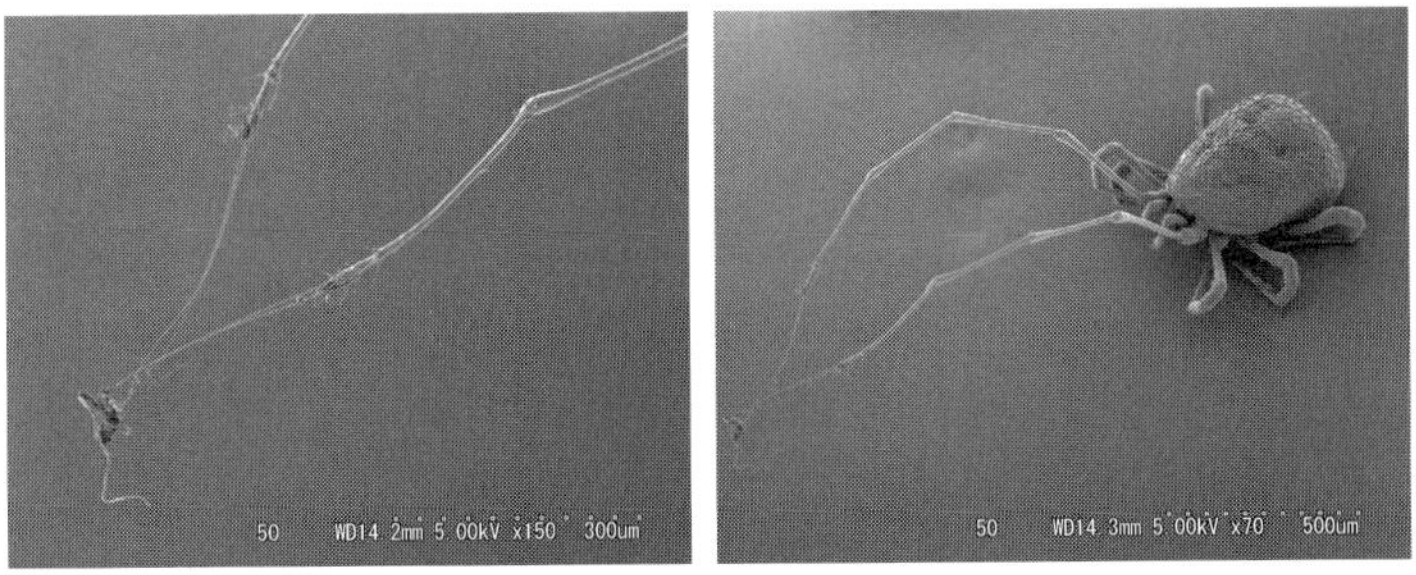

［右］ウデナガダニ科に所属するタマツナギウデナガダニ *Podocinum catenum*。［左］タマツナギウデナガダニの第I脚の先端毛。標本にゴミが付着しているが、長い毛が２本伸びていることが分かる（共に同定：高久元博士、走査型電子顕微鏡像）。

一般に、ダニには目がない、または、目があっても光の方向を感じることができるような目しかないものが多い。このため、ふつうはどのダニでも、第Ⅰ脚をまるで暗闇の中を手探りで進むように使い、周囲の障害物などを察知しながら生活している。

このように、クモ形類は第Ⅰ脚または第Ⅱ脚を、昆虫が触角で手探りするように使っているものは多いが、ウデナガダニの仲間は、ダニの中でも特に第Ⅰ脚が発達して長い（写真）。第Ⅰ脚の先端をよく見ると爪もなくなっており、毛が二本長くなっている。

ウデナガダニは、トビムシや線虫を捕食する。これらの動物を捕まえるのには、第Ⅰ脚を使わないのだろう。トビムシや線虫が生息している環境をより正確に把握するためなのか、なぜ土壌で生きていくには邪魔なくらい脚を長くしたのかはよく分かっていない。

沖縄本島北部の亜熱帯林の土壌に、普通に見られるイチモンジダニ科のフタツワダニ *Fenestrella japonica* は、パラシティフォルメスのトゲダニ亜目とはまったく異なる分類群であ

［右］ハエダニ科 *Macrochelidae* に所属するハエダニ属の一種 *Macrocheles* sp. の正面図。［左］同ダニの側面図（共に同定：高久元博士、走査型電子顕微鏡像）。

るササラダニ亜目に属する。落葉などを餌とするササラダニには大変に珍しく、第Ⅰ脚の先端には爪がなく長い毛が二本あるが、ウデナガダニほど長い脚ではない。

このようなふたつのグループの異なるダニがよく似た形態になる理由は分かっていないが、ダニ類の進化のひとつの側面を反映しているのだろう。

ハエの卵を食べるダニ〈トゲダニ亜目 その2〉

落葉落枝の堆積する土壌に生息するハエダニ科のダニは、ハエの卵や、線虫やトビムシなどを捕食する。甲虫、ハエ、ガなどの昆虫類に便乗することもあり、体液や体表有機物を摂食することもある。

写真は、ハエダニ科の *Macrocheles* 属の一種。第Ⅰ脚は周囲の環境を探るために細いが、第Ⅱ脚は太く、身体の前方には触肢と長い強靭な鋏角をもつ。

ハエダニ科のダニは、たとえば、生態系の動物遺体の分解者で

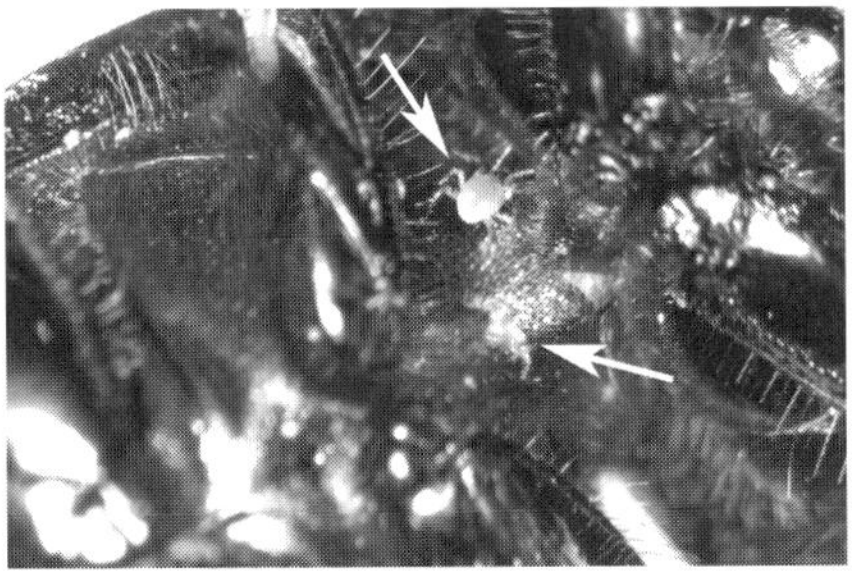
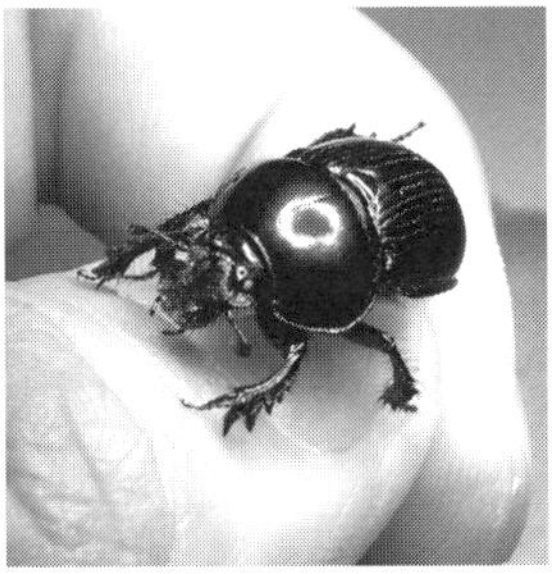

［右］ダニの付いていたセンチコガネ。［左］センチコガネに便乗するハエダニ科 Macrochelidae、ナミブチハエダニ *Macrocheles serratus*。

あるシデムシなどの死体食昆虫やフン虫に便乗する。フン虫の仲間であるセンチコガネや、地表徘徊性の肉食性昆虫オサムシの体表にも、トゲダニ亜目のダニが沢山いる（写真）。昆虫の体表に便乗し、動物遺体まで到達し、そこに集まるハエの卵や幼虫（ウジ）を食べるのである。

糸を巧みに使うイトダニ〈トゲダニ亜目 その3〉

イトダニ科の成虫（次ページ写真）は、土壌でトビムシや線虫を捕食すると考えられている。第二若虫は、昆虫に便乗する。ほかのダニは、体表にしがみつくか、あるいは、昆虫の身体の隙間に上手に身体を入れて便乗するのに対し、イトダニの第二若虫は、短い糸のような構造物を出して、昆虫にお尻を固定する。その姿は、まるで昆虫から団扇《うちわ》が生えているような状態になる。この糸のために、このダニの仲間はイトダニと呼ばれる。

［左］ハチドリのクチバシにいるホソゲマヨイダニ科のダニ（コスタリカ産、写真提供：西田賢司氏）。［右］イトダニ科 Uropodidae の一種（走査型電子顕微鏡像）。

鳥に便乗するダニ〈トゲダニ亜目 その4〉

北アメリカの南西部から、南アメリカのアルゼンチンあたりに分布するハチドリ類は美しい姿で知られている。鳥類の中では、最も体が小さいグループで、体重は二〜二〇グラム程度、花の蜜を主食にして、ホバリング（空中静止）しながら花の中にクチバシを差し込んで蜜を吸う。花の蜜を吸うためにクチバシは細長い。空中でホバリング飛翔をするときにハチのような羽音を立てるので、ハチドリ（蜂鳥）と名付けられ、英名でハミングバード hummingbird である。このハチドリに便乗するダニがいるのだ。

北部カリフォルニアからチリ中央部まで分布しているホソゲマヨイダニ科のダニの餌は花蜜が中心で、成長すると花粉も食べるようになる。このダニは花の中で生活をして結婚もする。メスは卵を植物の上に産み、休眠をしないまま、一生を植物の上で過ごす。幼虫は若虫を経てほぼ一週間で親になる。このホソゲマヨイダニ科のダニの成虫が、別の花に移るために、ハチドリのクチバシにヒッチハイクをするのである（写真）。

クサアリモドキ *Lasius spathepus* に付いているムシノリダニ（写真提供：島田 拓氏）。

気の毒なアリ〈トゲダニ亜目 その5〉

通常、トゲダニ亜目が、昆虫の体表に付いている場合、便乗にしても、寄生にしても、昆虫はさほどダニを気にしていないのではないかと思う。身体がびっしりダニで覆われたオサムシを見ても、私は「大変だね」くらいにしか思わない。

しかし、昆虫が気の毒になるときもある。ムシノリダニの仲間が、アリに付いた場合である。アリの頭部に大きなダニが付いたまま離れないのだ。頭部というよりは、ほぼ顔にダニが付いたままになっているのである。アリは、もちろん邪魔だと思うのだろうが、ダニがとれないのであきらめてしまうのだろう。

アリ同士は、口移しで餌を渡すことがよくある。アリはいったん嚥下した餌を逆流させて、別の個体に餌を与える。このときに、アリ同士のあいだにダニが割り込んで餌を横取りする。ダニは、決してアリに咬まれたりすることはない。そして、アリ同士の食べ物の口移しが終わってからも、長い前脚で相手のアゴを叩いて、直接、食べ物の吐き戻しを要求したりもする。

考えてもみてほしい。自分の顔の横に、拳ほどもあるダニが付いたまま離れない。このダニを捕まえようとすると、手の届かない頭の上に登ったり、背中に回ったりして、どうにも捕まえることができない。そのうちに、あきらめてダニを付けたまま暮らすことにする。するといつも、ご飯を食べていると頭のどこからかダニが顔のほうに移動してきて、口の中に入れようとする食事を横取りするのだ。ラーメン、トンカツ、ステーキ、どんな料理でも口に入れようとすると、何者かが少しずつ横取りする状態を想像してほしい。邪魔だと思い、追い払おうとすると、その何者かは、手の届かないところに逃げてしまう。そしてまた、食事の時間になると、顔の横に現れる……。これは悪夢と言っていいだろう。

ダニの味方を自任する私も、さすがにアリが気の毒で仕方がない。

春に出会う赤いダニ―ケダニ亜目〈ケダニ亜目 その1〉

一番よく目にするケダニ亜目のダニは、カベアナタカラダニ *Balaustium murorum* ではないだろうか（次ページ写真）。春先、暖かくなってから、コンクリートの上を歩き回る赤いダニを見たことのある人も多いだろう。陽気の中、ベンチに腰を下ろそうとして、この小さな赤いダニが動き回っている姿が目に入り、ゾッとした経験もあるかもしれない。私のところにも、春先に問い合わせが多くなるダニだ。

「この赤いダニは、人を咬むのでしょうか？」

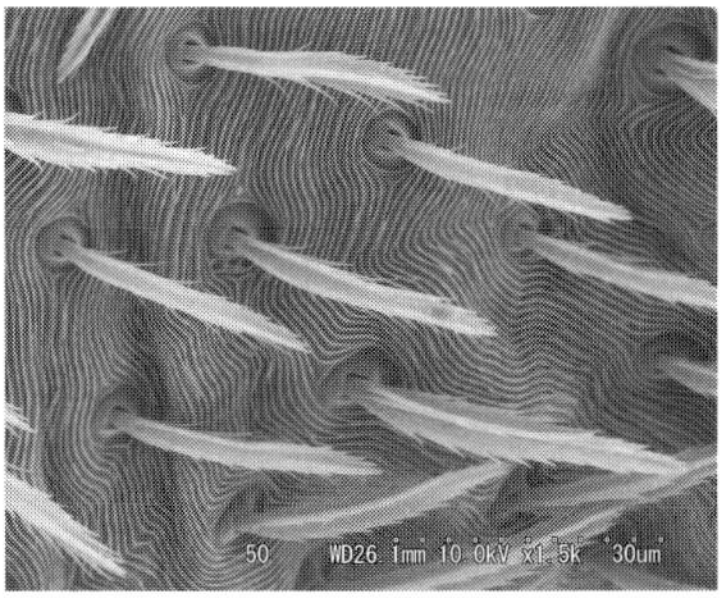

［左］カベアナタカラダニ *Balaustium murorum*。［右］同ダニの体表の毛（走査型電子顕微鏡像）。

「赤い色は血を吸ったからでしょうか？」

答えは、「いいえ」。

鞄屋などから、お客さんに売ったカバンの中から、カベアナタカラダニが出てきて苦情を言われたというケースもあった。買った人の気持ちも分からないではないが、人間には一切迷惑をかけないダニなので安心してほしい。

カベアナタカラダニも春になり、道ばたの花々が咲くのを楽しんでいるのだ。彼らの食物は花粉である。人間の目には見えないが、コンクリートやベンチの上には、無数の花粉が落ちている。彼らの身体の横には排気口があり、身体をポンプのように使って膨ませては吐き出す。その力で、花粉を吸い込んで食べている。

赤色の姿は電子顕微鏡で見るとかわいらしい。身体の前の方には目もついている。通常、身体が一面毛で覆われているため、ケダニ亜目と呼ばれる（写真）。花粉を食べるのは、タカラダニの成虫だけで、幼虫のときは昆虫に付いて暮らす。タカラダニは体が赤いので、昆虫に付いている姿は、まるでアクセサリーだ。お宝を付けているという意味から、タカラダニという名が付いた。

昆虫に便乗するケダニ亜目の仲間は、カベアナタカラダニが所属するヤリタカラダニ科 Calyptostomidae 以外に、ナミケダニ上科 Trombidioidea、そして、ミズダニ類 Hydrachnellae である。

水中に棲むミズダニの幼虫は、トンボやガガンボの成虫に付いていることがある。いずれのダニも幼虫の時に昆虫に寄生して栄養を得る。若虫になるときに土の中に入って静止する状態を経て、若虫、再び静止する状態を経て、成虫となる。通常、これらの仲間の若虫・成虫は、微小昆虫やその卵、菌を食べると言われている。

前述のとおり、カベアナタカラダニも、幼虫の時には昆虫に寄生し、成虫になると、花粉を食べる自由な生活をおくる。だから、春先にカベアナタカラダニを見かけたら、若いときには旅をして、ようやく大人になり、花粉を食べながら自由きままに暮らしているのだと思えば、気休めになるだろうか……。ただ、つぶすと白い服に色がついてしまうので注意してほしい。

赤いベルベットのような毛が特徴的なナミケダニ属の一種 *Trombidium* sp.（インド産、写真提供：西田賢司氏）

赤いベルベットをまとう美しいダニ〈ケダニ亜目 その2〉

インド産のナミケダニの一種（ナミケダニ上科、通称アカケダニ、写真及び口絵参照）は、ベルベット状の身体に無数

［左］ジョウカイボンに付いていたヤマトタカラダニ *Leptus japonicus* の幼虫。ナミケダニ上科。［右］ジョウカイボンに付いていたヤマトタカラダニの口器（矢印）。

の毛が生えていて、英名は、レッド＝ベルベッド＝マイト red velvet mite。

日本でも土壌やコケからこの仲間であるナミケダニ属を見つけられるが、日本のナミケダニの体長は最大数ミリメートルであり、インド産のナミケダニのように、一・七センチメートルもの大きさのダニを国内で見ることはない。

普段は土壌中で、微小昆虫やセンチュウや、それらの卵、菌などを食べて生きているナミケダニは、アフリカにも生息していて、乾期を過ぎて雨期になるとワラワラでてくる。

春先、花の上で待ち伏せしては、小さい虫を捕らえて食べているジョウカイボンという昆虫がいる。漢字では「菊虎」とも書くこの虫は、獰猛な肉食昆虫だが、ホタルに近い仲間で、甲虫に似つかず、柔らかい身体をしている。このジョウカイボンに赤いヤマトタカラダニが付いているのを見つけたことがあった（写真）。

マダニほどではないものの、タカラダニの仲間は、ほかの昆虫の体表に差し込める口器をもっているものがいる（写真）。この口器を昆虫の体表に差し込んで、身体を固定し、

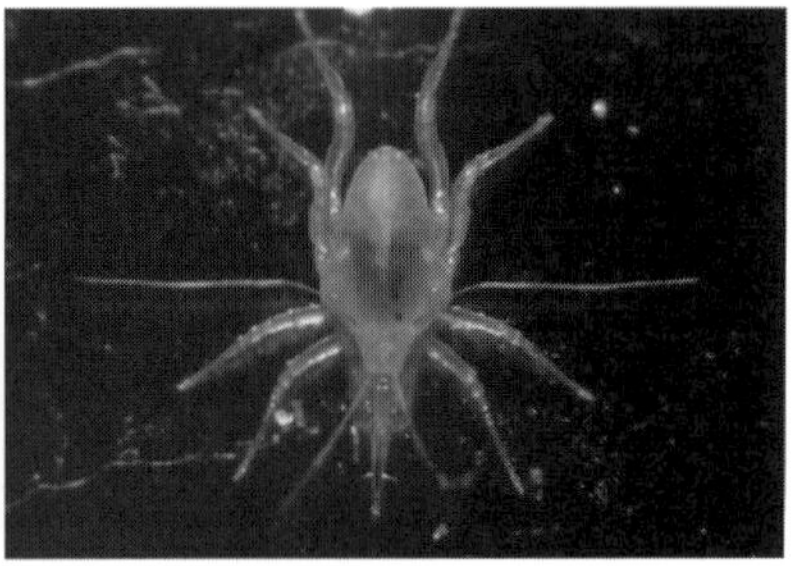

[左] チャタテムシ (左) を襲うテングダニ科の一種のダニ (右)。
[右] テングダニ科 Bdellidae の一種 (共に写真提供：本橋美鈴氏)。

昆虫といっしょに運ばれていくのだ。

このように、タカラダニは、幼虫のときにだけ昆虫に寄生し、若虫になると、土壌の上で自由に生活をするようになる。

獰猛なダニ〈ケダニ亜目 その3〉

ケダニ亜目には獰猛な捕食者もいる。たとえば、テングダニ科の一種のダニ。口器は細長く、獲物に直接、口器を突き立て、体液を直接吸う（写真）。この仲間のダニは、決してひるむことなく、ササラダニのような硬い体表を持ったダニを攻撃する。ときには、チャタテムシが餌食になることもある（写真）。いくら攻撃性の低いチャタテムシとはいえ、自分の身体よりも大きな昆虫を襲うのだから感心する。

ミズタニ類〈ケダニ亜目 その4〉

ミズタニ類は、五〇近くの科を含む大きな分類群である。ダニは陸上で進化して勢力を広げたので、水の中に生活するものはそれほど多くない。しかし、ミズダニは、水の中の捕食者としての地位を確立した。脚にはオールのような毛が生えており、泳ぎは得意なものが多い。

ミズダニ類は、小型の節足動物を捕まえて、鋭い口器で体液を吸う。汚濁していない清涼な水辺でよく見かけられる。

外見に特徴があり、いずれの種も赤や青などカラフルで、その美しい姿は、いつもダニ屋を魅了する存在である（写真）。地下水中に生息する種類もおり、井戸などからも稀に見つかっている。

参考までに、クモで水中生活と言えるのは、一科一属一種のミズグモ *Argroneta aquatia* だけである。

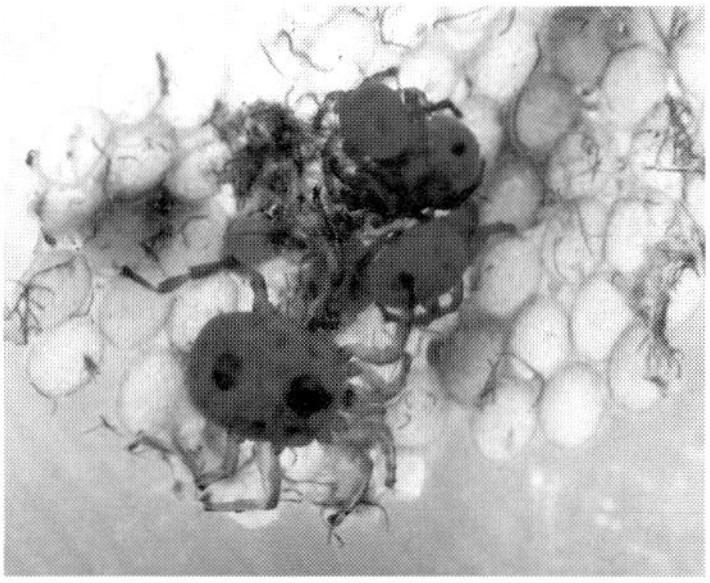

ミズタニ類Hydrachnellaeの一種（コスタリカ産、写真提供：西田賢司氏）。

クモのようなハダニ〈ケダニ亜目 その5〉

植物を加害する深刻な農業害虫であるハダニ（ハダニ科）も、

ハダニ科（Tetranychidae）、ナミハダニ *Tetranychus urticae*（写真提供：日本典秀博士）。

ケダニ亜目に属する。写真は、ナミハダニ *Tetranychus urticae* である。ほとんどのダニは糸を出さないが、ハダニ科のダニは、吐糸突起から糸を出す。このため、英語では、スパイダー＝マイト spider mites と呼ばれる。

一部のハダニは、この糸を張り巡らして、植物の葉の上に巣を作る。巣は、昆虫やカブリダニなどといった、ハダニを好んで捕食するような外敵から隠れ家として身を守るだけではなく、糸の振動によって、外敵が侵入したことを知らせる信号に使われることもある。

ハダニは、まるで路面電車のパンタグラフのように、背中の毛を、張り巡らした糸に接触するように生活をしている。

このようにして、葉の上で一生を過ごし、時には何世代も同じ葉の上で生活をするため、巣内の血縁度が高く、社会性をもつ種も見られる（齋藤、一九九六）。

観葉植物などでは、乾燥すると葉の色が抜けるなどして、ハダニの存在に気がつくことがある。

ハダニの天敵〈トゲダニ亜目 その6〉

ハダニの捕食性天敵として知られるトゲダニ亜目のカブリダニは、農薬の代わりにヨーロッパ産のものが、生物農薬として販売・利用されている。

その利点は、（1）農薬を使わない栽培方法で、野菜や果物を出荷できること、（2）公園や遊園地で来園客の安全のために農薬を使わなくてもよいこと、そして（3）イチゴなど背が低く、農薬のかかりにくい園芸作物の葉の裏側に生息するハダニに対し、カブリダニは自らハダニのいる場所まで到達し、成虫、若虫、そして卵も捕食してくれるので、防除効果が高いことなどがあげられる。

日本でも、ヨーロッパ産のミヤコカブリダニ *Neoseiulus californicus* が生物農薬として販売・利用されているし、日本に生息する土着天敵としてのケナガカブリダニ *N. womersleyi* などの利用も着々と研究されている。

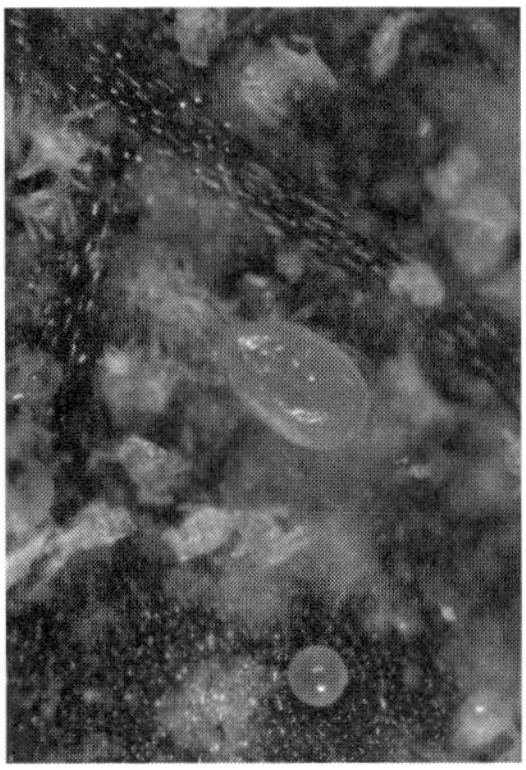

カブリダニ（トゲダニ亜目）。ケナガカブリダニ *Neoseiulus womersleyi* は、ハダニの土着天敵（写真提供：日本典秀博士）。

ツツガムシ病とダニ〈ケダニ亜目 その6〉

深刻な人畜共通感染症を引き起こすツツガムシもケダニ亜目である。手紙などで「つつがなくお過ごしでしょうか……」などと書くが、これは、

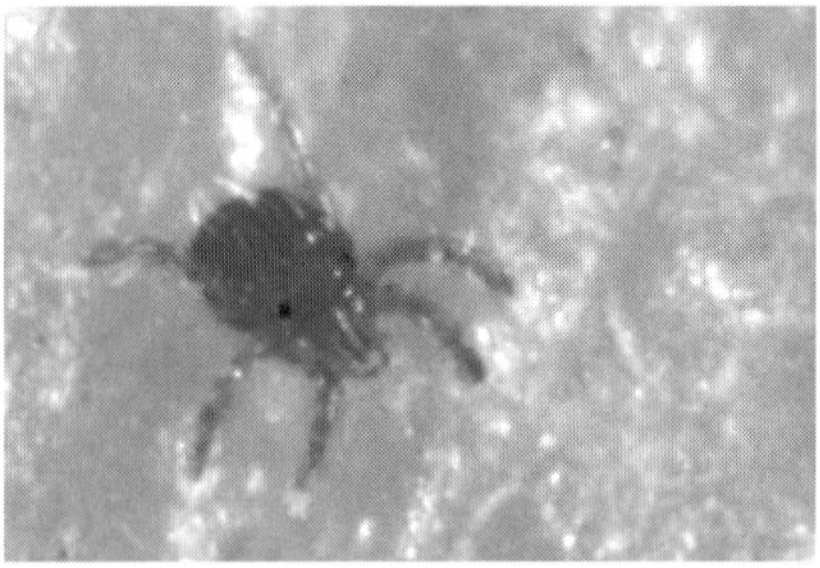
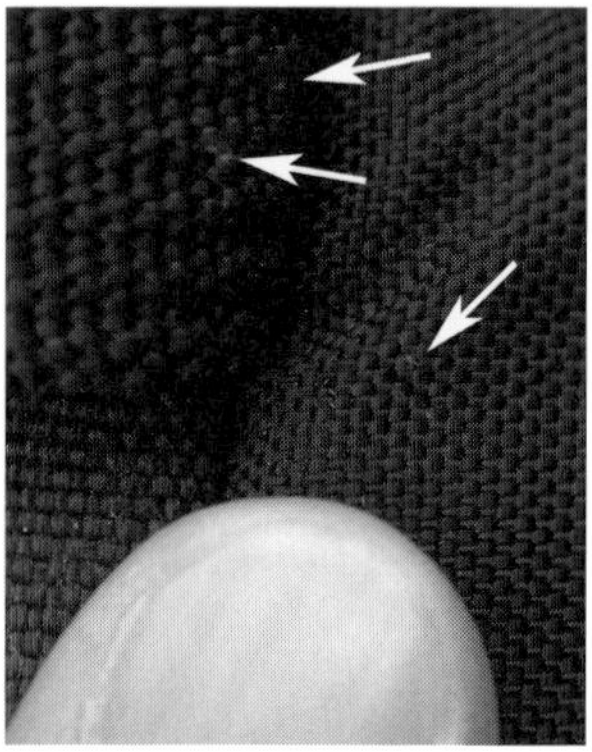

［上］皮膚の上のツツガムシ科の一種 *Trombiculidae sp.*（コスタリカ産）。［右］リュックに付いたダニ（写真提供：西田賢司氏）。

「ツツガムシ病（恙虫病）などにならずに元気でいますか?」という意味だと思っていた。

改めて調べてみると、もともと「恙《つつが》」は病気や災難という意味で、そうでない状態として「つつがない」という慣用句ができたそうだ。

ツツガムシ病はかつて、潰瘍をともなう、正体不明の虫さされの後に発症する、原因不明の死に至る病気であり、それは「恙虫《つつがむし》」という妖怪に刺されて発症すると信じられていたらしい。そこから、原因となるダニに「ツツガムシ」という名前がついたのである。

ツツガムシは、卵から孵化した後の幼虫期のみが、ほ乳類に吸着して組織液を吸う。その後の若虫、成虫は、土壌中で昆虫の卵などを摂食して生活をする。

ツツガムシ病の発症の原因は、ある種のツツガムシによって病原菌（細菌）であるリケッチアの一種であるオリエンティア＝ツツガムシ *Orientia tsutsugamushi* が媒介されるためだ。

人間がツツガムシ病になるのは、ダニがリケッチアを保有していた場合だけであり、リケッチアを持っていないダニが人に吸着してもツツガムシ病にはならない。幼虫だけが人間の体液を吸うわけだが、幼虫は経卵感染といって、卵を介して親からバクテリアをもらうことになる。

国内でリケッチアを媒介するのは、アカツツガムシ *Leptotrombidium akamushi*、タテツツガムシ *L. scutellare*、およびフトゲツツガムシ *L. pallidum*、トサツツガムシ *L. tosa* の四種であり、それぞれのダニの〇・一～三パーセントがリケッチアを保菌する有毒ダニである。

実際、山奥などでのみ患者が発生するわけではなく、ネズミなどの動物が生息する場所にツツガムシは多く生息するため、ネズミがいる屋敷林で囲まれた人家付近でのツツガムシ病の発生は多い。

ツツガムシ病は、かつて山形県、秋田県、新潟県などで夏季に信濃川、阿賀野川、最上川などの河川敷で感染する風土病であった。それが戦後になり、新型ツツガムシ病の出現により北海道、沖縄など一部の地域を除いて全国で発生が確認されるようになったという。

発生はダニの幼虫の活動時期と密接に関係するため、季節により消長がある。戦前に猛威を振るったアカツツガムシは夏に孵化するため、以前は夏にツツガムシ病が起きていた。しかし、近年はツツガムシ病の原因としてはあまり問題とならなくなったようだ。

戦後、問題となったタテツツガムシとフトゲツツガムシは、春から初夏、および秋から初冬の二つの孵化のピークがあるので、ツツガムシ病も現在ではこの二つの時期にかかる傾向がある。

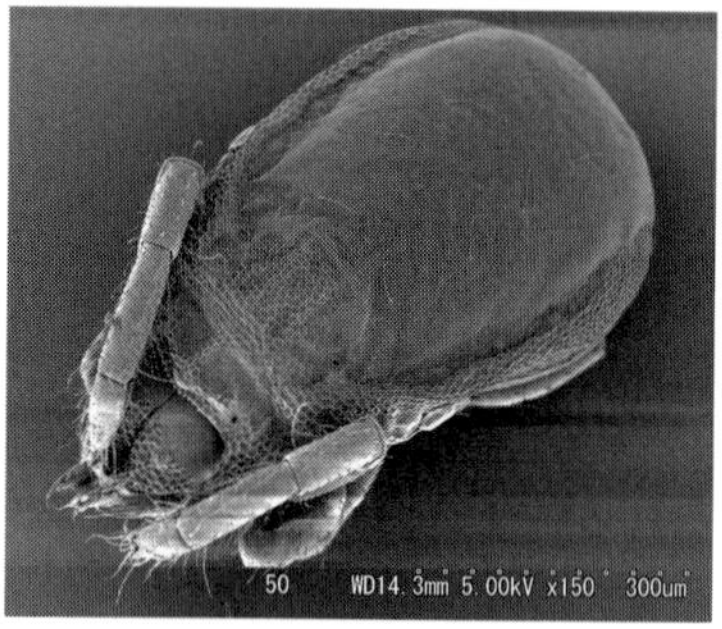

ヨロイダニ科 Labidostommatidae の一種（走査型電子顕微鏡像）。

鎧をまとった黄色いダニ〈ケダニ亜目 その7〉

ケダニ亜目の特徴として、身体が比較的柔らかいものが多い。しかし、土壌から普通に得られるヨロイダニ科のダニは、硬い身体をもち、黄色の体色をしているものが多い（写真）。土壌で有機物を食べていると思われるが、その生態はまだよく分かっていない。

クネクネするダニ〈ケダニ亜目 その8〉

ダニとは思えない形をしているものも、ケダニ亜目に属している。Nematalycidae は、日本語ではヒモダニ科と呼ばれるが、nematodes（線虫）のようなダニの意味である。

ヒモダニ科のダニは、サラダニ亜目に近い分類群に属する（付録1・2：ニセササラダニ亜目を参照）。身体は線虫のようにクネクネと曲げることができるので、海岸の砂の隙間中を、体表にある細かな突起を使って動きながら生きている。日本からは未発見。

ケダニ亜目ではないが、ササラダニ亜目にも乾燥した環境に棲む仲間 *Paralycus lavoipierrei* がいる。

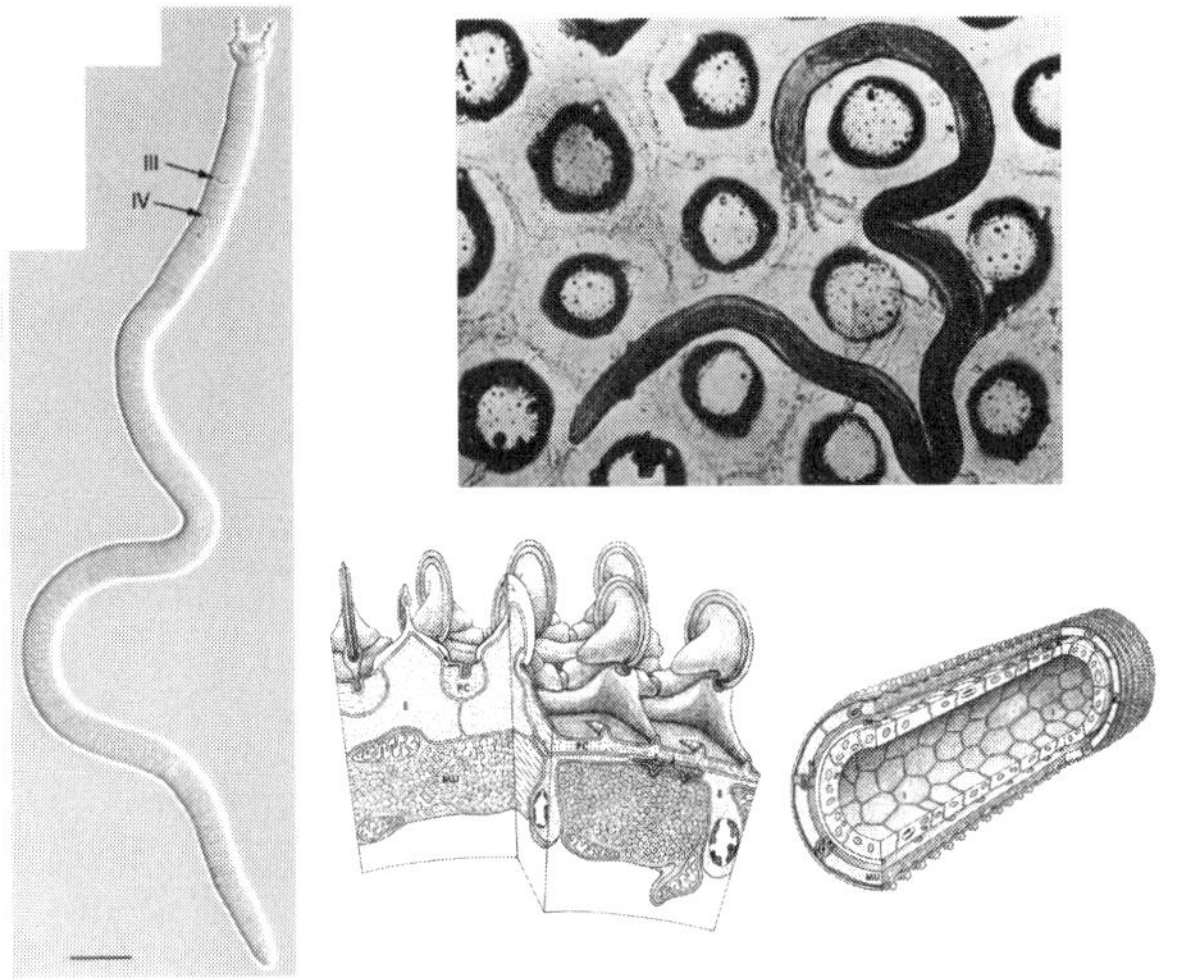

ヒモダニ科（Nematalycidae）*Gordialycus tuzetae*（Haupt and Coineau, 1999; Norton et al., 2008）。［左］全体図、［右上］活動の様子、［下中］体表構造、［下右］体断面図。

このダニは、脚の爪がすべてボートのオールかパドル（櫓）のような形になっている。おそらくこの爪で砂をかいて、隙間中を動いているのだろう。

ササラダニ亜目とコナダニ亜目

本書では、ササラダニ亜目とコナダニ亜目の近縁関係について、6章で詳しく触れているので、本章では、コナダニ亜目の興味深い事例についてのみ述べておこう。

便乗するダニ
〈コナダニ亜目 その1〉

アカリフォルメスのコナダニ亜目のダニは、

トゲダニ亜目のダニに便乗するコナダニ亜目の第２若虫（写真提供：島田 拓氏）。
［右］背面。［左］腹面。

基本的には、卵→幼虫→第一若虫→第二若虫→第三若虫→成虫という生活史をとる（次ページ図・右上）。

また、コナダニ亜目の中には、パラシティフォルメスでもないのに、「ヒポプス」と呼ばれる第二若虫の時期だけ、特殊な形態でほかの動物に〝便乗〟して過ごすものがいる（次ページ図・左上）。

ヒポプスの時期には、カブトガニを逆さまにしたような、まったくほかの時期とは異なる姿になる。身体の後端に吸盤のようなものを持っており、これでほかの節足動物に吸着するのだ。

この時期は、餌を一切食べないので、分散のためだけに節足動物に便乗すると考えられている。このようなほかの生物に付いて移動するタイプの片利共生を「便乗 phoresy」と呼ぶ。

写真（上）は、トゲダニ亜目のダニに便乗するコナダニ亜目のヒポプスである。ヒポプスはピンセットや針でもはがしにくく、もちろん便乗されたほうのダニは自分でもはがすことはできない。

ササラダニの前体部つまり、人間で言うと顔の部分に、ヒポプスが付いたダニをよく見かけるが、これが本当の「目の上のタンコブ」だ。

(1) 卵→幼虫→第1若虫→第2若虫*→第3若虫→成虫
(脚3対) (脚4対) (脚4対) (脚4対) (脚4対)
*コナダニ亜目では、ヒポプスという特殊な形態をとる。
(2) 卵→幼虫→第1若虫→第2若虫→成虫
(3) 卵→幼虫→成虫
(4) 成虫→成虫
(5) 成虫(卵胎生)→幼虫→第1若虫→第2若虫
→第3若虫→成虫

ダニのさまざまな生活史。(1) ほとんどのアカリフォルメス。(2) 多くのケダニ亜目とトゲダニ亜目。(3) ほとんどのムシツキダニ団とマダニ亜目。(4) シラミダニは、親の体の中で成虫になる。(5) ヤチモンツキダニは、産雌単為生殖で卵胎生(卵を胎内で孵化)。

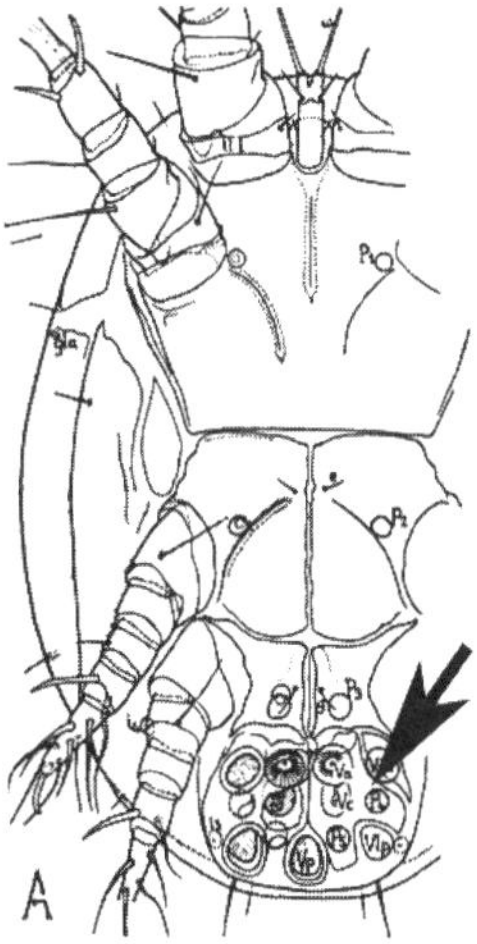

コナダニ亜目のヒポプスの腹面。後端部の吸盤で他の昆虫やダニに強く張り付き便乗する(Grandjean,1935による)。

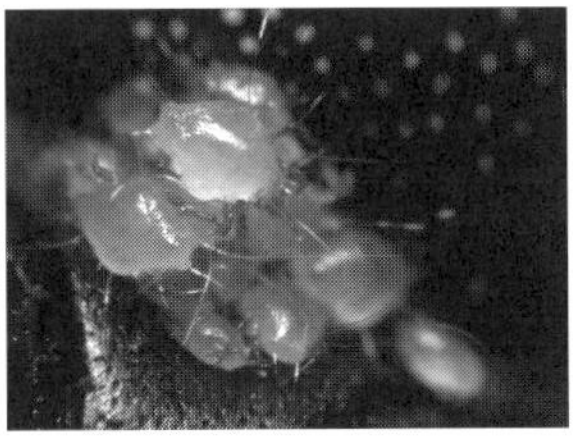

ヒラタクワガタの体表で寄り添うクワガタナカセ *Coleopterophagus berlesei*(写真提供:安井行雄博士)。

クワガタ泣かせのダニ〈コナダニ亜目 その2〉

「クワガタナカセ」というダニがいる。クワガタを飼っていると、ダニが付くことがよくある。大切なクワガタに取り付くので、子供の頃の私はこのダニが好きではなかった。嫌がるクワガタに大量に取り付く様子が、クワガタを「泣かせている」感じがするので、この名前が付いたらしい(クワガタナカセという名称は、このダニ全体を示す場合と、*Coleopterophagus berlesei* という種だけを示す場合がある)。

大人になり、ダニを研究するようになってから、クワガタナカセを顕微鏡で見てみた。あれほど嫌いだったダニなのに、よく見ると「かっこいい!」。それ以来、クワガタナカセのとりこになった。
クワガタナカセは、クワガタの背中以外では生きていけないらしく、クワガタの体表に溜まるゴミやカビを食べている掃除屋さんなのだ。もっと詳しく知りたい読者は、ダニ仲間でもある五箇公一博士の著書『クワガタムシが語る生物多様性』（創美社）をご覧ください。

ダニ類で最も古い化石

ダニで最も古い化石を見ておこう。ニューヨーク州のギルボア Gilboa と、スコットランドのライニー Rhynie にあるデボン紀の地層（四億年〜三億八〇〇〇年前）から、最古のダニの化石が見つかっている（Walter and Procter, 1999）。

ケダニ類のうちでも、ニセササラダニ類 Endeostigmatid mite は、ササラダニと近いグループで、最新の分類体系ではササラダニの仲間に入っている（付録1・2）。このグループに所属するアーケアカルス＝ドゥビイニイニー *Archaeacarus dubinini* Kethley & Norton はギルボアから、プロタカルス＝クラニー *Protacarus crani* Hirst（図）はライニーから見つかっている。このダニの口

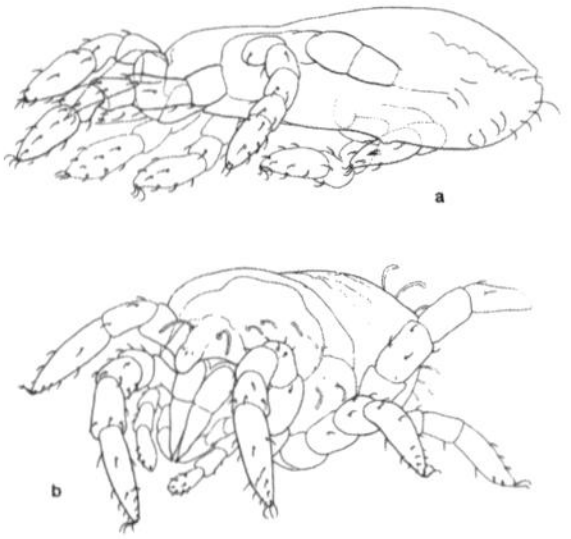

最古のダニ化石「プロタカルス＝クラニー」はデボン紀の地層で発見（Hirst, 1923より）。

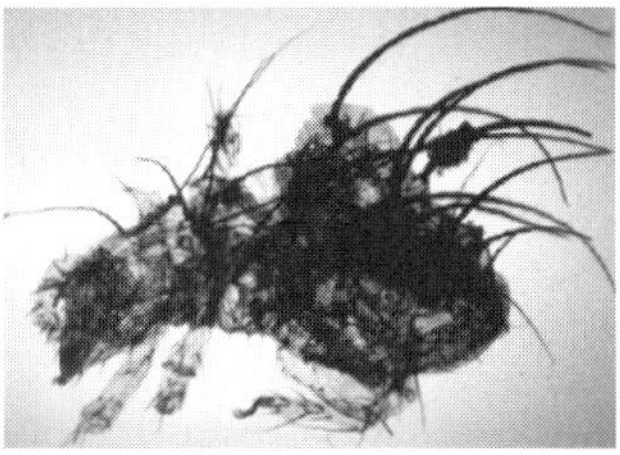

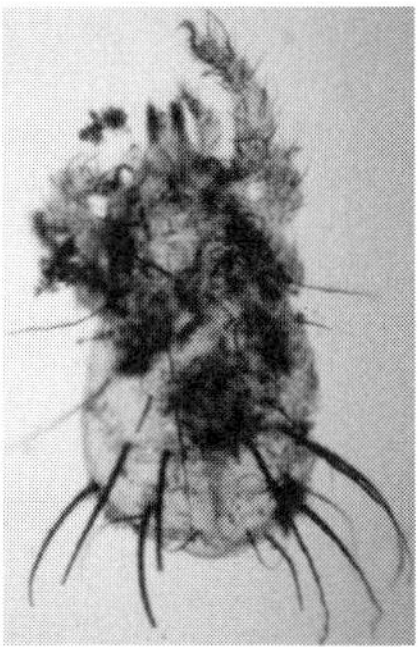

［上］最古のササラダニの化石デボナカルス セルニッキイ。［右］プロトクトニウス ギルボア。どちらも、ニューヨークのギルボアで発見された（Norton ほか，1988 より）。

器から、植物食、または植物遺体食だったと推定される。

見つかった化石の中からは、ササラダニも見つかっている。ササラダニの現在のフシササラダニ類 Enarthronota に所属するダニだ。これらは、ギルボアのデボン紀の地層から見つかったので デボナカルス＝セルニキイー *Devonacarus sellnicki* Norton とプロトクトニウス＝ギルボア *Protochthonius gilboa* Norton と命名された。

これらのササラダニは植物遺体食のようだ。ダニの中でもササラダニは最も古いタイプのダニであることが分かっていて、シルル紀あたりに成立したのではないかと推定されている（Heethoff et al., 2009）。ダニの防御戦略としての長い背毛はこのときから既にあった。以上のような研究成果を踏まえて、私なりにダニの長い進化の歴史をまとめた（次ページ図）。

前提として、鋏角類の祖先であるウミサソリがシルル紀の海中における生態系の頂点となる捕食者であったこと、現在生息するクモ類をはじめとした多くのクモ形類が捕食性であること、ダニ類と近縁なクツコムシも捕食性であることなどを考えあわせると――、

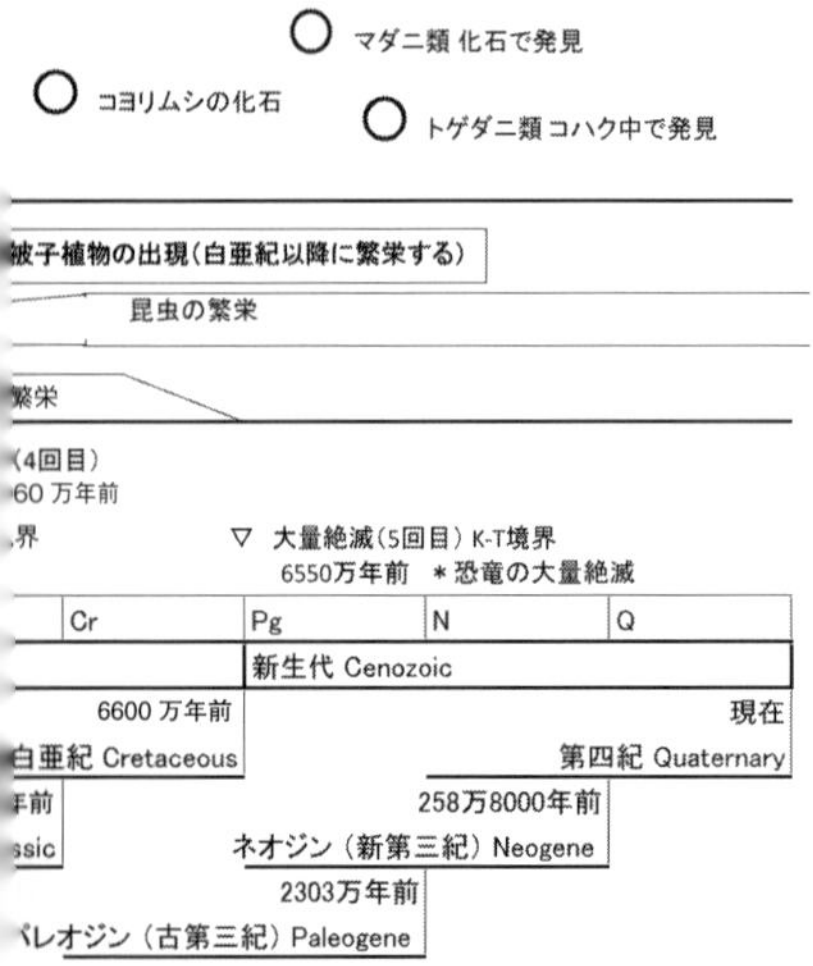

鋏角類とダニ類のたどった歴史（Walter and Proctor, 1999 を改変）。ペルム紀に、現世の昆虫のほとんどの目が出現したという。昆虫より一足先に大繁栄をしたと考えられる鋏角類およびクモ形類だが、クモ類とダニ類以外は昆虫の繁栄とは逆に衰退をたどる。ただし、同じライニーのデボン紀の地層からトビムシや有翅昆虫の顎が見つかっており、昆虫の起源もシルル紀ではないかと推定されている（大原ほか，2008)。

（1）ダニ類の祖先は捕食性であった。

（2）パラシティフォルメスは、捕食性または、動物への寄生性として栄養源を動物起源として進化してきた。

（3）アカリフォルメスの中のケダニ類の一部やササラダニ類は餌を植物に切り替えた（ケダニ類とササラダニ類が栄養源を植物に切り替えた後の化石のみ発見されている）。

（4）アカリフォルメスは、被子植物の多様化にしたがい自らも多様化した（シダなどの裸子植物の時代には、トンボやバッタなどの昆虫しかいなかったが、白亜紀以降に繁栄した花を咲かせる被子

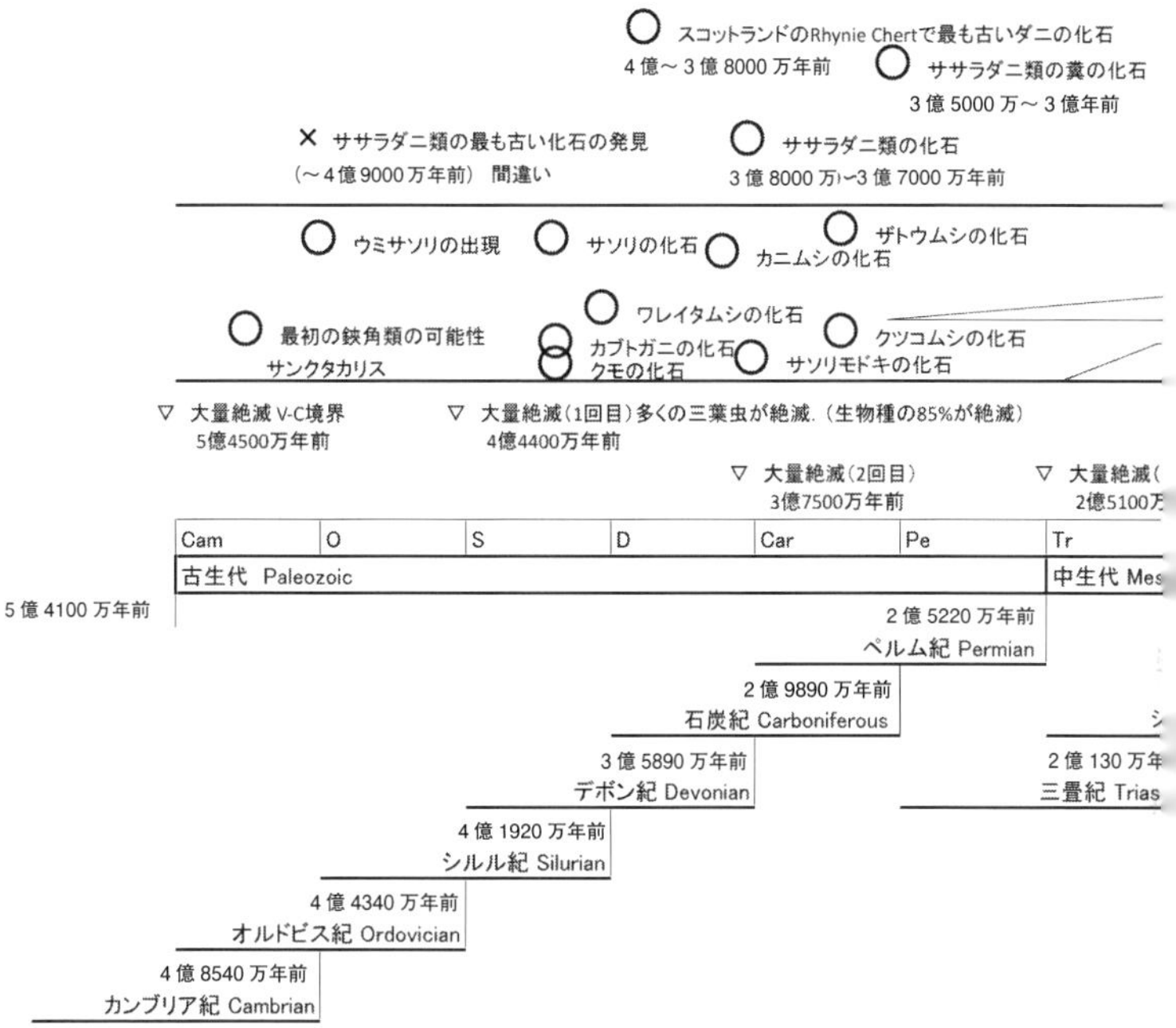

植物の進化とともに、昆虫もまた多様性を獲得した。ほ乳類もまた、多様化した昆虫を餌として多様性を引き起こしたと考えられている）。

（５）アカリフォルメスのダニは枯れた植物や微生物さえも餌として大量絶滅を乗り越えた（動物を餌資源とせず、枯れた植物さえも餌として利用できるアカリフォルメスのダニは、大きな動物が絶滅していく中でも、網を巧みに使って捕食できるクモとともに、現在まで生き残れたのだろう）。

しかし、ほかのクモ形類の節足動物たちは、ほかの動物を捕まえて食べるという生活様式を変えられなかったために、種数を減らしてしまったのではないだろうか。

多様化したダニの進化について補足すると、ダニは、昆虫よりも小さな空間を使うことができる点が強い。このため、アカリフォルメスの中でも特にササラダニ類は、植物資源を利用しながら現代までその多様性を維持し、またダニ全体の中でもかなり多い種数やその多様な形態を誇ることができたのだ。6章で詳しく触れるが、コケダニ類もこのササラダニ類から派生したと考えられている。

核18Sリボゾーム遺伝子の配列からの推定は、特に多様な形態をもったハナレササラダニ団のササラダニが、二億年前よりも新しい時代に分化したことを示唆している(ノートン博士私信)。

【コラム】

光栄な名前をもつダニ

本書では、「学名」とは、種の学名のことを示している。種名は属名+種小名で構成される名詞と形容詞の二つの単語によって成り立つ。属名は名詞、種小名には形容詞、または属格の名詞。フランス語などと同じで、形容詞が後ろにきて、名詞を修飾する。この表記を二語名法という。

二語名法は「分類学の父」と呼ばれるリンネ Carl von Linné = Carolus Linnaeus によって体系化された。現在、動物の学名には国際動物命名規約という規則がある。

1章で触れたチーズ、スーパーで手

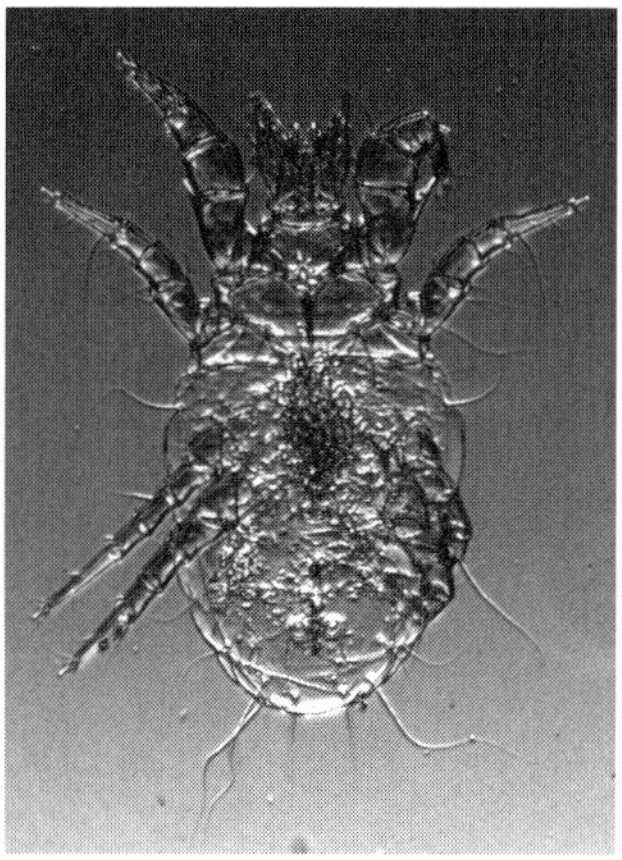

由緒正しい名前を持つダニは、スーパーで手に入れたミモレットチーズに付いていた。

に入るミモレットから見いだされたダニ *Acarus siro* Linnaeus, 1758（前ページ写真）は、ダニの中でも最初に二語名法で名前（学名）のついたダニのひとつである。*Acarus siro* という学名は、mite の代表として、*Acarus* という属名が与えられたようだ。アカリフォルメス Acariformes の acari とは、ダニ目（または亜綱）Acari を表す言葉でもあるし、mite をさす言葉でもある。

3章　ササラダニとはどういうダニか

世界中に一万種

ササラダニ類は、名前のついているものだけでも世界中に一万種近くが知られており（Subías, 2004; 2012）、まだ名前のつけられていないものまで入れると一〇万種程度になるのではないかと考えられている（Schatz, 2002）、ダニ類の中でも著しく多様性の高いグループだ。日本からは八五〇種近い種が記録されており、その多くが、森の落ち葉の分解者である。さらに、「ダニ」という言葉からは連想できないような不思議な形態をしている。

また、ササラダニ類は、動作がとてもゆっくりしているという特徴がある。ほかの生き物を襲うことはほとんどなく（のろまなので襲えない！）、平和主義的な生き方に好感が持てる。植物質を好んで食べるとはいうものの、生きた植物ではなく、落ち葉や小枝、そこに生えるカビなどを食べている。

ササラダニ類は、普通の森でも、一平方メートルに二万匹から一〇万匹が生息していると言われている。それだけの数のササラダニが、ほかの土壌動物や微生物と力を合わせて落ち葉を分解しているのだ。ササラダニは、人間の血を吸う身体の仕組みを持っていないので、落ち葉の中に寝転んでも大丈夫。

森の土は、森ごとに匂いが違う。森に入ると私は、すぐに寝そべり、森の土の匂いを嗅ぐ。そして、落ち葉に手を入れて、ダニたちとふれあう。面倒な人間の社会からしばし離れて、湿度の高い森の落ち葉の上に腹ばいになる。ダニの目線で落ち葉を眺めていると、そのままじっとしていたくなる。至福の時間。ササラダニは肉眼では見えないが、ここに彼らが待っていることは実感できる。目の前を赤いケダニが歩いていけば最高の気分だ。

分解者としてのササラダニ

ササラダニは生態系の中でもとても大切な役割を果たしている。生態系は、太陽エネルギーによって光合成を行う「生産者」、摂食・捕食者としての「消費者」、そして有機物から無機物をつくり生産者の栄養とする「分解者」からなり、ササラダニは、その中の分解者である。

落ち葉をはじめとした植物遺体（ほかに落枝、倒木、打ち上げられた水草や海藻など）を物理的に粉砕するのがササラダニの役割だ（物理的分解者＝広義の分解者）。物理的粉砕をされた落葉落枝を、化学的に無機物にもどして植物の栄養にするのは、化学的分解者（狭義の分解者）と呼ばれる、土壌微生物のバクテリア類やカビ・キノコなどの糸状菌類たちだ。

ササラダニの糞は、「落ち葉のハンバーグ」と形容される（写真）。落ち葉は、ササラダニに食べられると、ダニの消化管からの分泌物がハンバーグの〝つなぎ〟のように作用して、胃の中でこね合わされ、本当のハンバーグのような形の糞になる。この糞は、土壌微生物にとって最高のごちそうだ。

カビやキノコを食べるササラダニも多い。ササラダニは、一般的には分解者として働いている糸状菌の古い菌糸を食べ、菌糸の分解の速度を高めることにも貢献している（Siepel and Maaskamp, 1994）。ほかにも、農業現場で、幼苗の病気の原因となるカビを食べて、植物の病気を防ぐササラダニや（Enami and Nakamura, 1996）、自由生活性の線虫をスパゲッティのように食べるものも知られている（Rocketta, 1980）。

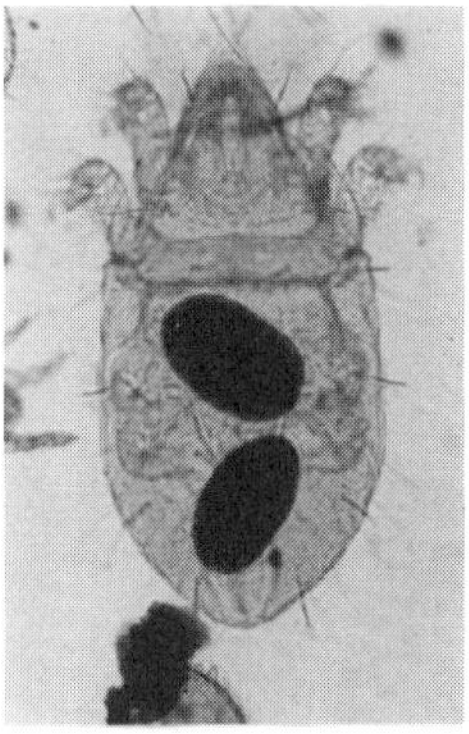
フトツツハラダニの消化管内の糞（青木淳一博士原図）。身体を通して糞が透けて見える。

驚異的な形

一八三四年、ドイツに生まれ、ダーウィンと同じ時代を生きたエルンスト＝ヘッケルという生物学者がいた。彼は、「個体発生は系統発生を反復する」という独自の発生理論「反復説」を唱えたことでも知られており、現代の生物学の教科書でも取り上げられている。

近年の進化発生学は、系統発生と個体発生という、ともに時間依存的な生物形態の変化を統合的・実証的に理解しようとするものだ。ヘッケルの説は、こうした分野の研究者から批判を受けながらも、今でも発生学の一翼を担っている。

ヘッケルはまた、生物画家として"Kunstformen der Natur"(英訳"Art Forms of Nature"邦訳『生物の驚異的な形』河出書房新社など)を著し、その美しい生物画は今日ますます高く評価されている。一九〇四年に発刊された同書の中の、図版66がダニを含むクモ形綱Arachnidaである(次ページ図)。図版の中には、身体の両側に長い刺を持ったコガネグモ科のクモ、そして、身体の二~四倍以上の長い脚を持つウデムシが描かれている。そして図版の四隅に位置するのが、〝我らがササラダニ〟の若虫だ。このように、ヘッケルが驚異的な形の生き物としてササラダニを選んだことを知ったとき、私は小躍りした。

ササラダニは、卵―幼虫―第一若虫―第二若虫―第三若虫―成虫という生活史を持つ。第三若虫までは、とても軟らかい身体だが、成虫になる段階で硬い身体になる。殻を硬くするのは、動きが遅いササラダニが、自分の身体を守るためだと考えられている。

では、体の軟らかい若虫はどのように身体を守るのだろうか? いくつかの種類は、まず成虫が針葉樹の落ち葉や広葉樹の葉柄など、硬い部分に穴をあけて中に入る。そして、その中で卵を産み、幼虫や若虫はそこで成長し、成虫になると外界に出てくる。しかし、そのような生態ではない若虫たちもいて――、

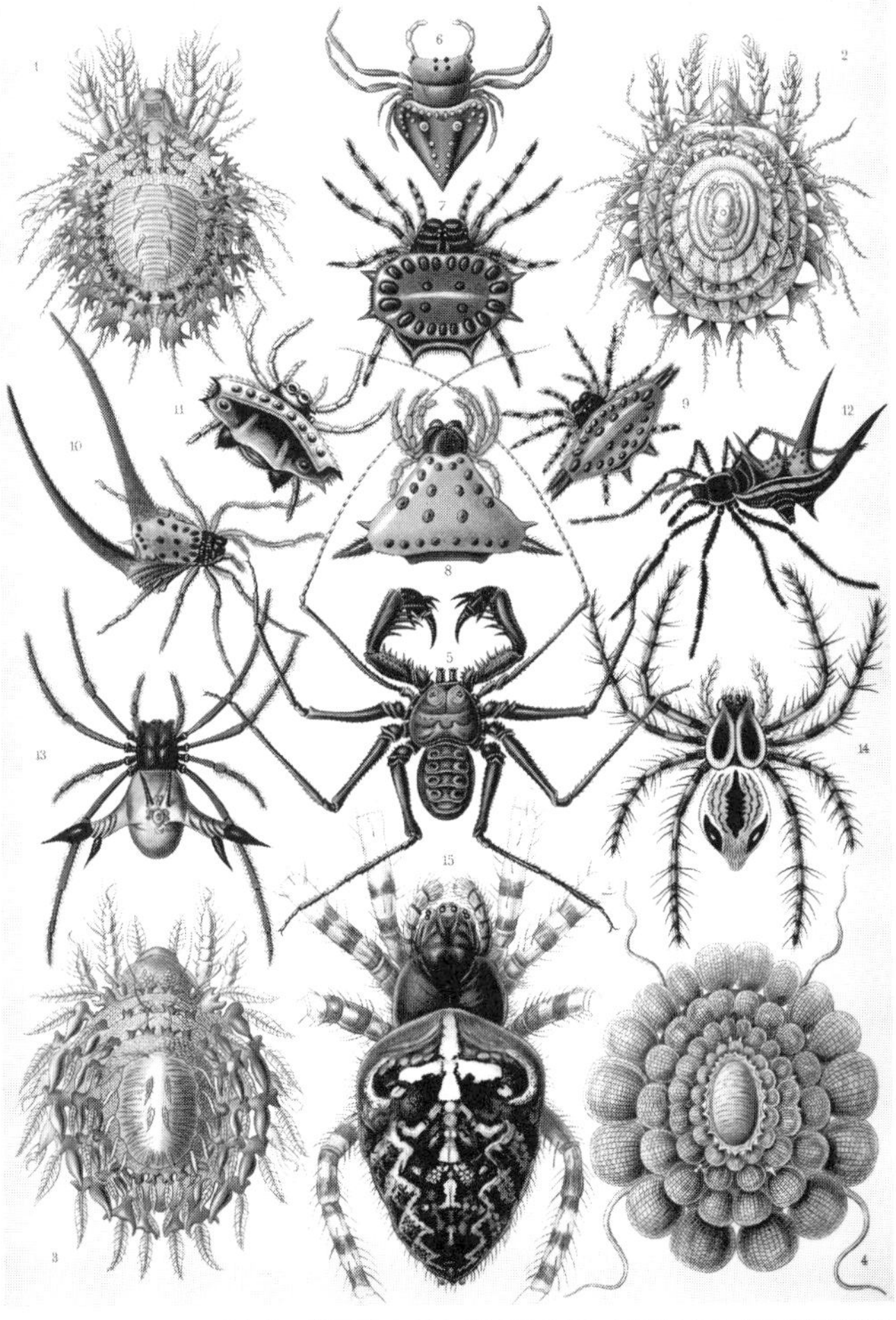

ヘッケルの著した『生物の驚異的な形』（1904年）に描かれたクモ形類の絵。
四隅にササラダニの若虫が描かれている。
左上隅：*Protocepheus hericius*（Michael, 1887）日本からは未記録
右上隅：オオマンジュウダニ *Cepheus latus* Koch, 1835
左下隅：マンジュウダニ *Cepheus cepheiformis*（Nicolet, 1855）
右下隅：スベスベマンジュウダニ *Conoppia palmicincta*（Michael, 1884）
http://en.wikipedia.org/wiki/File:Haeckel_Arachnida.jpg

ウズタカダニの一種 *Neoliodes* sp. は、成虫になっても幼虫からの脱皮殻を背負い続ける。

（1）背毛を長くして、捕食者を遠ざける。
（2）背中に脱皮殻を背負う。
（3）背中にゴミをつけて外敵を防御する。

といった防御をする。（2）のタイプには、成虫になると脱皮殻を全部ぬぎ捨てるものと、成虫になっても背負い続けるものがいる（写真）。

ヘッケルの本に登場する一種を除く三種のダニは、若虫のときには背中に脱皮殻を背負い、どれも長い背毛を周囲に伸ばしている。残りの一種、右下隅のササラダニは、和名スベスベマンジュウダニ *Conoppia palmicincta*（Michael, 1884）というダニで、背中をとても大きな〝うちわ状〟の背毛が埋め尽くすことによって外敵への防御効果を高めている（前ページ図・右下隅）。

このダニは、アルバート＝D＝マイケルが一八八四年に命名したもので、原記載論文の腹面の図（次ページ図・右上）を見ると脚が四対あることが分かる。このダニも、ほかのササラダニ同様、若虫と成虫で形態が大きく変わり、成虫になって身体はスベスベして、硬い外骨格に覆われるのである（次ページ図・左上）。

スベスベマンジュウダニの名前の由来はユニークだ。スベスベマンジュウガニ *Atergatis floridus*（Linnaeus, 1767）という、漢字で書くと「滑々饅頭蟹」で、猛毒のオウギガニ科に属するカニがいる。

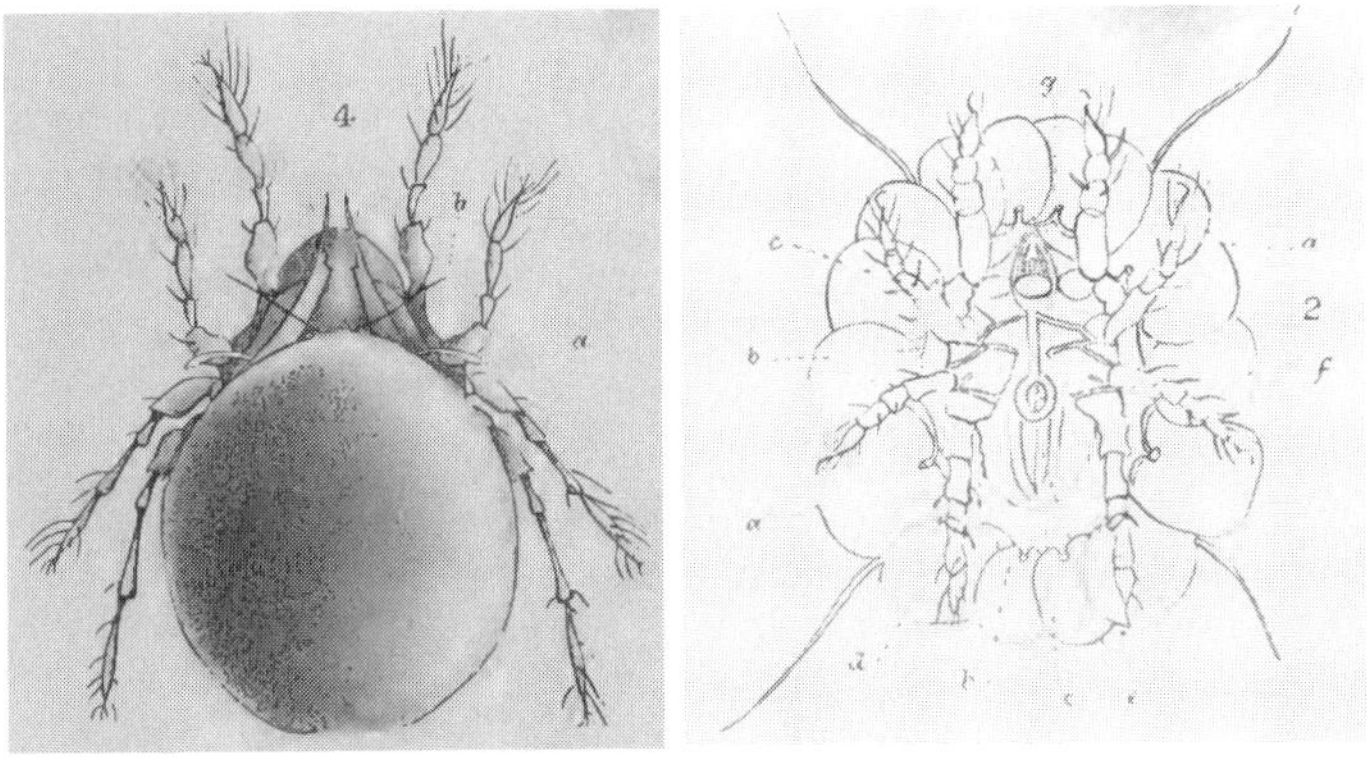

［右］スベスベマンジュウダニ *Conoppia palmicincta* の若虫の腹面。［左］同ダニの成虫の背面（Michael, 1884、原記載図）。

スベスベマンジュウガニ（wikipedia）。

小さいカニだが、出汁をとって飲んだりすると中毒事故が起きる。筋肉、内臓、外骨格にマヒ性貝毒が含まれているのだ。このカニの学名は、リンネが一七六七年に「花のような *Atergatis* 属のカニ」という意味で命名記載した（和名の名付け親は不明）。

お気づきのとおり、スベスベマンジュウダニとスベスベマンジュウガニは、よく似た名前だ（漢字で書くと「滑々饅頭蜱」）。一八八四年にマイケルが「掌のような *Conoppia* 属のダニ」という意味で記載した。学名はまったく違うが、和名ではカニとダニが違うだけ。

このスベスベマンジュウダニが日本から初めて見つかったとき、発見者である青木博士が、スベスベマンジュウガニへの親しみをこめてダニの和名をつけたという。

ササラダニの名前の由来

ササラダニは、以前はその硬い殻のために、コウチュウダニと呼ばれたり、ドイツ語では、コケのダニ、あるいは甲冑ダニとも呼ばれたことがあった。しかし、甲虫に付いて暮らしているダニと紛らわしいので、ササラダニと呼ばれるようになった。

正式な分類群名は、かつては隠気門類であったが、現在は、ササラダニ目（付録1参照。本書ではなじみの深いササラダニ亜目とする）と呼ばれている。おそらく、古い時代に記載された（＝学名がつけられた）ササラダニの属名の *Oribata* が元になったのではないだろうか。

この *Oribata* という属名（＝名詞）の接頭語 oribat- は、ギリシャ語で「山の地域の」という意味であり、接尾語 -bates の意味は、同じくギリシャ語で「～をする人、～のもの、～に住む者」という意味である。したがって、*Oribata* は、（ori（bat）- +bates）で「山にいる者」という意味になる。

ササラダニの英名は、oribatid mite という。意味は、oribatid ＝山の地域に住む、ダニ ＝mite だ。そうなると、日本名は、ヤマダニかモリダニにでもなりそうなものだが、そうはなっていない。日本名は、ササラダニの〝毛〟と深い繋がりがある。

胴感毛という毛（次ページ図・右下、113ページ図）は、体の中心から少し前方に生えており、ササラダニの同定で最も大切な部分である。この胴感毛の形が、ササラにとてもよく似ているから、ササラダニというのだそうだ。

ササラとは、「竹の先を細かく割って束ねた道具」で、割った竹を束ねたものの音が名前になった

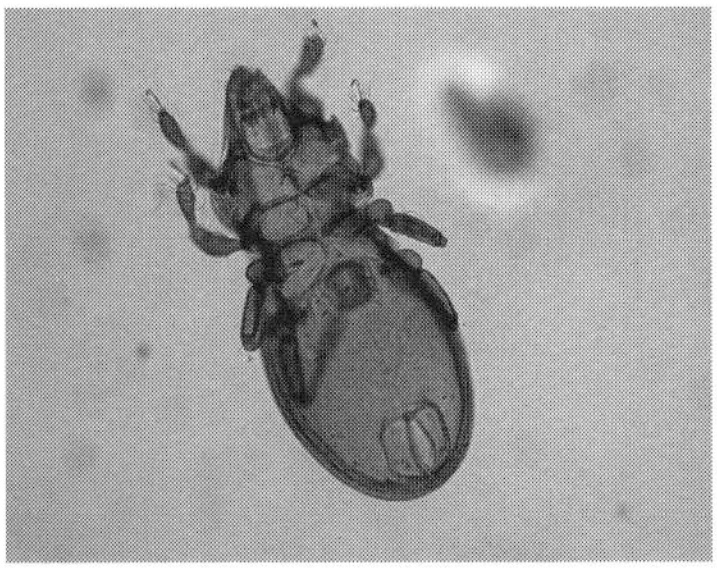

[右上] 料理道具のササラと [右下] ササラダニの胴感毛（下図提供：山崎修平氏）。[上] ヒョウタンイカダニ *Dolicheremaeus elongatus*。

らしい（『語源大辞典』東京堂出版）。日本の楽器でササラという竹製のものが数種類ある。調理道具のササラ（写真）は、大きな中華鍋をガサガサ洗うのに使われている。

ササラダニ学者は、このササラのように見える胴感毛が、ササラダニにとって大切なものだと注目している。現に、フェロモンの実験で、濃いフェロモンをダニに嗅がせると、胴感毛をブルブル震わせながら、気絶したようになる。

このとおり大切な毛なのだが、ほかのダニにはあまり見られず、ササラダニの特徴なので、名前に冠したわけである。

変な名前のササラダニ

日本のササラダニの多くに和名を与えたのは青木淳一博士だ。その一例を挙げると、ヒョウタンイカダニ（写真）、フリソデダニ、ドビンダニ、モンツキダニ、マイコダニ、ツキノワダニ、ニオウダニといったところだ。カタカナではピンとこないかもしれないので、漢字にしてみると、瓢箪烏賊ダ

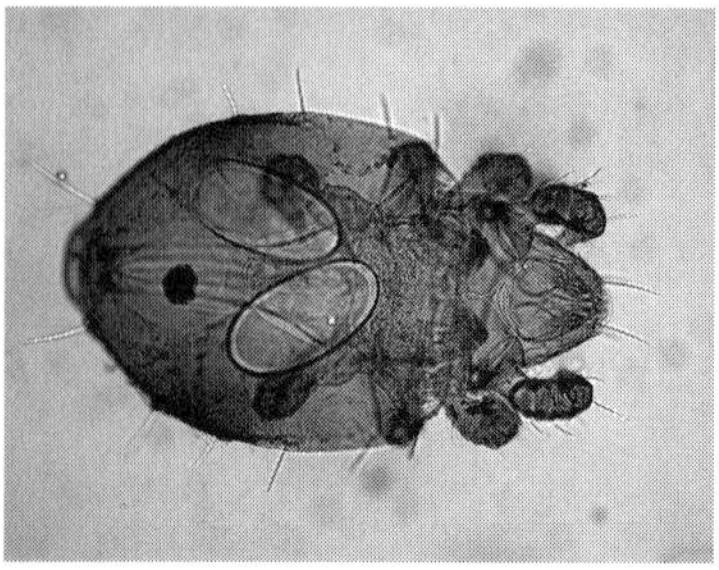

ヤマトモンツキダニ *Trhypochthonius japonicus*。

フクロフリソデダニ *Neoribates roubali*。

ニ、振袖ダニ、土瓶ダニ、紋付ダニ、月輪ダニ、仁王ダニ。その姿が容易に想像できたのではないだろうか？

ヒョウタンイカダニは、その形が顕微鏡で見るとイカに似ているイカダニ科の一種。黄色い体色が特徴的で、体つきは瓢箪に似ている（前ページ写真）。

フリソデダニ科の仲間は、脚を守るための板が羽のように出ている。これが顕微鏡ではまるで振り袖のように見える（写真）。ドビンダニ属は、後体部油腺と呼ばれる外分泌腺が突起していて、身体が丸く土瓶から出る注ぎ口のように見える。

モンツキダニ属は、ササラダニの仲間としては、淡い色をしている。後体部油腺の分泌物をためておく嚢が着色し、着物の紋付のように見える（写真）。

ツキノワダニ属は、腹部にある三日月状の切れ込みが特徴。ニオウダニ属は、仁王様のように赤褐色の身体に頑丈そうな脚を持っている。

かつて、昭和初期の『日本動物図鑑』（北隆館）には、動物の名前がすべて漢字で掲載されていた。このような図鑑がなくなって久しいが、日本語の表現力を生かした和名は美しく、しかも分か

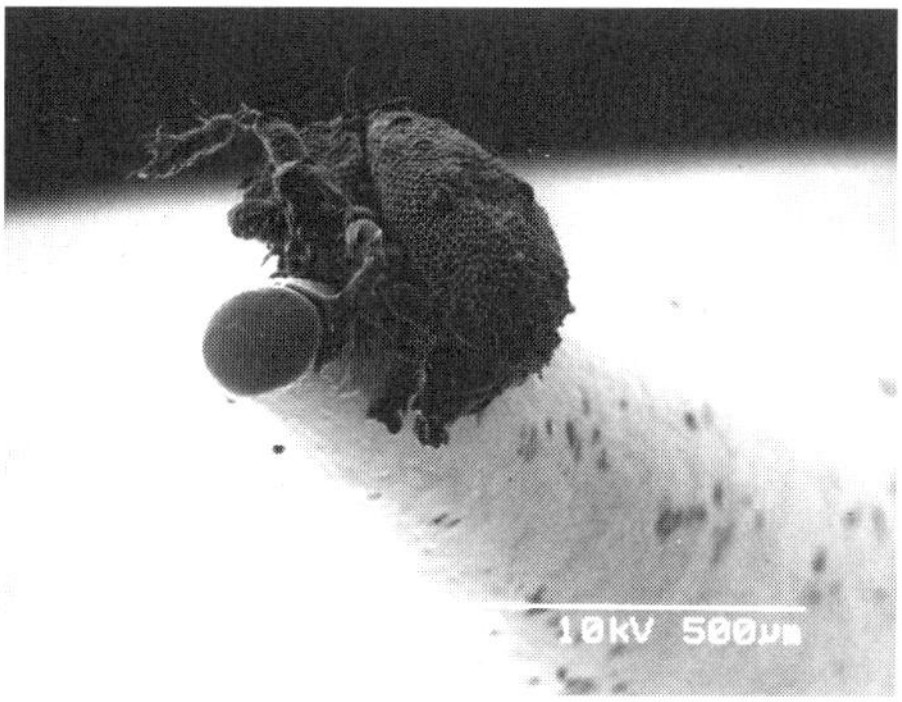

新品のワイシャツの襟元を止めてあった金属のピンの先端に、当時はまだ名前のついていなかったトドリドビンダニ *Hermanniella todori* Mizutani, Shimano & Aoki, 2003 を乗せて走査型電子顕微鏡で撮影した。

りやすい。科学の世界と言えども、一般の人たちに伝わりやすい名前はいい名前だ。

ササラダニの最初の観察者

あらためて、ササラダニの実際の大きさを見ていこう。写真（上）は、私が参加した研究グループが新種として記載したトドリドビンダニ *Hermanniella todori* Mizutani, Shimano & Aoki, 2003 である。

記載する前に、走査型電子顕微鏡を使い、まだ名もないダニの写真を撮影する。このときは新しいワイシャツの襟元などを止めてある金属のピンが手元にあったので、ちょっとした遊び心で、その先端にダニを接着剤で付けて撮影してみた（写真）。

肉眼では、ピンの先端はかなり尖っているように見えたが、走査型電子顕微鏡で観察すると、その先端は台形をしていた。そして、そこに付いたササラダニがあまりにも小さいことにも驚いた。こんな小さなダニを誰が最初に見つけたのだろうと改めて思った。

D＝キース＝ケバン（Kevan, 1986）によると、それは、ロバート・フック（一六三五－一七〇三）であるという。フックの顕微鏡の発明によって、それは可能になったのだ。

フックは、生物の体の最小単位として、「細胞 cell」という言葉を作ったことで知られている。一六六五年の『顕微鏡図譜 Micrographia』では、それまで誰も知り得なかったミクロの世界を美しいイラストレーションによって示し、当時の人々に大きな衝撃を与えた。

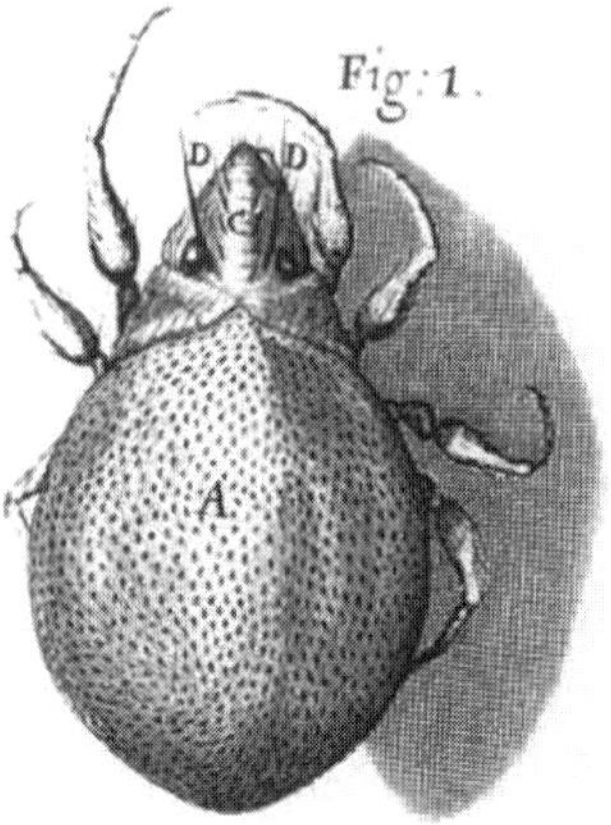

1665年にロバート＝フックの描いたササラダニ。コイタダニ科の一種 *Phauloppia lucorum* (C.L. Koch, 1840) は日本から未記録。

ササラダニの歴史上最初の正確な絵は、このフックの『顕微鏡図譜』の中にある。フックによる、顕微鏡を駆使した観察なのだが、あの小さなササラダニをよくぞ描いたものだと驚いてしまう（時は、日本の元禄時代にあたる）。

ただ、ササラダニは、発明まもない当時の顕微鏡には小さすぎたので、彼の最初の観察には間違いがあった。フックはササラダニに、目玉のようなものを書き込んでいるが（図）、ササラダニには、このように両側に位置する目玉はない。この部分には胴感毛とそれが生えている「胴感杯」という器官がある。

胴感杯は、前述のとおり、ササラダニの同定にはもっとも大切な部分で、胴感杯の毛（胴感毛）の形が重要である。世界で最初のササラダニの観察でフックは、胴感杯を目だと勘違いしたのだろう。胴感毛や、胴感杯という構造は、もう少し後の時代になって発見された構造であるから、フックがそれを目であると思っても責めることはできない。

銀座のダニ、ロンドンのダニ

本章の冒頭に私は、ササラダニ類の多くが、森の落ち葉の分解者として知られていると書いた。しかし、ササラダニは、森にだけ棲んでいるわけではない。たとえば、一九七四年に、銀座四丁目のヤナギ並木の土壌から新種として記載されたトウキョウツブダニ *Ramusella tokyoensis*（Aoki）は、当時、森林や草原の調査では発見されず、銀座の調査で初めて発見された。

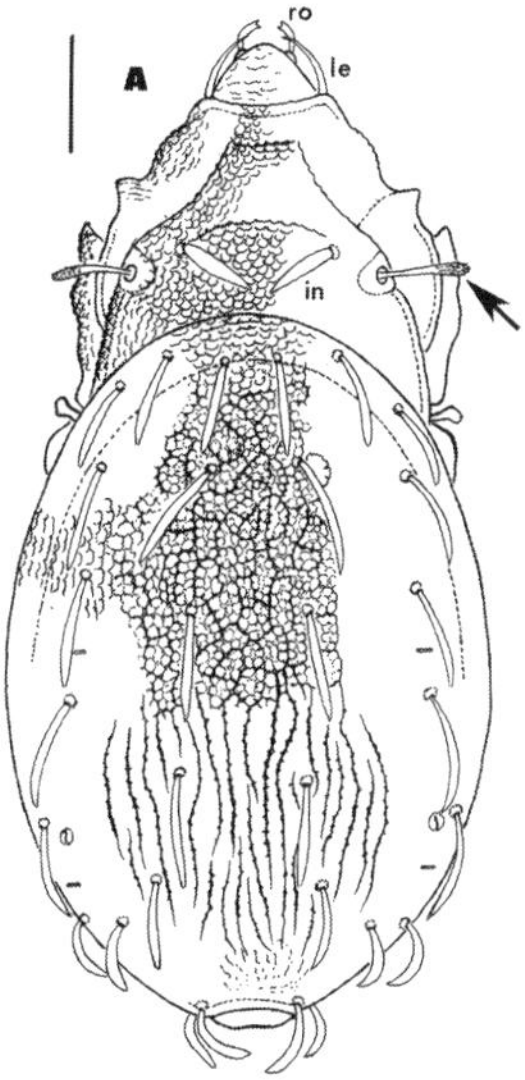

著者の名前がついたシマノニオウダニ *Hermannia shimanoi* (Aoki, 2006)。矢印は胴感毛。

また、新種のシワイボダニ

著者が用いているツルグレン装置。アイ・フィールド(有)社製。

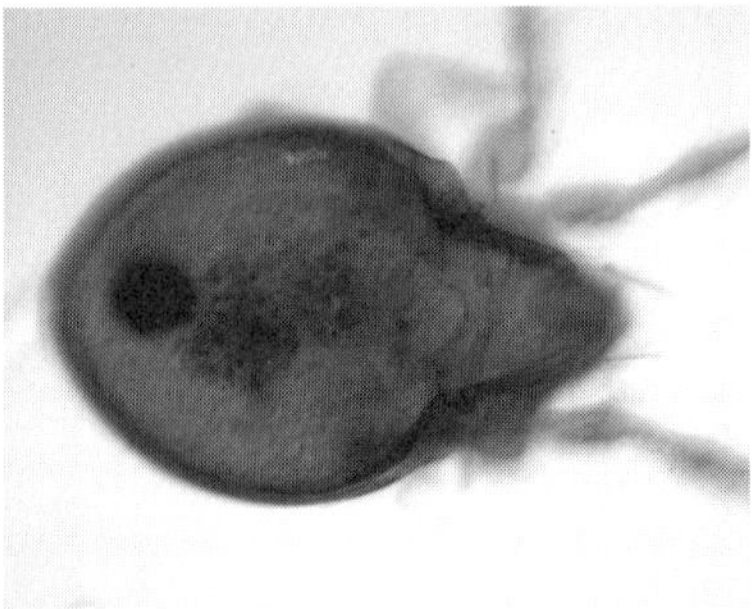

ピカデリーサーカスの石畳の隙間から採集したササラダニ。コイタダニ属の一種 *Oribatula tibialis* Nicolet 日本から未記録。

Suctovertex japonicus Aoki は、デパートの屋上のコケから見つかった。ほかにも、プラットフォームのコケからもササラダニは見つかる。

青木博士が銀座の街路樹からササラダニを見つけた話を聞いたときは、私もダニのいなさそうな場所から新種を見つけなければと思ったものだった。

イギリスに行ったときのこと。ロンドンのど真ん中、トラファルガースクエアに面するピカデリーサーカスは、いつも観光客でいっぱいだ。そこで、私はしゃがんで、アーミーナイフを使い、石畳の隙間のほこりとも、ゴミとも、土とも見分けのつかない、白っぽい砂を掻き出して集めた。採取したサンプルを袋に入れて宿舎に持ち帰り、日本から持ってきたツルグレン装置を使いダニを探した。抽出に待つこと三日。ササラダニを発見した。

コイタダニ属の一種 *Oribatula tibialis* Nicolet だった。日本でもこのような場所からよく見つかるサカモリコイタダニと同じ属だ。ただし、昆虫でも同じだが、乾燥しているためかヨーロッパはダニの種数も少なく、しかもとてもよく研究されているので、新種発見というわけにはいかなかった。

スペインでは、人のいない時間を見計らって、バルセロナ、サクラダファミリア教会の隣の公園でも採集した。明け方、まだ観光客が集まる前、酔っぱらいが口論をしているのを横目に土を集めた。このように、土のあるところならどこにでも、おそらく火山の噴火口や砂漠以外なら、ササラダニは生息しているだろう。

南極の土壌にももちろん生息している。海水中にダニは生息していないが、潮間帯や海岸に打ち上げられた干からびた海藻にもササラダニはいる。観葉植物の植木鉢の中にもいる。

熱帯多雨林の林床、アマゾンには、まだ名前のついていないササラダニが沢山いる。雨期になると六か月間も林床が水浸しになるような土地でも、いくらかのダニは水に浸かりながらも生きていた（Messner et al. 1992）。

水の中のササラダニ

水の中を生活の場としているササラダニは多く知られている。琵琶湖は日本で一番大きい淡水の湖だが、成立はバイカル湖、タンガニーカ湖についで古い湖のひとつで、「古代湖琵琶湖」と呼ばれる所以である。この琵琶湖でダニの調査をしたことがある。

琵琶湖博物館の調査用のボートが水草を吸い込んで停止したとき、この水草を持ち帰ってみたところ、日本未記録のササラダニが複数種見つかった。ミズノロダニの数種 *Hydrozetes* spp. である。ボートでのサンプリングだけではなく、琵琶湖の岸に打ち上げられた水草を回収するなどして調べたところ、琵琶湖のどの試料からもこのササラダニが見つかった。それまで琵琶湖の生態系を調べてきた研究者もササラダニの存在には気づいていなかった。

研究を進めてみると、古代湖琵琶湖は〝ダニだらけ〟だった。その後、高知、福島、沖縄と、あらゆるところの水草から同じようなササラダニが見つかったが、流れの速い川では流されてしまうのだろう、そのような条件下でダニは生息できないようであった。

ほかにも、山岳地域の高層湿原で見られるミズゴケのなかにも沢山のササラダニが暮らしているし（Kuriki, 2000）、マングローブ林の波打ち際には特段に爪の大きなササラダニが、メヒルギ、オヒルギなどの樹木にしっかり掴まって生活している（Karasawa and Aoki, 2005）。海岸には、たくさんの海藻や流木があることから、ここにも分解者としてのササラダニがいるのだ。

土壌のササラダニの採集方法

ササラダニを土壌から見つけ出すには、私がロンドンにも持参した段ボール製のツルグレン装置でよい。ほかに抽出効率のよいマックファーデン装置などもあるが、私のように、さまざまな種が得られるように、あらゆる材料に狙いをつけて、落葉落枝、コケ、キノコ、ドングリなどを拾い集める場

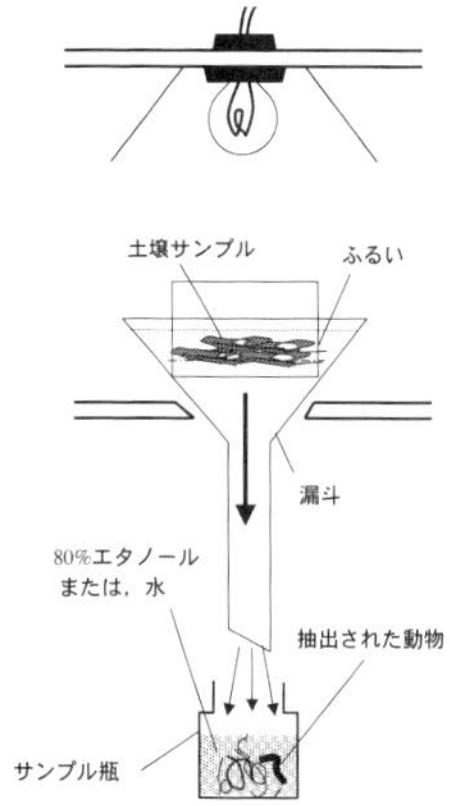

ツルグレン装置。土壌中の動物が抽出される仕組み。

［上］ツルグレン装置で採取された土壌動物。［左］実体顕微鏡の下ではこのように見える。

合（「拾い取り法」と呼ぶ）、効率が少々わるくてもツルグレン装置を使ったほうが便利である。

　ツルグレン装置は、上部に白熱灯をつける。この熱が投入した土壌を乾燥させ、乾燥にこまって下に逃げたムシたちが、下に置いたサンプル瓶の中に落ちてくる。このときに、研究の目的によって、ロートの下の瓶の中にエタノールを入れておくか、石膏を流し込むかを決める（図）。

　石膏を流し込んだ瓶を用いる場合には、石膏は湿らせておく。石膏の泡は作らないように流し込むのがコツである。その穴の中にダニは逃げ込んでしまうからだ。活性炭を少しまぜるのもよい。何度か使うとだめになるが、適度に石膏が硬くならず、活性炭がさまざまなものを吸着させるからか、動物たちには快適なようだ。

　土壌の場合でも、ツルグレン装置に投入した当日は白熱灯をつけないことが多い。あまり急激に乾燥をさせると、土壌からダニが這い出す前に死んでしまうからだ。また、土壌も薄く広げるのがコツ。人間にとっては薄い凹凸でも、ダニにとっては、大きな障害のある道のりになるからだ。

特に、水草からミズノロダニをとるときには、若虫が同定のポイントになるので、白熱灯はつけず、一週間、ゆっくり水草が乾燥するのを待つと、水草の茎などに潜り込んでいた若虫が、たくさん下に落ちてくる。

海岸の砂の多いところや、関東ローム層などでは、土壌粒子が細かい。そこで、ガーゼをひき、その上に、砂の試料を載せる。逆に、森林の落ち葉が多いところでは、さほど土壌粒子の落下が気にならないのなら、大きいダニをとるためにも、ガーゼは用いない。その後は、実体顕微鏡でさまざまな土壌動物たちの中からダニを拾いだす（プレパラートの作り方は付録3を参照）。

実習の様子。大人は15分くらいでいったん飽きる人が多いようだ。しかし、そこからひと頑張りすると、だんだん見つけにくい虫達が見つかるようになってくる。

講習用の土壌動物の採集方法にも触れておこう。ササラダニを調査対象としている場合、床のシートに広げた土壌を見ながら、ダニを拾うことはまずない。

しかし、実習などでは、シートの上に土壌を広げ、そこから土壌動物を見つけ出してもらう。そのほうが、土壌の中に沢山の動物がいることを受講者に知ってもらえるからである。シートは、白いテーブルクロスをＤＩＹのお店などで購入し、その裏を使うと便利である。

注意点としては、土壌を採取してくるときには、土壌粒子を極力減らし、手でかき集められる落ち葉のみを採取すること。なぜなら、特に土壌粒子中には目に見える動物は少なく、シートの上で探しにくくなるからだ。

土壌のササラダニ

多くの土壌節足動物は、落ち葉を食べているか、落ち葉に生えているカビや菌糸を食べている。また、その節足動物を食べる捕食性の摂食動物も同じ落ち葉の層にいる（図）。したがって、土そのもの（A層）よりも、落ち葉の層（A_0層）に節足動物は多い。また、なかでも落ちたての新鮮な落ち葉の層（L層）よりも、F・H層に節足動物は多く生息している。

研究者が、多様性や分類学の研究用にササラダニを採集するときには、まず、このF、H層を集めるのだが、湿度の高いしっとりとした森

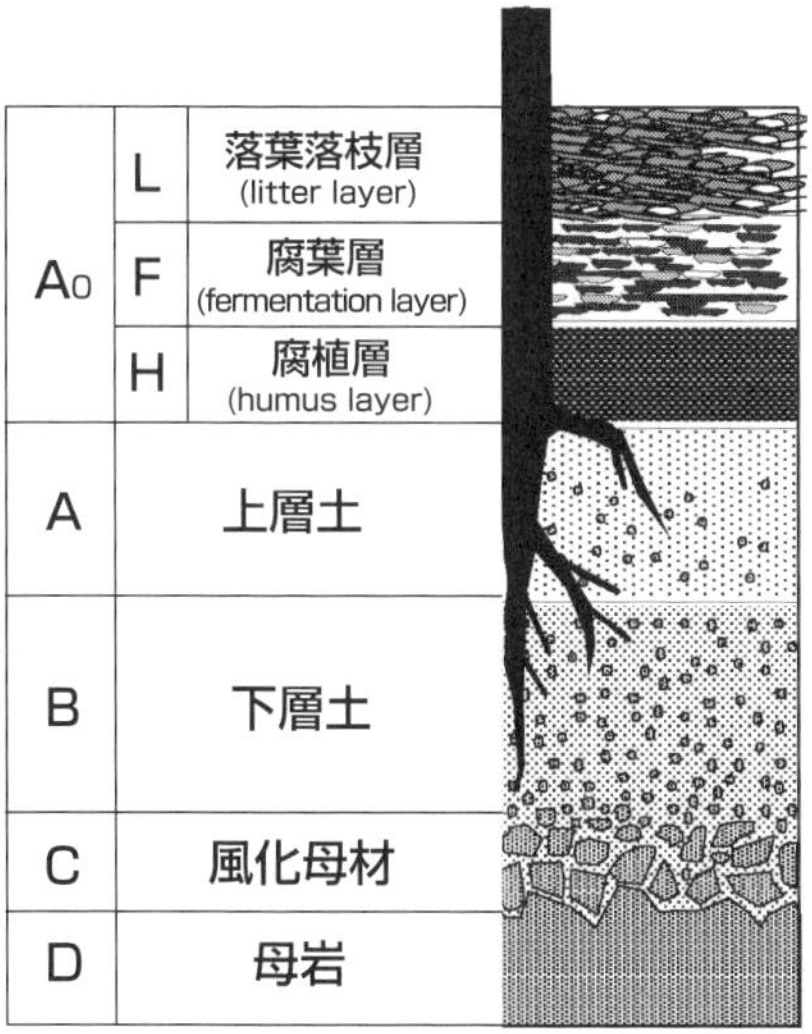

土壌の断面（青木，2005を改変）。

に入ると、まずは、両手を広げて落ち葉の層を素手でかき集める。ガサガサと、両手を広げて手の中に入ってくる部分を集めるわけである。このとき、地面の上、手が引っかかる部分の土も少し集めると、両手の中には、そこに棲むダニが沢山入っているはずだ。これが土壌試料となる。

次に、これらの試料を持ち帰った後、ツルグレン装置に投入するのだが、この装置は土壌動物が生きたままでないと抽出できない。そこで、できるだけ中のダニが死なないように持ち帰る必要があるので、ポリ袋は使わない。昔、八百屋さんや駄菓子屋などで使っていた紙袋がいい。雨の日に少し濡れることがあっても、簡単には破れないからだ。雨の日は、私は念のため、さらに古新聞にくるんで持って帰ることにしている。

ポリ袋を使わない理由は——、

（1）ミミズやオサムシなど、大きな土壌動物が土の中に紛れていたときに、彼らが袋の中の酸素を使い果たして、酸素がなくなりダニが死んでしまうことがある。

（2）微生物の呼吸と、発生することもある有害な気体のためにダニが死んでしまうことがある。

このように、できる限りポリ袋のような気密性の高いものは用いないように注意を払いながら、土壌を持ち帰るとよい。

また、自動車の中はさらに注意が必要である。車内の床の上やトランクの中は、車の排気のために意外と暖かい。また、窓からの直射日光で試料が温まらないようにしないといけない。対策としては、クーラーボックスなどがあるといい。

樹冠のササラダニ

樹上には地表との共通種と、まったく異なった種の両方が生息している。沖縄のような亜熱帯地域や、熱帯地域は気温が暖かいため、微生物の動きも盛んになり、地表の落ち葉は早いスピードで分解される。このため、昆虫は樹上の餌資源を活用していると言われる。

樹冠のダニを採取するには、木全体を殺虫剤などで燻蒸する方法もあるが、簡単なのは高枝切りバサミなどで、そっと木の枝を切り落としたり、樹皮をはがしたりするとよい。特別の掃除機を開発した研究者もいる。

私の場合は、木の枝などは、バケツに水を溜めてブラシと中性洗剤でよく洗う。十分洗った後に、二ミリと〇・〇二ミリのふるいを使い、バケツの中にたまった水を濾す。さらに、七〇パーセントのエタノールを霧吹きでスプレーして泡を消す。二ミリのほうは、ゴミを除くため、〇・〇二ミリのふるいの上におく。ササラダニは、〇・〇二ミリのふるいの上に残る（Karasawa and Hijii, 2005）。

ササラダニの楽園

毎年夏になると、オハイオ州立大学では、ダニ類のサマースクールが開かれてきた。ダニ学を先導する北アメリカの著名な講師陣が中心となって、六〇年以上も続けられている。

ダニ学の導入コースは一週間、医学ダニ（人体寄生性、有害ダニ）のコースは二週間。農業ダニ（植物寄生性ダニと生物農薬としてのダニ）も二週間、土壌ダニ（土壌に生息するありとあらゆるダニ）は三週間にもわたる。受講者は、朝八時半から、夜の一〇時頃まで毎日、講義と顕微鏡実習で過ごす。大学の寮に宿泊するが、休日は土曜日の午後と日曜日の午前だけ。後は文字通り〝ダニ漬け〟の毎日だ。

受講者は検索表とにらめっこしながら、プレパラートに封入された標本と首っ引きになり、顕微鏡でひたすら同定作業を続ける。この過程で、世界中から集まった受講者の頭の中に、ダニの全貌が形作られていく。

私もこの土壌ダニのコースにニューヨーク州立大学のノートン博士といっしょに出かけたことがある。博士はもちろん講師の中心で、私は受講者として参加した。講師にとっても過酷な時間。その最後にノートン博士はササラダニの楽園の図を紹介された。アメリカのアーサー＝ポール＝ジェイコット博士が描いたものだ。

ノートン博士は、その絵の中のササラダニ、特に、フリソデダニの絵がお気に入りだそうだ。本来は脚を守るための羽のような構造物を使い、フリソデダニがまるでグライダーのように滑空するところが描かれている。フリソデダニは実際には滑空しない。立派な翼があるように見えるので、ジェイコット博士が想像をふくらませて、森の中のダニの楽園を描いた。受講者は、ノートン博士がダニの楽園を楽しそうに眺めるその姿と、説明にしばし疲れを忘れるのだった。

【コラム】

トム・ソーヤの赤いダニ

1章で少し触れたように、『トム・ソーヤの冒険』（新潮文庫）には、ダニが登場する場面がある。第七章のダニ競技だ。こんな台詞をトムが言う。「……こいつはハシリのダニなんだ。今年になって初めて見つけたんだぜ」。

大人になって、もう一度、物語を読んでみると、子供の頃に分からなくて首を傾げたままになっていたことを思い出した。「ハシリのダニ」とは、どういうダニか？　ダニ屋になった今なら、ナゾが解けるかもしれない。

ハシリのダニとは、ナミケダニのような、大型のダニだろうか。あるいは、ハシリダニ科の仲間だろうか。ハシリダニは、その名の通り草地の葉っぱや落ち葉の上をすばしこく走る赤いダニだ。

原典に当たってみると、‘……This is a pretty early tick, I reckon.’ここにヒントが隠されている。tickとは、血を吸うマダニのこと。森の中にいるような、大きなアカケダニやハシリダニはmiteで、英語では血を吸うダニだけがtickと呼ばれる。そして英文を読むと、今年になって初めて森で見つけた「初物のマダニ」という意味のことが書いてある。トム・ソーヤは、吸血性のマダニ、しかも、〝今年一番のやつ〟を見つけては、ケースの中に入れて持ち歩き、授業中に取り出して、友達のダニと競争させていたのだ。微笑ましいが、ちょっと危ない話でもある。

アメリカには昔から、ロッキー山紅斑熱というマダニ媒介性のリケッチアによる病気が知られている。深刻な死に至る病として恐れられ、アメリカン・インディアンは、ダニが繁殖する時期には、ロッキー山脈の谷に「魔物が棲む」と言って近づかなかったという。

著者のマーク・トウェインは、ミズーリ州でミシシッピ川のほとりで育ったそうだ。ミズーリ州では現在、ロッキー山紅斑熱の発生が確認されている。

トム・ソーヤは、現代の私たちから見たら怖いものなしの遊びをしていた訳だ。

〔増補版注〕その後、考え続けていたが、そもそもマーク・トウェインがmiteとtickを取り違えていたのではないかと思うのだ。つまり、本来はマダニではなく、赤くて大きいナミケダニのことではないのだろうか。いずれ明らかにしてみたいものだ。

4章　ササラダニ大解剖

鋏角の形と食性

ササラダニはその多くが分解者だが、彼らはどのように、落ち葉を食べているのだろうか。草食動物の奥歯は平らで、繊維質の植物をすりつぶすようにできている。ササラダニも落ち葉という植物を食べているので、同様に平らな面をすり合わせるような顎をもっているのだろうか？

ササラダニの顎は、写真（上）のように二つの大きなハサミがついている。このハサミの名前は「鋏角 chelicera」で、ザリガニのハサミのように大き

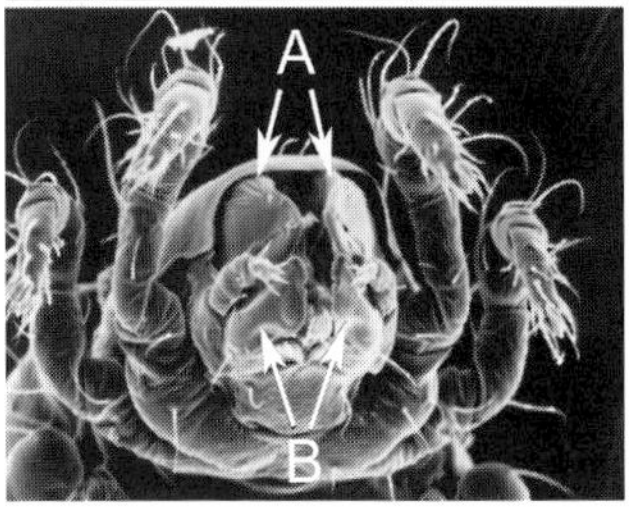

［上］ハラミゾダニの一種 *Epilohmannia* sp.。［下］その鋏角（A）とルテルム rutellum（B）（走査型電子顕微鏡像）。

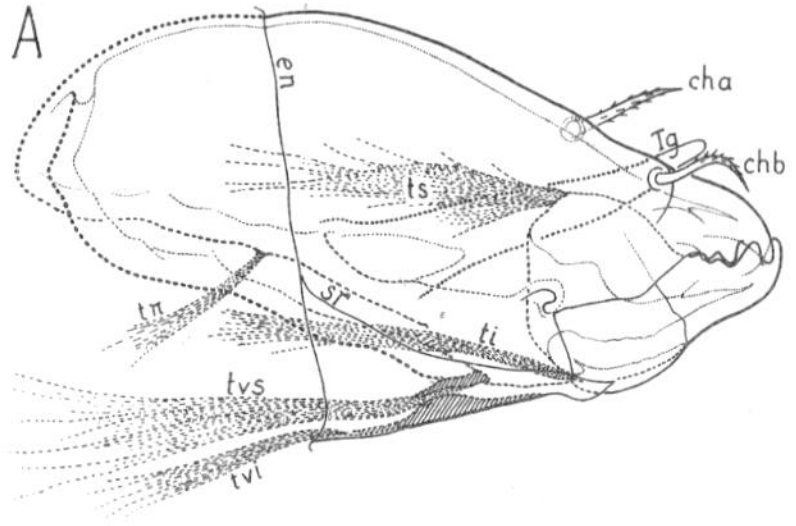

鋏角とそれを動かす筋肉。カニの鋏と同様、あごの部分のみが動く（Grandjean, 1947による）。

くギザギザしていて、挟んだ物を強く引っ張ることができる。鋏角は、それぞれ独立して前後と交互に動かすことができる。

実際にこのハサミを解剖してみると、ササラダニの身体のうち、とても大きな割合を占めていること、また、きわめて大きな筋肉で動かされていることが分かる（図）。小さなダニが落ち葉をバラバラにちぎるには、とても大きな力が必要なのだろう。

ササラダニは、このハサミ（前ページ写真A）を伸ばして、落ち葉を挟み、つかんだまま、ぐーっと引っ張る。二つの大きなハサミは交互に動いて、さらに落ち葉を引っ張る。

落ち葉を引きちぎるために必要なのは、二つの大きなハサミの横にある、ギザギザした板（ルテルム rutellum）である（前ページ写真B）。ハサミで、引き寄せた落ち葉をこの板で切るのだ。ルテルムの下に、鋏角を両側の下から巻き込む靴ベラのような板と、下面をおおう板があり、複合的に溝を形成している。食べ物は、その溝を通って、真ん中にある食道に流れて飲み込まれる。

人間の場合、身体の成長に比較して、頭蓋骨の成長量は大きくはない。赤ちゃんの頭は身体に比較して大きく、大人になると、相対的に小さくなる。これは、脳の大きさがある程度決まっていて、手足のように、子供から大人になるときに何倍にも大きく成長しないからである。マンガにでてくるかわいいキャラクターは二頭身や三頭身と頭の大きなものが多い。これらが赤ちゃんのように見えるので、人間は本能的にかわいく見えるのだという。

さて、ササラダニの若虫は、頭でっかちで、柔らかい身体に比較して、このハサミ（鋏角）がとても大きい。餌を食べるために必要なハサミは生まれたときから頑丈である。硬い餌を食べなければならないからなのか、ハサミの成長の割合は人間の頭蓋骨と同様に、身体の成長ほど大きくはない。頭でっかちな赤ちゃんのかわいさと、ササラダニの赤ちゃんの頭でっかちなかわいさは、共通していると思うのだが、いかがだろうか（次ページ写真）。

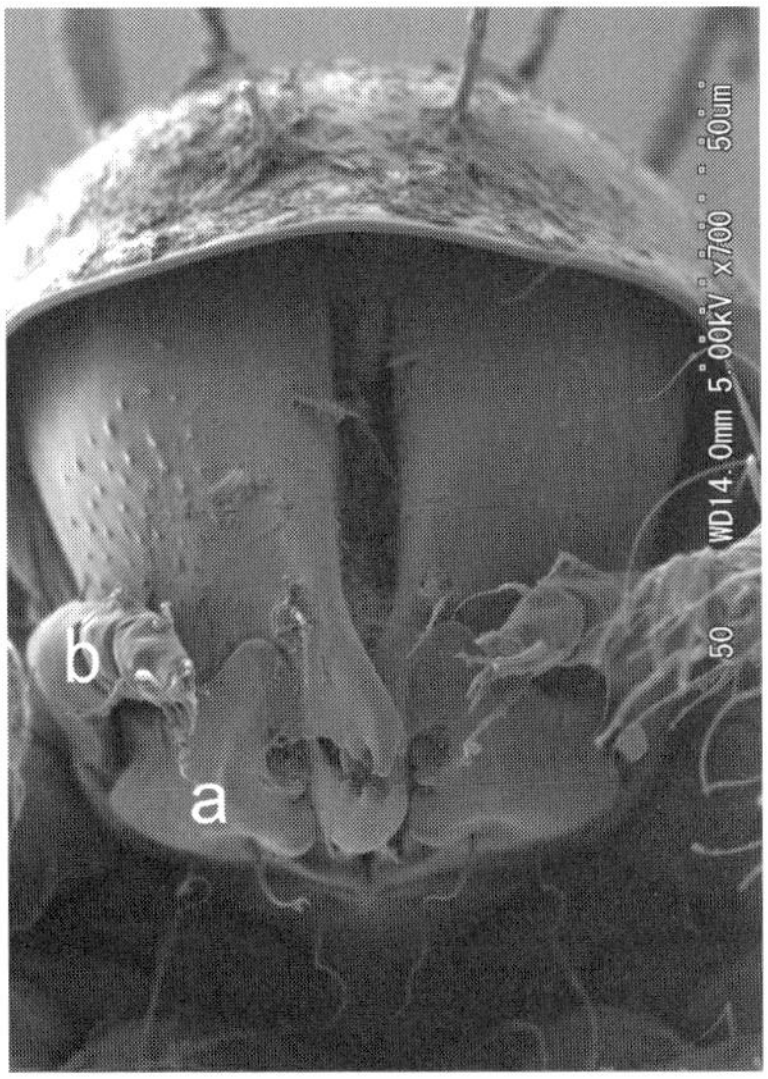

ヒメヘソイレコダニ *Acrotritia ardua* の鋏角、ルテルム（a）、触肢（b）（走査型電子顕微鏡像）。

ダニの食道は脳を貫通している

ダニの鋏角で粉々になって飲み込まれた落ち葉は、口から食道に入る。ササラダニの食道 esophagus=oesophagus は、脳（シンガングリオンと呼ばれる神経節）を貫通しているので、食べた物はすべて脳の内側を通過することになる（129ページ図）。脳

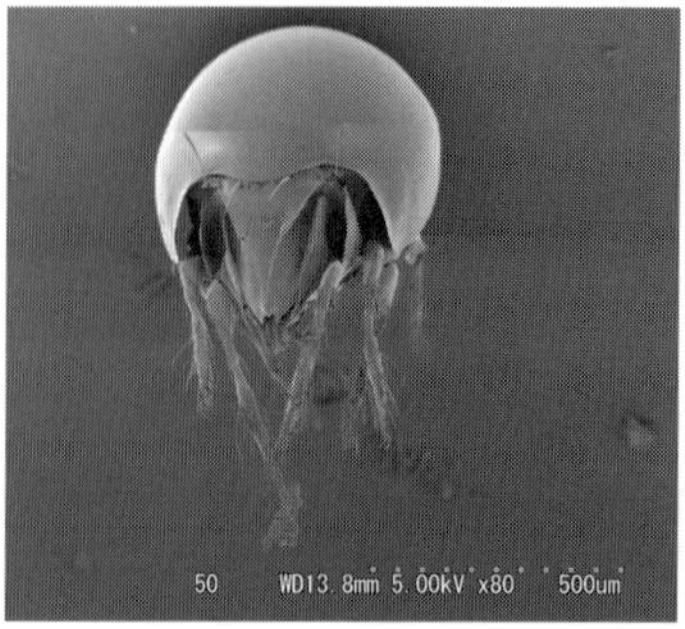

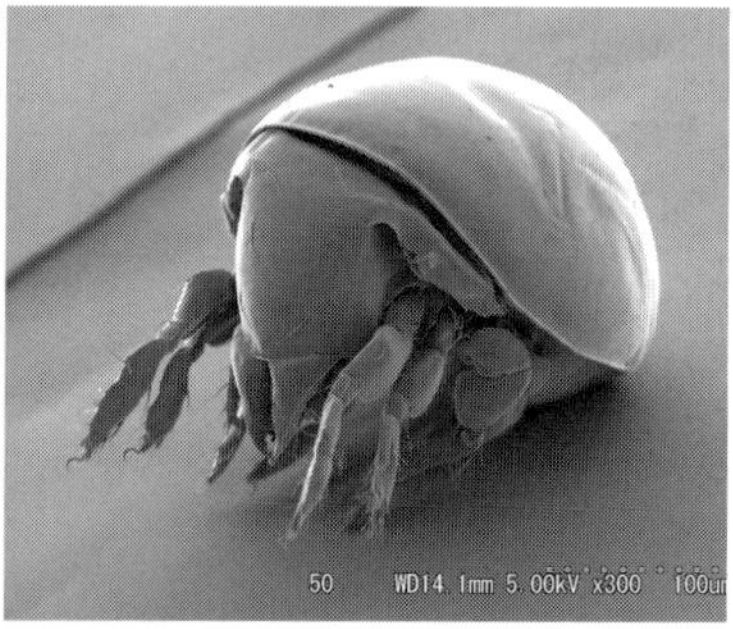

［右］ヤマトコバネダニ *Ceratozetes japonicus* の若虫。［左］同ダニの成虫（共に走査型電子顕微鏡像）。

はドーナッ状になっていて、その中心に食道があるのだが、人間と比べるとても不思議な構造だ。身体が小さいダニ類は、まるで軽自動車のように、大事な組織をコンパクトに身体の中に収めている。

胃は〝ハンバーグ〟製造工場

食道を抜けた食べ物は次に、胃（中腸前部）の中に入る（次ページ図）。細かくなった落ち葉は、胃で消化酵素の混じった多糖類によって包み込まれ消化される。胃の後ろ側の出口は、口から入った食べ物が適度に胃に溜まるまで閉じている。

胃の中では、食べ物がよく消化するように、こね合わされ、胃の形が反映されて、まるでハンバーグのような形になっていく（これが3章でも触れた「落ち葉のハンバーグ」だ）。その後、胃の後ろ側の出口が開いて腸に送られる。

消化器官のナゾ

ササラダニには胃の横に、盲囊《もうのう》と呼ばれる部分が繋がっている。この部分は先が行き止まりになっている。動物で言えば盲腸だ。ヒツジなどの草食動物の場合、盲腸は食べたものを固形物と液体とに分けて腸の流れを整えたり、共生している微生物によるセルロース（植物質）の分解が行われたりしている。

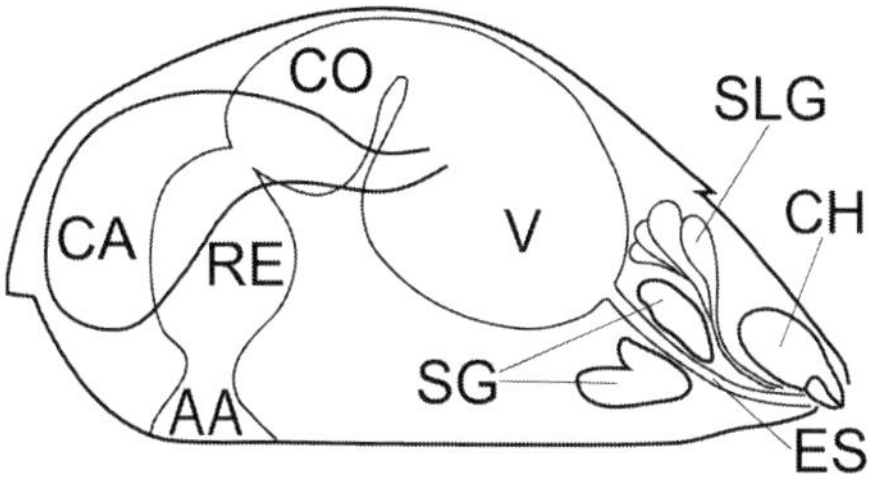

ササラダニの消化管。AA：肛門管、CA：盲囊、CH：鋏角、CO：結腸、ES：食道、V：中腸前部、RE：直腸、SG：脳、SLG：唾腺（Woodring & Cook, 1962, Woolley, 1988 を改変。島野、2001 より改変）。盲囊は左右に二つ。

しかし、ササラダニの盲囊は、消化酵素が分泌されることは分かっているが、吸収が行われているのか、または、老廃物の排泄が行われているか、また、草食動物のような役割があるのかどうかは、まだよく分かっていない。

私たちの研究では、盲囊から、多糖類が分泌される瞬間をとらえることに成功した。そのときの観察結果から分かったことは、多糖類には、消化酵素が含まれており、多糖類は胃（中腸前部）に運ばれて、胃内容物の消化に関与していることだ。その後、多糖類によって食べ物がボール状になる。

植物病原菌（苗立枯れ症）を摂食するアヅマオトヒメダニ *Scheloribates azumaensis* というダニがいる（Enami and Nakamura, 1996）。苗立枯れ症の植物病原菌はカビであり、

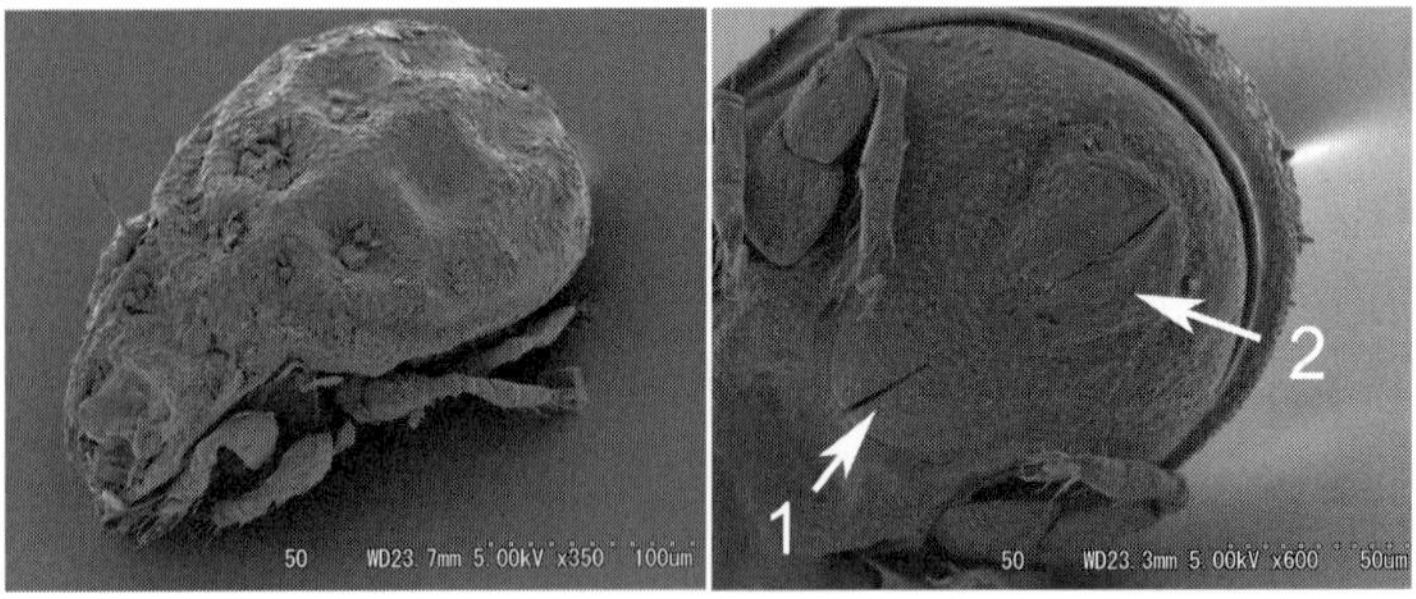

［左］クワガタダニの属の一種 *Tectocepheus* sp.。［右］同ダニの生殖門板（1）と肛門板（2）。

その細胞壁はキチンでできている。このアヅマオトヒメダニの消化吸収については、ほかのササラダニよりは少しよく研究されていて、消化器官の盲嚢が、消化のための多糖類を分泌するだけではなく、吸収にも関与しながら、病原菌のカビを摂食していることが分かっている（Shimano and Matsuo, 2002）。

腸から肛門へ

さて、もういちど腸に話を戻そう。人間は小腸から栄養を吸収するが、同じように、ササラダニは、胃に続く結腸で栄養を吸収する。細胞に柔らかい突起があり表面積を増やして栄養を吸収しやすくなっている。このあたりも人間の小腸と同じである。

さて、結腸の次には直腸がつづき、そして、肛門管（房）を経て、肛門からササラダニの糞は排出される。ササラダニの肛門は観音開きになる二枚の硬い扉（肛門板）が特徴的である（写真）。

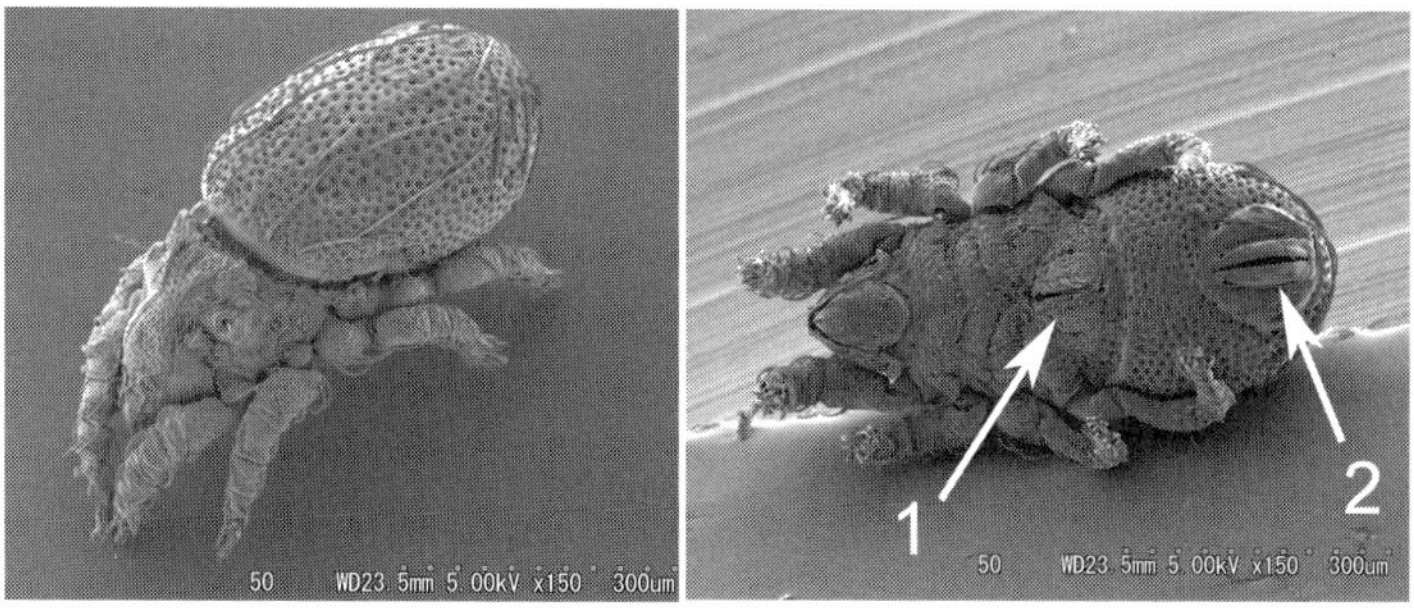

［左］ツキノワダニ *Nanhermania elegantula*。［右］同ダニの生殖門板（1）と肛門板（2）。

ササラダニの身体全体も硬いクチクラで覆われているのだが、肛門もクチクラの二枚の板からなる。糞をするときに、いつもは固く閉じられている二枚の扉が、ギーっと開いて糞が押し出されるのだ。

ひねりだされた糞は、前述のとおり、落ち葉のハンバーグとして微生物たちに提供される。この後、バクテリアやカビによって化学的な分解が進められる。

一三〇年前の観察図

私がダニを研究し始めた頃、ササラダニの消化にかかわる身体の内部構造は日本では誰も教えてくれなかった。もちろん海外も含めてさまざまな文献はあったのだが、読んでみても、どのように、各部位が機能しているのか、私には実感をともなって理解することができなかった。

確かに、ササラダニの内部形態に関しては、今でも新種の記載にはあまり役に立たない。いずれにしても、納得のいかない

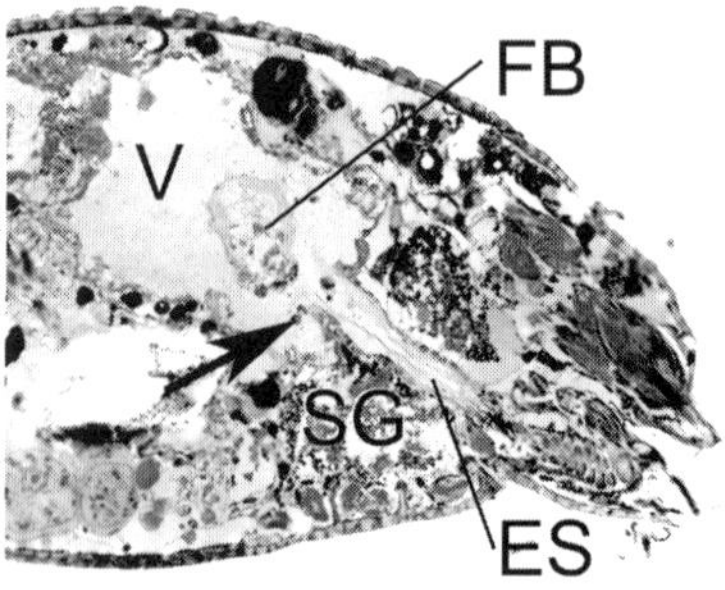

アヅマオトヒメダニ*Scheloribates azumaensis*の消化管の垂直切片の光学顕微鏡像。ES: 食道、FB: 食物、V: 中腸前部、SG: 脳、矢印：食道弁（Shimano and Matsuo, 2002を改変）。

気持ちのまま、消化管に迫るきっかけを得られずにいたのだった。

諦めきれない私は、大学院を修了した頃にようやく友人の助けを借りて、ダニの消化管を調べることができた。どうしたのかというと、ササラダニを樹脂に包埋し、それをスライスして内部の構造を調べたのだった。切片標本の観察である（写真）。ようやく、生きているササラダニのことが分かりかけてきた。

そんな二〇〇二年頃に、ニューヨーク州立大学のノートン博士の研究室に留学する機会を得た。ただ、その頃の私は、形態や分類の大家であるノートン博士でさえも、ササラダニの内部構造に関してははっきりしない答えが返ってくると想像していた。ところが、彼の返事は、まったく違っていた。

「サトシ、アルバート＝D＝マイケルが一八八四年に書いた本は知っているだろう？」

「ええ、タイトルは聞いたことがあります」

そう答えた私に、ノートン博士は満面の笑みを浮かべて、とても自慢げにこう言うのだ。

「僕はね、マイケルの本を二セット持っているんだよ」

「ええ」（まだよく分かっていない私）

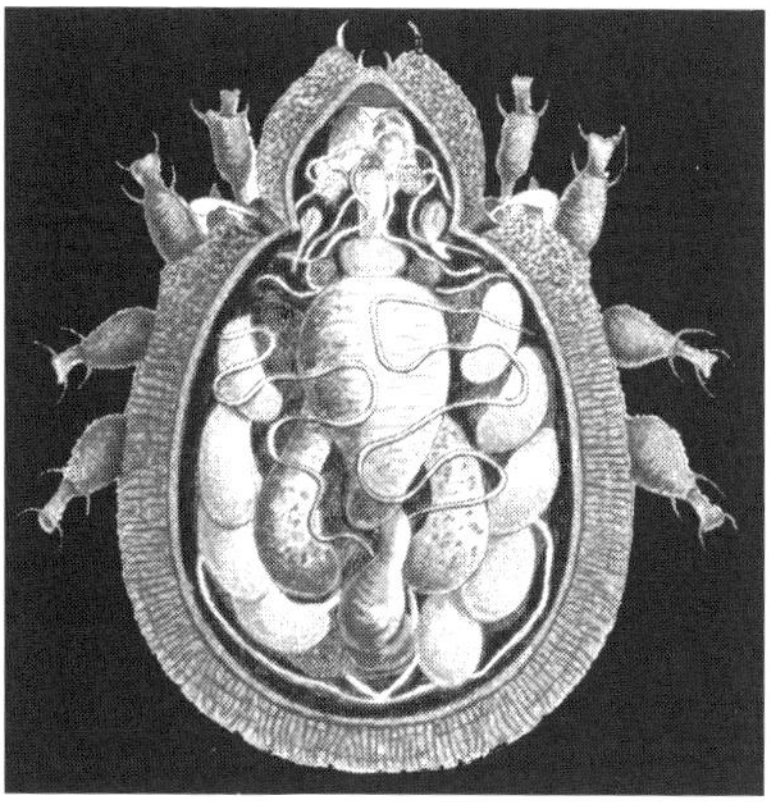

Cepheus（*Xenilus*）の内部形態の観察結果（消化管だけではなく、すべての内部形態が図示されている）。Michael（1884）による（図提供：Roy A. Norton 博士）。

グランジャン博士の写真立てを手にするノートン博士（ニューヨーク州立大学、環境科学森林科学部、シラキュース）。

「なんだサトシ本当に知らないのか？　見てご覧」こう言ってノートン博士の差し出したのは、紺色の表紙に金文字のタイトルが美しい分厚い二分冊の本だった。すぐに本を開いて、驚いた。

「一八八四年ですよ。顕微鏡だって片目で覗く時代ですよ。こんな観察をして、こんな丁寧な絵を描いていたんですか？」

興奮する私とは対照的に、ノートン博士は少しそっけなく、「僕は同じ本を二セット持っていて、一セットは大事にしまってあるけれども、もう一つのセットなら貸してあげるから、読んでもいいよ」と言って、僕の机のうえにポンと置いたのだった。それから私は、その本をむさぼり読んだ。

この本との出会いが、アメリカに来て最初の衝撃だった。マイケルの本は、一三〇年前のものだ。当時の顕微鏡は、今の顕微鏡とは比べものにもならない単純な機能しか持っていない。

今の私は、対物レンズひとつが軽自動車一台分もする高級な顕微鏡をもっているのに、マイケルほどの図を描いたろうか？　マイケルほどの丁寧な観察ができているだろうか？　はなはだ疑問である。

　マイケルの本との出会いが、私のそれからの時間を変えた。この本を見てからというもの、モヤモヤしていた雲が一息に晴れて、ササラダニの内部形態について、次々に理解ができるようになった。

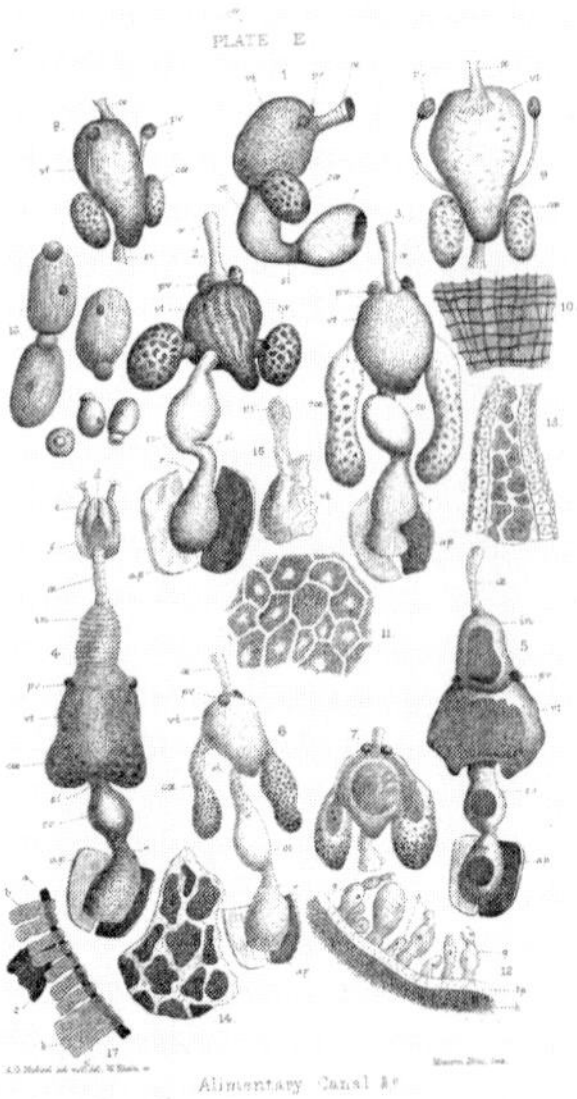

図の中のひとつひとつが、さまざまな種（ササラダニ類）の消化管の構造を示している。Michael（1884）による。

　これ以降、アメリカで、ヨーロッパで、さまざまな生物に関する古い文献を見てきた。そこには、信じられないような詳細な観察と、美しく精緻な絵が掲載されていた。丁寧な仕事は、後世いつまでも評価される。博物学の魅力が、ここにある。

　現在は、インターネットで検索すれば、このような本は、パソコンで見ることができるようになった。ササラダニには、今でもまだよく分からないことがたくさんある。世界中の何人かのササラダニ学者は、ササラダニの内部形態に迫り、詳細な研究成果を出し続けているのにである。

　ベルリン自由大学のアルベルティ博士の論文は特に分厚く、最後まで読み切ることさえ難しい。しかし、読んでいるとワクワクしてくる。これまで知られていなかったことが次々に明らかになっていくプロセスをいっしょに体験することができるからだ。論文とは本来このように、読むことによって喜びや感動が得られるものだ。

余談だが、当時のノートン博士は、ヘソイレコダニの一種 *Euphthiracarus cooki* の形態について、詳細な形態学の論文を学術雑誌 Journal of Morphology に投稿するために執筆されていた。博士は、私に「こんな長い論文を書いて、この先も何人が最後まで読んでくれるのだろう」とため息まじりに自嘲するように言われるのだった（Sanders and Norton, 2004）。

ノートン博士の研究は、イレコダニが身体をボール状に丸める仕組みを解き明かすものだ。それぞれの筋肉ひとつひとつに名前を付けているので、後世の研究者は、博士のつけた名称を使って、さらにササラダニの身体の構造を明らかにできる。それがノートン博士の幸せだ。私が留学を終えて何年か経ち、ノートン博士を日本に招いたとき、ご自身の論文が載った学術雑誌の表紙を飾ったヘソイレコダニの絵の縮小版を額に入れてプレゼントしてくれた。それは私の宝物となった。

ササラダニの目

ダニには目があるものとないものがある。たとえば、ホタルの仲間でカミキリムシに見た目が似ている昆虫、ジョウカイボンに付いたトゲケダニの一種には、身体の前方に二つのかわいい目がある。

しかしながら、目のないササラダニのほうが一般的だと考えられているし、目があるものでも、

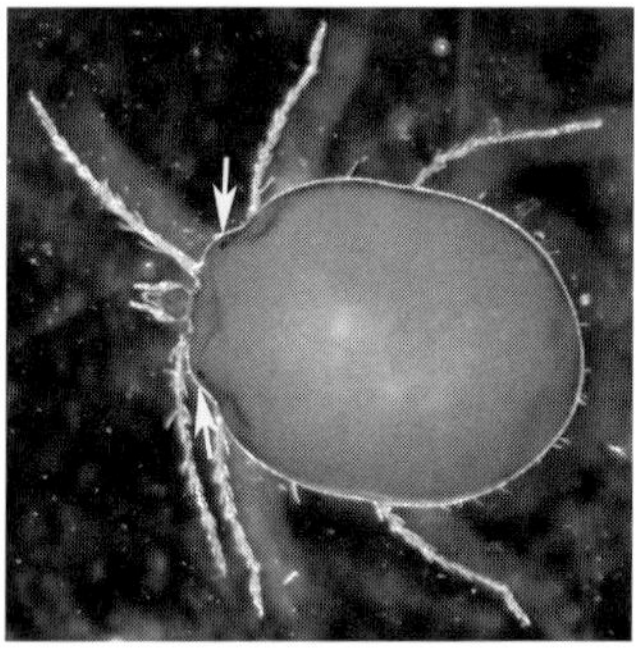

ヤマトタカラダニの幼虫。矢印が目を示している（目は見えやすいように着色した、p.81 参照）。

その目は照度を感じる程度の視覚しかないことが分かっている。大半のササラダニが生活する落ち葉の下では、しっかり見える目がなくてもいいのだろう。

目のある、なしは、何を示しているのだろうか？

オオダルマヒワダニの一種には、ほかのダニに見られるような目があるのだが（次ページ図）、ササラダニの中でも祖先により近いこのダニに目があるということは、ササラダニの祖先も目を持っていたということを想像させる。

不思議なことに、ササラダニの目にはもう一つのタイプがある。本来の「見る」こと以外に、特別に進化をさせた二次的な目があるのだ。それは、潜水艦の潜望鏡のように背中の上に一つ付いており、光を感じることができる。まるで一つ目小僧だ。

ササラダニが背中で光を感じる必要があるのは二つの理由からである。一つは、落ち葉の下に潜らなくては、ちょうどいい具合に古くなった落ち葉や、いい香りのするカビの菌糸にたどり着けない。

二つめは、明るい場所では、捕食者に身体を見せることになるので危険なのだ。このような理由から、新たに背中に一つ、大きな二次的なレンズ構造の目（レンティキュルス lenticulus）を持つようになったのだ。

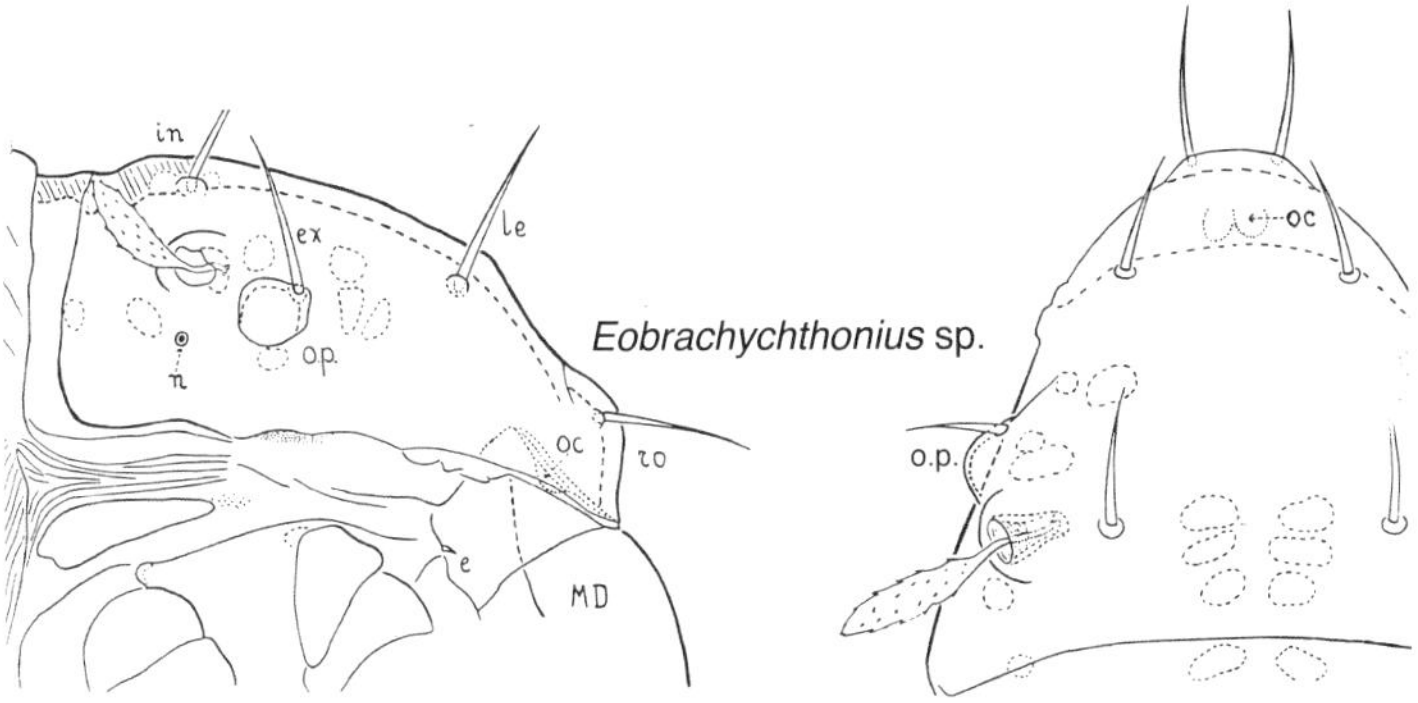

オオダルマヒワダニの一種 *Eobrachychthonius* sp. に見られるササラダニの本来の目を図中の o.p. で示した（Travé, 1968 より）。

背中の目

背中に目を持つものの中から代表的なササラダニを紹介しよう。レンズダニの一種は、レンズ構造の明瞭な目を背中に持つのが名前の由来だ（次ページ図）。エンマダニは、背中の目を閻魔大王の頭の飾り物に見立てて名づけられたのだろうか。

インドネシアから新種として記載されたエボシダニは、ほかのササラダニとはまったく違う姿をしている。このダニは、今でもどのグループに入れてよいのかよく分っていない珍種なので、なかなか手に入れることができない。背面の高く隆起した部分は、平安時代の成人男性が被った烏帽子に似ていて、その前端にレンズがついている。

常に光に晒されている、淡水の水草に生息するフタツメミズノロダニにも、レンティキュルスはある（次ページ図）。

これらの立派なレンティキュルスという目は、オスが

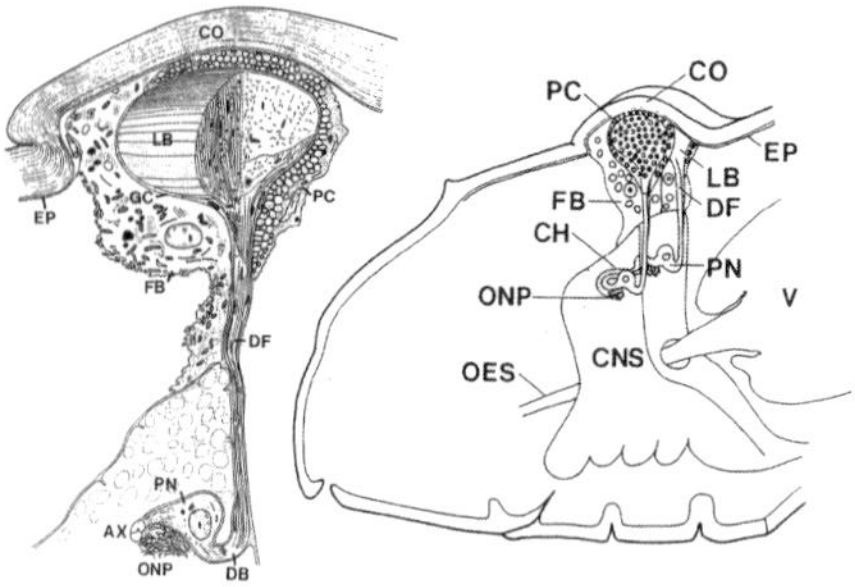

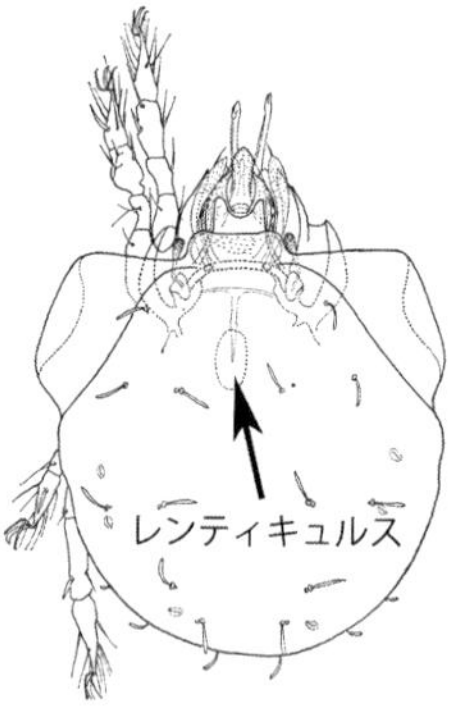

［上］フタツメミズノロダニ *Hydrozetes lemnae* の二次的な目（レンティキュルス）。［上左］レンズ構造の光受容器官。レンティキュルスから視神経が伸びて（PN、ONP）、脳（CNS）につながる 。［上右］脳の真ん中を食道（OES）が貫通して胃（V）につながる（Alberti and Fernandez, 1988)。［右上］エンマダニ *Eupelops acromios*（青木 , 1980 より）。

メスを探したりするような生殖行動のためには使えない。

レンズ構造は非常に発達しているが、たとえば、トンボの眼のように、明瞭に周囲が見えていることはないだろう。なぜならば、外側の硬いクチクラ層の下にレンズがあるためだ。

ダニが見ている世界については、今のところ形態学からのみ推察されているので、私の予想が当たっているのか分からない。レンズ構造の進化からササラダニを見直してみたら、一体、どんなことが分かるだろうか。

ササラダニが感じる食べものの香り

もう一度、話題をダニの食事に戻そう。ササラダニはどのように、食べ物とそれ以外のものを区別しているのだろうか？

一般的に、生きている植物の葉には、特有の臭い（揮発性成分）があるが、これらは基本的に昆虫などに葉を食べられないようにするためのものだと考えられている。

たとえば、クスノキ科の植物は強い臭いがある。植物揮発性成分のひとつである。タンスに入れる樟脳はクスノキから作る。

落ち葉になってからもこれらの成分は残るが、幾分、少なくなるだろう。しかも、節足動物に有害な物質も新鮮な落葉には含まれている。そこで分解者は、新鮮な落葉と、古くなった落葉を区別し、古く熟成しておいしくなった葉のほうを好んで食べる。

ダニには触肢 palp がある、この触肢を使って食べ物の臭いや味を感じているという見方が有力だ。クモにも触肢はあり、クモのオスは交尾器官としても触肢を使う。精液を吸い上げる構造や押し出す仕組み、メスの交尾管に確実に挿入するための移精針などを備えているのだ。

一方、ササラダニでは、触肢はもっぱら餌の物理的な位置や、味覚という化学的な情報を感じる役割をしている。先端に生えているユーパシディウム eupathidium という毛は、真ん中が空洞の構造をもっている。この基部（次ページ図中の矢印）に化学物質受容体があるとされている。どうやら、臭いを感じる鼻（嗅覚）や、味を感じる舌（味覚）の役割があるらしいのだ。

図（次ページ）を見ると、鋏角の横にある触肢およびその先端のユーパシディウムは、前方、食べ物の方を向いていることが分かる。ダニはこれらの器官を使って、食べ物とそれ以外を区別し、我々が「これは、おいしい漬け物だ」と感じるように、浸かり方のちょうどいいものを食べるのではないだろうか。

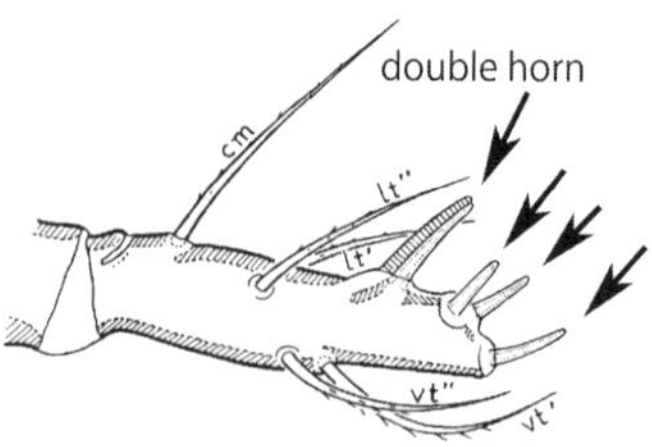

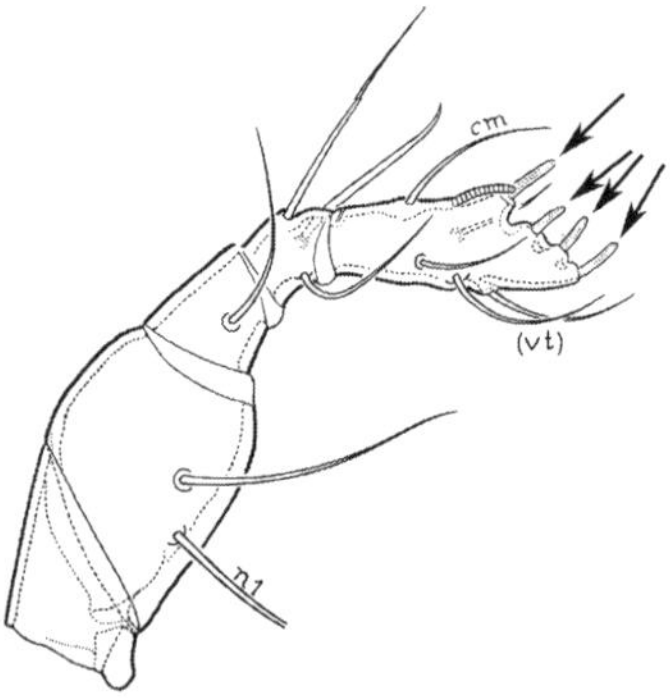

矢印はユーパシデイウム。［右］ハナレササラダニ類 Brachypylinaのダニの触肢。［上］有翼類 Poronotaの触肢。先端がソレニディオンとユーパシデイウムとの融合で「二本角 double horn」になっている（Grandjean, 1960; Grandjean, 1964; Norton and Behan-Pelletier, 2009）。

栄養段階を考えると、落ち葉そのものだけではなく、そこに生えるカビなども同時に摂取するほうがいい。我々もサラダだけではなく、キノコも食べたほうが身体にいいのと同じこと。ダニも、葉だけ食べるもの、カビも食べるもの、カビのみ食べるものなど好みが種によって決まっている。彼らは触肢を使って食べ物の質を認識して食べ分けているのだろう。

ササラダニの脚

節足動物は一つの節に一つの脚があるのが、基本的な身体の設計だとされている。先ほど述べた触肢は脚の一つだったと考えられる。ここからもう少し、詳しくダニの脚を見ていこう。脚を知ることによってササラダニの感覚器官について知ることができるからである。

ササラダニは、前述したように一部のものを除いて目がない。そこでササラダニは、まるで昆虫の触角のように、

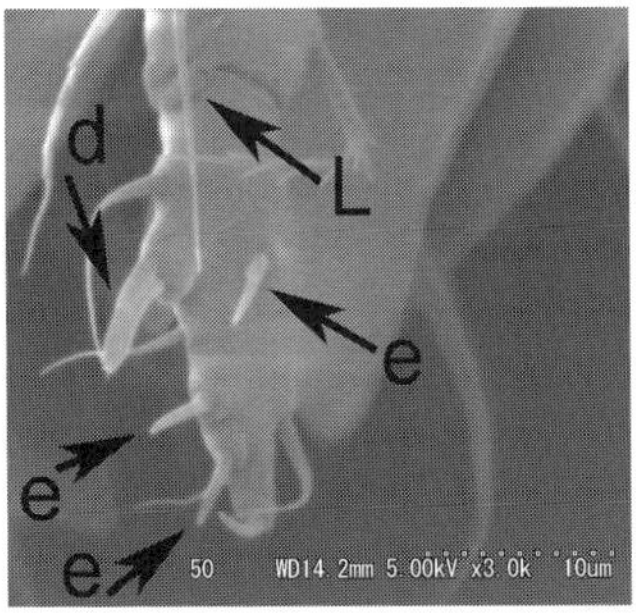

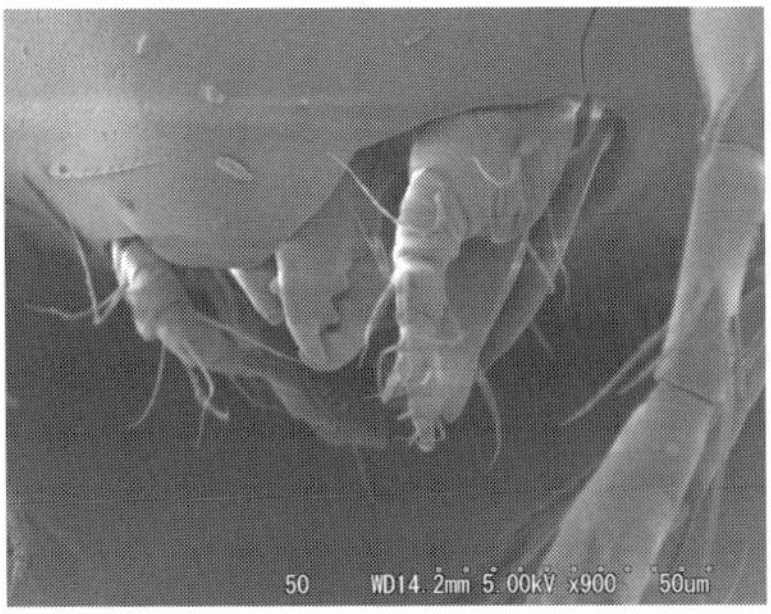

［左・右］フクロフリソデダニ *Neoribates roubali* の触肢の走査型電子顕微鏡像（左が拡大図）。ユーパシデイウム（e）は、先端が尖っていないのがわかる。裂孔 lyrifissure（L：感覚器）。ソレニディオンとユーパシデイウムとが融合した「二本角構造」（d）。

第Ⅰ脚（一番前の脚）を器用に使って行動する。第Ⅰ脚で周囲を確かめながら手探りで歩くのだ（ササラダニでは、前の脚からローマ数字でⅠ、Ⅱ、Ⅲ、Ⅳと表す）。

第Ⅰ脚は、前と外側方向にびっしり毛が生えている。脚を前と横に動かしながら周囲の環境の変化を敏感に感じとるためである。ダニの場合には、脚には物理的な受容器官としては、単純な毛（正確には「剛毛 seta」という）と、ソレニディオン（感覚毛 solenidion）の二種類の毛がある。

剛毛は、通常、中は中空ではなく硬い表皮から直接生えているが、ソレニディオンは、中が空洞になっている。また、毛の基部のソケットとなる部分も、柔らかい膜で周囲が覆われ、その下にソレニディオンの動きを感じるための感覚細胞がある。

ダニと同じ外骨格の生き物であるカニの脚を想像してほしい。今、自分の足が、カニの脚になったと思っていただきたい。自分の足のまま、カニのような硬い殻を持っているわけだから表面は何も感じないし、何かをぶつけても痛くはない。形もカニに似せて、足も思い切り長くなったとしよう。

カニの脚のようになった二本の足で歩いてみると、脚の先には、カギ爪が、通常、三本または、一本ついていることに気がつく。目のないダニは、その脚を前に差し出しながら歩くわけだ。実際に目をつぶって歩いてみよう（想像で）。抜き足、差し足、足を前にだしてみるが、あなたの長い足は何かにぶつかってしまう。しかし、足自体に感覚はさほどないうえに、長いとなると、足がどのように動いているのかもよく分からない。足はもつれそうになるはずだ。何か対策をとらなければいけない。

カニの脚に剛毛を生やす。まず、アキレス腱のあたりに踵まで届くSという毛を生やそう。そして、足首の両側に、斜め前、斜め後ろ、二対で四本の四本の毛は、四点で地面に触れる。これで、ダニの脚になった。八本脚のダニの脚の先には、合計八本プラス踵の一本の毛（S）が生えている。

踵のSという毛は、脚をおろしたときに地面に触れているのかどうかを教えてくれる。次に、脚の両側に配置した前後二対ずつ八本の毛は、脚がどのように地面と接地しているのか、その角度を教えてくれる大切な毛だ。

脚の先端の第一関節に相当する部分、跗節 tarsus には、間接の付け根に、裂孔 lyrifissure がある。裂孔は、硬い表皮がどのようにゆがんでいるのかを検出する感覚器官だ。

ハナビラオニダニ *Nothrus biciliatus* が第I脚で前方を探りながら歩いている。

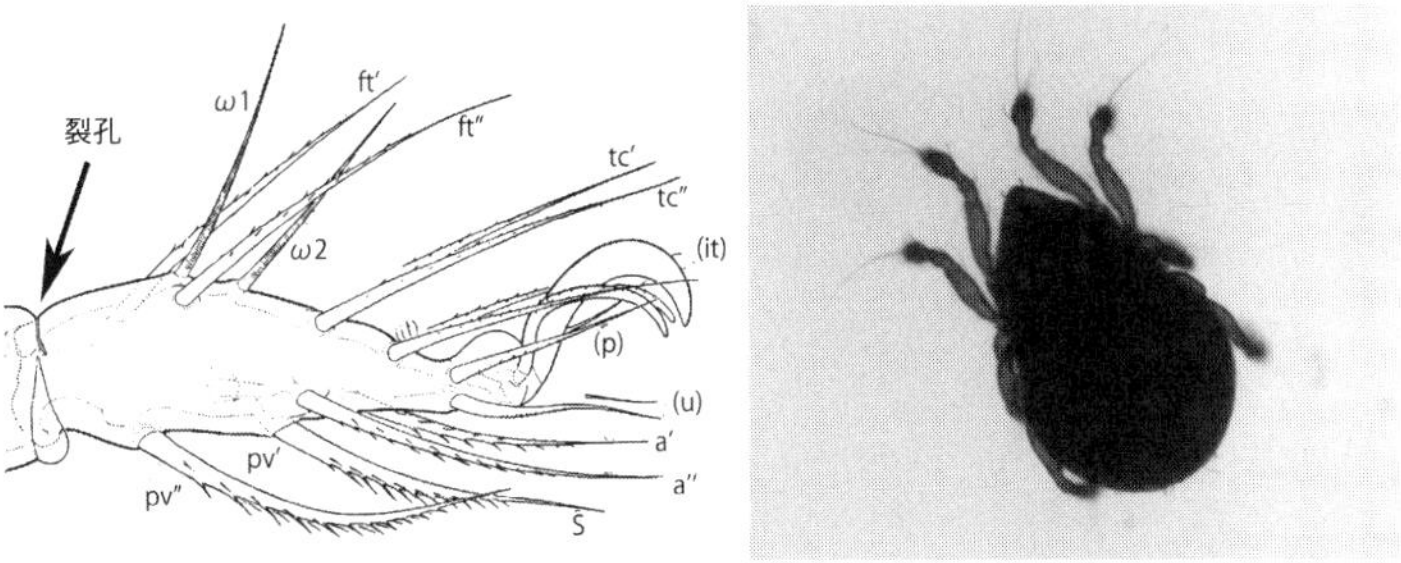

［左］ササラダニの第Ⅲ脚の tausus の毛。*it*、*p*、*a*、*u* の四対の毛と、踵の毛 *s*。これ以外に *tc*、*ft*、*pv* が基本となる。矢印は裂孔。カッコは両面の毛をまとめて書くときに使う。*ω 1*、*ω 2* は、ソレニディオン（Grandjean, 1964; Norton and Behan-Pelletier, 2009）。［右］ミズノロダニ *Hydrozetes* sp. の第Ⅰ・Ⅱ脚の感覚毛は前横方向に生えている。

たとえるなら、円柱に、小さなスリットが（脚に対して横向きに）入っている状態だろう。斜めに置いた円柱への力のかかり方によって、このスリットの隙間が変化する。脚への力は、これを検出するようなものだろう。

先ほどから、硬い殻に覆われたあなたの脚にも、剛毛と、器官が取り付けられた。これで、脚の接地角度と、先端の関節にどの程度、力がかかっているのかが分かるようになった。

次に、ソレニディオン（感覚毛）を付けよう。ソレニディオンは、前の方に長く伸ばすといい。ソレニディオンのお陰で、おそるおそる脚を前に差し出さなくても、少し脚を前に伸ばせば、何かにぶつかる前に周囲には何があるのか分かるようになった。もちろん、側面にもソレニディオンを、もう一つ伸ばそう。体の前と斜め両脇に障害物があるかどうかが、前もって分かるようになる。

暗い落ち葉の下でゆっくり歩く生活が、ササラダニの基本的な生活スタイルなので、人間のようによく見える目や、コウモリのような超音波センサーなどは必要ない。その代

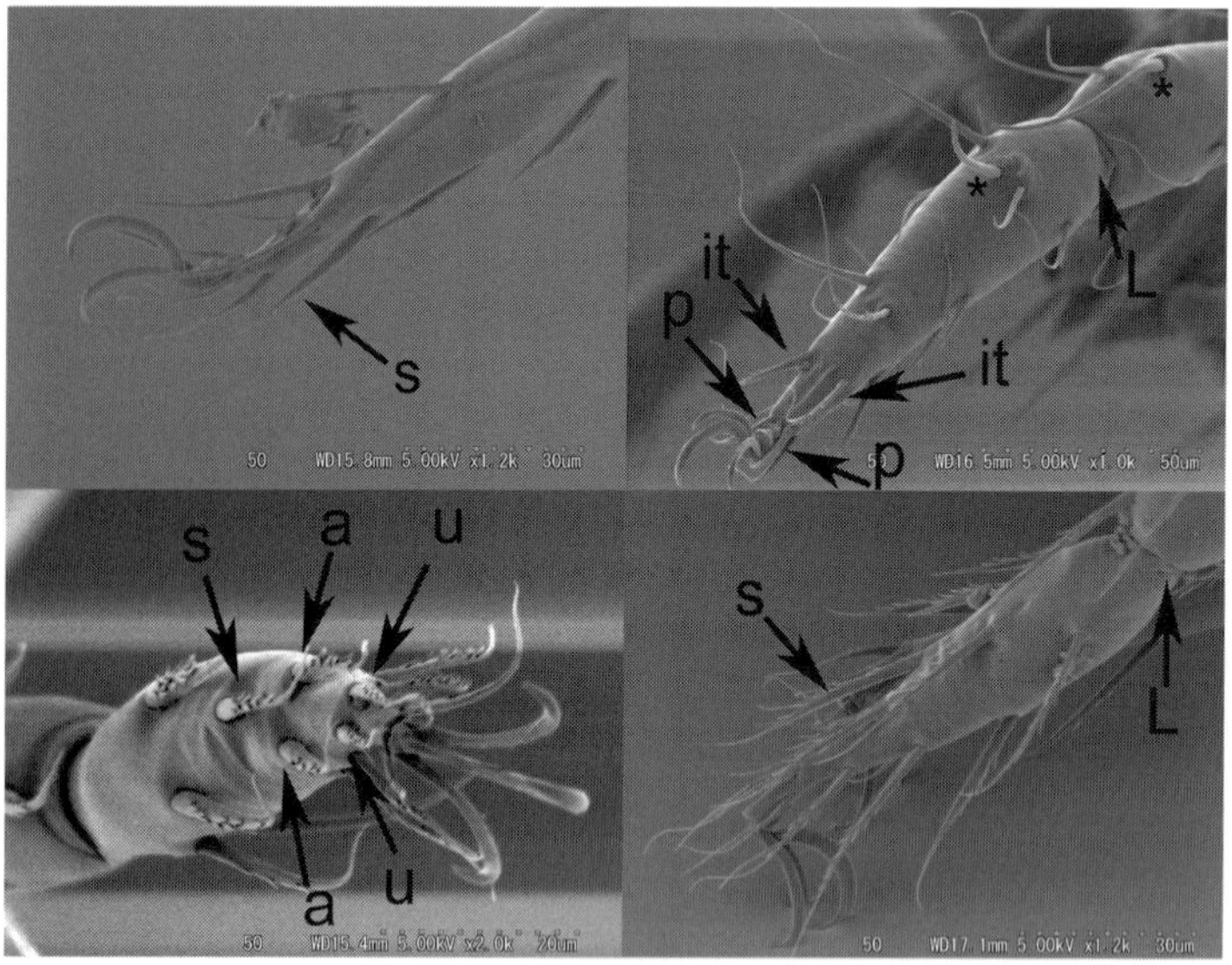

イトノコダニ *Gustavia microcephala* の脚の先端の節 tarsus。［左上］Ⅳ脚、［右上］Ⅰ脚には、前や横に外部センサーとなるソレニディオン（＊）が沢山ある。［右下］カギ爪が柔らかい地面をしっかり捉える。［左下］足の裏側、剛毛のケバケバで地面を捉える。裂孔（L）、四対の毛（it、p、a、u）と踵の毛（s）（走査型電子顕微鏡像）。

わり、歩きにくい土の中でもしっかり歩けるように、このような脚のセンサーが発達しているわけである。もちろん、通常三本または一本のかぎ爪が、地面を確実に捉える。

　実は、もう一つ私が驚いたササラダニの脚の構造がある。ササラダニの脚を走査型電子顕微鏡で地面側から撮ったときのこと。剛毛のケバケバは、まるでラジアルタイヤのように、地面を捉えられることに気づいた。

　柔らかい地面ではかぎ爪が、そして、かぎ爪の効かないような硬い地面でも、毛のケバケバが、ツルツル滑る路面も捉える役割をするのではないか。現に、ササラダニは垂直に近い斜面や滑りやすい路面を難なく歩行する。これは、まったく予想していなかった剛毛のすばらしい機能であった。

ササラダニの生殖（両性生殖の方法）

ササラダニの生殖には、両性生殖と単為生殖の二つがある。両性生殖では、オスとメスが存在し遺伝子の交換を行う。交尾が不要の単為生殖の場合には、増殖中のアブラムシやミジンコなどと同じで、メスのみが産まれる「産雌単為生殖」を行う。

ハダニなどでは、単為生殖によってオスのみが産まれるために「産雄単為生殖」と呼ばれる。ハダニではメスは交尾（両性生殖）によってしか産まれない。

さて、ダニの生殖で、ササラダニの両性生殖ほどつまらないものはないと書かれることがある。なぜだろうか？　それは、日本のダニ学者も含め、ササラダニは、両性生殖でも交尾をしないと思っているからだ。本当かは、次第に明らかになる。

典型的なササラダニの両性生殖の方法を見ていこう。

まず、オスは胸のあたりにある生殖門の両開きの扉を開けて、粘液を地面にたらす。身体を徐々にもちあげると、その粘液が糸のような状態で固まる。その先には丸い塊がつけられる。この塊の中に精子を溜めている部分があり、これは「精包」と呼ばれている（次ページ図）。

オスは、このような精包の入った塔をいくつか周囲に立てるとどこかに行ってしまう。そして、た

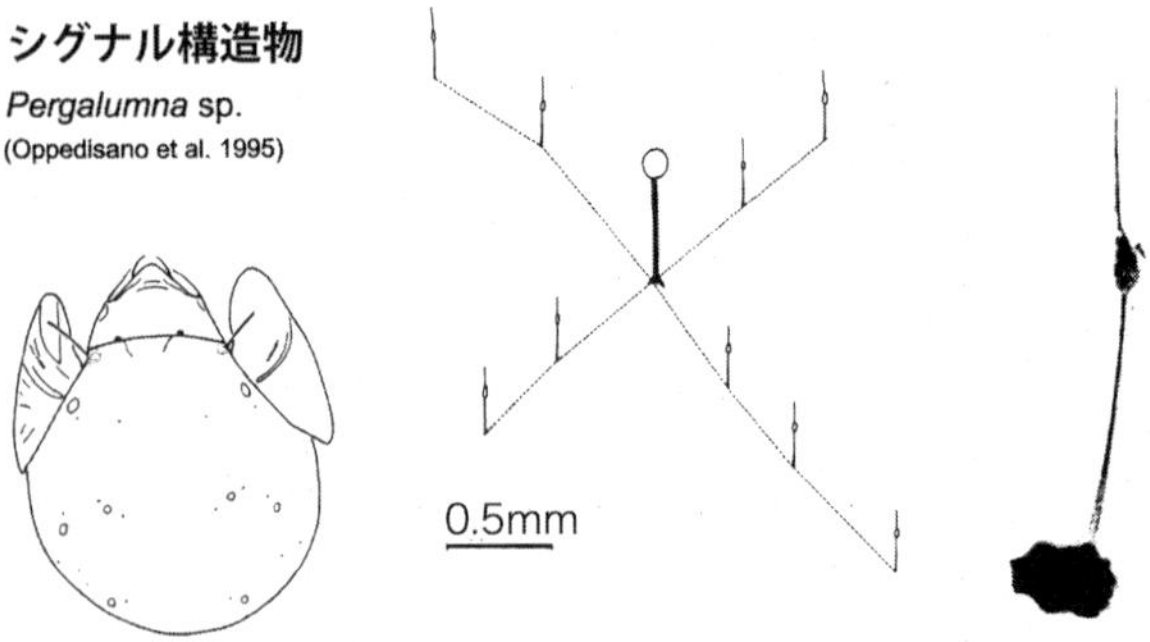

ササラダニが精包の周囲に作るシグナル構造物
（Oppedisano et al., 1995; 図提供：Roy A. Norton 博士）

またまそこに通りかかったメスが、生殖門の両開きの扉を開き、精包をちぎりとるように体内に取り込み受精が完了する。

どこかのメスが拾ってくれることを期待して、そっとプレゼントを置いて立ち去るオスには、どこかロマンチックな雰囲気も漂う。しかし、過酷な環境が、このような方法をオスに取らせているようだ。

つまり、土の中は暗いだけではなく、土や落ち葉に遮られて、ササラダニのオスとメスが出会うチャンスはとても少ない。そこで、オスが精包を置いて立ち去る方法がとられるようになったのではないだろうか。

ササラダニの種ごとにいろいろな形の精包があるが（次ページ図）、メスはよく間違わずに同じ種のオスの精包を見つけるものだ。ダニを飼育して分かったことだが、それほどオスは沢山の精包を立てるわけではない。いったい、メスは同じ種の精包をどのように認識しているのだろうか。

ある種類のオスは、周囲に精包の柄の部分だけに標識を「シグナル構造物」として立て、メスが効率よく精包にたどり着くように工夫することが分かっている。

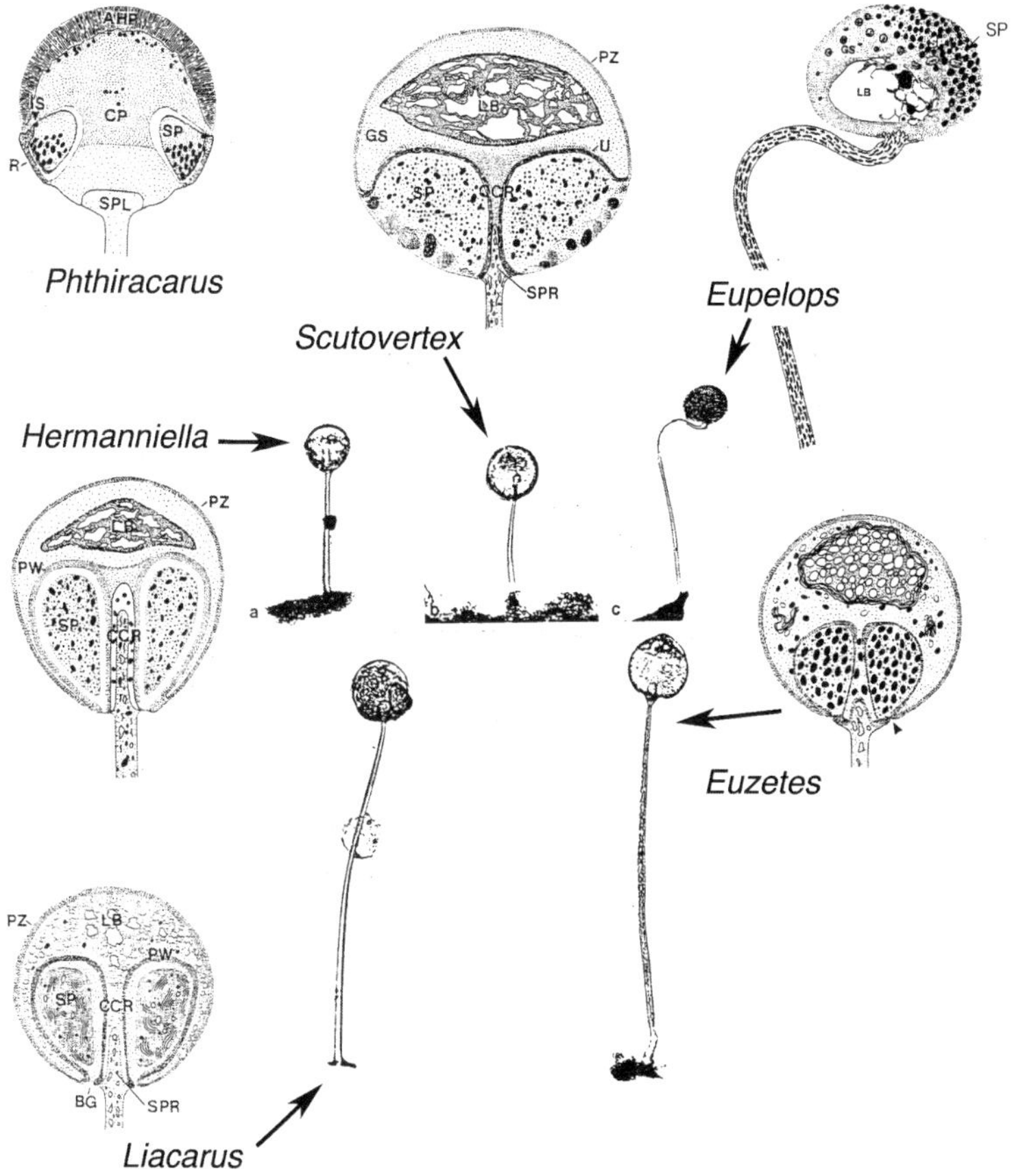

さまざまな形をしているササラダニの精包（Alberti, Fernandez and Kümmel, 1991; 図提供：Roy A. Norton 博士）。

おそらく、ほかの種のササラダニも、何らかのシグナルを出して、同じ種のメスに見つけてもらえるように工夫しているはずだ。

微笑ましい求婚

ここまでは、ダニについて少しでも研究したことのある人ならば知っている話だが、ササラダニが求婚ダンスを行うことはあまり知られていない。

フリソデダニの仲間のセントロリバテス＝ムクロナータス *Centroribates mucronatus* とエロガルムナ＝ザウクタ *Erogalumma zaucta*（いずれも日本未記録）は、オスとメスのペアリング行動を行う。特に、後者はまず、ペアで仲よく散歩に出かける。その後、オスは後体部をメスの後体部にすり寄せる。また、前脚で優しくメスの両脇に触れる。このとき、オスの前脚の先端に二つの特別なタイプの毛があり、この毛で優しくメスを刺激する（Grandjean, 1964）。

メスにプレゼントをするササラダニもいる。交尾のための餌を準備するのだ。昆虫ではガガンボモドキなどで知られている行動である。

イレコダニ類に近縁で日本には生息しないコローマニア＝ギガンテア *Collohmannia gigantea* と、日本でも最近発見されたバハママルコバネダニに近縁のバハママルコバネダニ属の一種 *Mochloribatula* sp.（Oliveira et al., 2007）で、この「プレゼント行動」が観察されている。

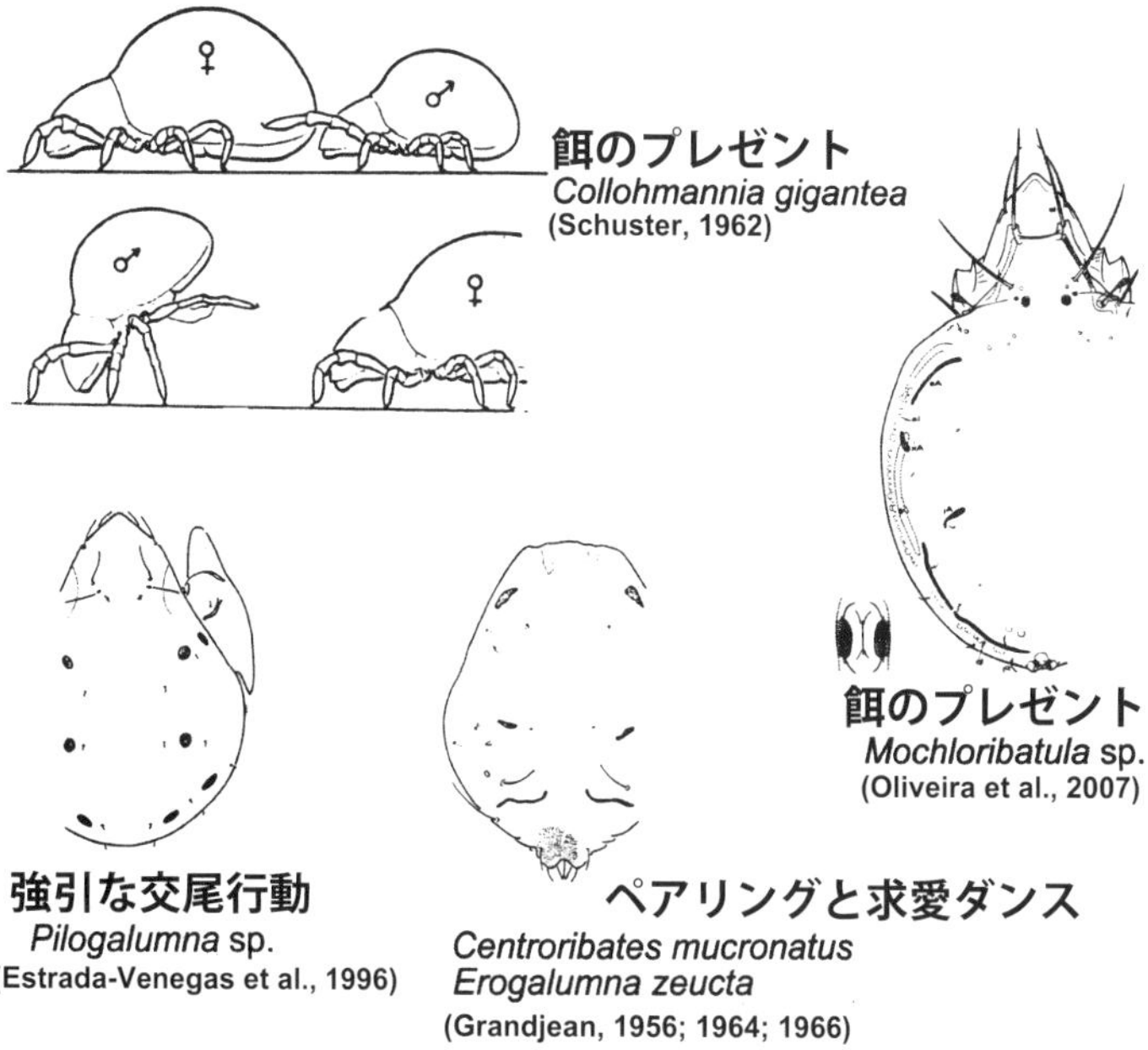

ササラダニのさまざまな性行動（図提供：Roy A. Norton 博士）。

コローマニア＝ギガンテアの場合、まず、メスの後ろから優しくオスが刺激をする。次に、オスがメスの前にまわり、逆立ちしながら、四対目の脚に特殊に張り出した板の上に餌を載せてメスに捧げる（Schuster, 1962）。

この後、四種はどれもおそらく精包を使って交尾をするだろうと推測されている。ところが、どのような交尾形態を持っているのかは観察されていない。

別の種では交尾まで観察されているものがあるので紹介しよう。

フリソデダニのピロガルムナ属の一種 *Pilogalumna* sp. だ。この種は、驚くほどの強引な交尾行動を行う。オスは後体部を、メスの脇腹に何度も打ち当てる。そのうちにメスの身体が裏返りメスの腹面とオスの腹面は向き合うことになる。メスは、オスから柄のない円柱形の精包を脚の付け根、生殖門のあたりに受け取る。その後、メスは、脚を使ってそれを自分の生殖門に押し込む。ロマンチックどころではないササラダニの交尾だ。それでもオスが精包を身体の外に作り、それをメスが受け入れるという行動に変わりはない。直接交尾をすることはせず、必ず、精包を受け渡しするのがササラダニの交尾なのだ。

ササラダニの単為生殖——オスがいない世界

ササラダニは、土や落ち葉に遮られているので、オスとメスが互いに出会う機会がとても少ない。このため、交尾をしなくても、卵が産める単為生殖は、ササラダニには有効な手段である。ササラダニの場合、単為生殖の種にはオスがいない。メスがメスを産んで増えていく。

このメスがメスを産んで増えるタイプのササラダニは、厳しい環境に強い傾向がある。たとえば、森を壊した後、荒地に最初に暮らしだすパイオニア種（pioneer species・先駆種）がいる。

よくある光景として、林業で木を切り出した後は、林床は乾燥し、炎天下の直射日光が照りつけ、いったん雨が降れば雨粒が地面に直接叩き付ける。身体の小さなダニたちにとってみれば、これまで湿度の高い森の中で、落ち葉に守られてきた穏やかな生活とまったく異なる、言ってみれば荒野に投げ出されたようなものだろう。

このような厳しい環境にも負けず勇敢に立ち向かい、ふたたび、森をつくろうとせっせと働くのが、メスがメスを産む産雌単為生殖で増えるササラダニなのだ。ササラダニの世界でも〝女性〟は働き者で強いのである。

ただ、ダニにとって厳しい環境に、単為生殖が多いとは言えないという研究者もいるので、まだダニの世界でも〝女性〟が強いことが確定したわけではない。「女は強い」と信じる私としては、もう少しこのテーマについて研究を続けてみたいと思っている。

このように、ササラダニの単為生殖についてはまだまだ、分らないことが多い。両性生殖は、二つの細胞の融合によって両者の遺伝子が組み替えられる。減数分裂が行われ、染色体のさまざまな組み合わせが生じ、配偶子の遺伝子型は多様になる。このことが、生物の多様性や、進化をもたらす両性生殖の意義であると考えられている。

相同染色体は2nの状態から、減数分裂のときに、二本のうちから一本が選ばれる。染色体が二本（2n＝2）で二種類の配偶子、四本（2n＝4）で、2×2＝4種類の配偶子、六本（2n＝6）であれば、2×2×2＝8種類の配偶子になる。我々ヒトは46本（2n＝46）の染色体を持つので、配偶子は2^{23}=8,388,608、つまり約八〇〇万通りになる。配偶子が二つ合わさるので、八〇〇万×八〇〇万通りになる。一〇人兄弟がいたところで、まったく同じ遺伝子を持っている可能性はゼロに等しい。

このような遺伝子の多様性を、両性生殖は作り出せる。一方、単為生殖はまったく自分と同じ遺伝子を複製していくので、有害遺伝子が蓄積していくのではないかと考えられているのだ。

たとえば、私たちは、深刻さに程度の違いはあるが、誰でもガン遺伝子を含む遺伝病を数十個程度はもっているらしい。遺伝子に傷がついたといったような有害な遺伝子は有性生殖によって排除されていくと考えられている。

しかし、単為生殖では有害遺伝子が徐々に蓄積していき、いつかは生殖や繁殖に支障をきたす状態になるという説がある。この説は、コストのかかる両性生殖の必要性を示すものとして、ハーマン＝J＝マラーとロナルド＝フィッシャーにより提唱され、「マラーのラチェット」と呼ばれている。ラチェットとはテニスのネットを巻き上げるときに、戻らないようにする歯車とストッパーのついた仕組みだ。有害遺伝子の蓄積が逆戻りしないことを示す表現として使われる。

有害遺伝子の蓄積は、一つひとつの効果は小さくても、組み合わせによっては、生存や繁殖に支障をきたす可能性が生じてくる。集団内における有害遺伝子の割合が高まれば、有害な組み合わせが生じる可能性もまた高まる。

しかし、ササラダニの常識はまったく逆だ。産雌単為生殖は、ササラダニが得意とする生殖戦略である。ササラダニの単為生殖について、本書でたびたび登場しているノートン博士と当時学生だったサンドラ＝パーマ博士は、ササラダニの別々の系統で、何度か独立に単為生殖を進化させたことを報告した。膨大な量の標本について、顕微鏡下でササラダニの形態観察から、オスとメスの割合を調査し、これを明らかにしたのだ（Norton and Palmer, 1991）。その後、ウォルバキアやカルディニウムという性や生殖に変化を引き起こす細菌も調べられたが、ササラダニからはそれほど多くの感染例は見つからなかった（ノートン博士私信）。

つまり、単為生殖はササラダニにとって、極めて有効な手段なのだ。だからこそ、さまざまなグループで個別に、両性生殖から単為生殖へ切り替えるという進化が起こったのだ。

生殖にまつわる進化の謎

二〇〇七年に、ドームスほかによる、ササラダニが両性生殖から単為生殖へと生殖様式を変えた後に、こんどは逆に単為生殖から両性生殖へと進化をさかのぼった、という報告が、Proc. Natl. Acad. Sci. USA（PNAS）という定評のある科学雑誌に掲載された（Domes et al. 2007）。この論文ではいったん進化させた生殖様式をもう一度元に戻した再進化 re-evolution と表現されている。年月を懸けて、ササラダニが、器用に両性生殖と単為生殖を使い分けているという特徴を明らかにした研究だ。少し詳しく見ていくことにしよう。

彼らは、三〇種のササラダニを用いて三領域の塩基配列情報（18S rRNA 遺伝子：18S リボゾーム、*hsp82* 遺伝子：熱ショックタンパク質、*ef1α* 遺伝子：翻訳伸長因子）について、連結解析を行った。その結果、ある大きな分類群（現在のアミメオニダニ団 Nothrina と同義の Desmonomata 団のいくつかのグループ）においては、一度、生殖様式が両性生殖から単為生殖に進化した。後に、おなじ Desmonomata 団のグループのうち *Crotonia* 属（Crotoniidae 科）だけが、単為生殖から両性生殖へと生殖様式を戻したことが、遺伝情報の解析によって示されたのである。

「いったん進化したものは元には戻らない」という「ドロの法則 Dollo's law」があるが、ササラダ

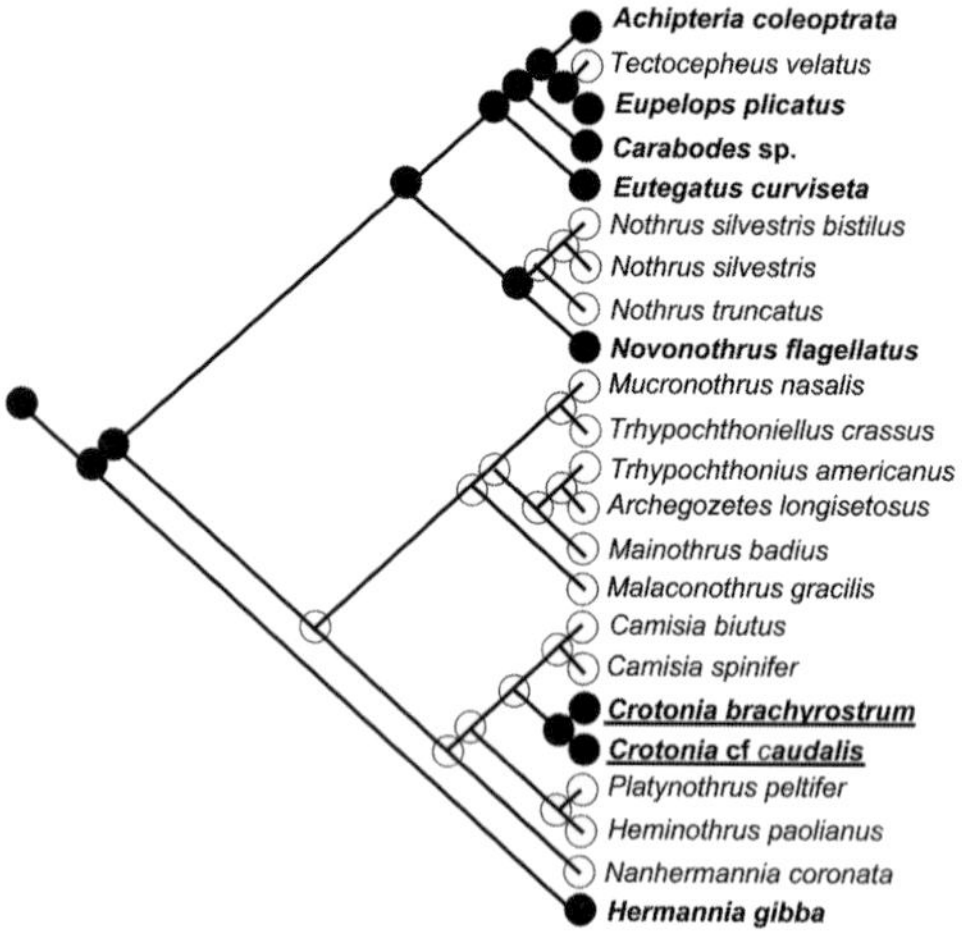

両性生殖の再進化 (Domes et al., 2007 を改変)。三遺伝子座の遺伝情報に基づいたアミメオニダニ団の分岐図のうち、白丸は単為生殖種、黒丸は両性生殖種を示す。アンダーラインをひいてある種で、両生生殖→単為生殖→両性生殖という進化が起きたのではないかと報告された。

ニの生殖様式の再進化はこの法則を覆したと彼らは主張する。

しかし、同じく定評のあるエボリューション誌に、Goldberg and Igic（2008）には、ドームスたちのこの論文とサイエンス誌に載った翅のないナナフシと翅をふたたび獲得したナナフシの報告（Whiting et al., 2003）をとりあげた反論が掲載された。ドームスたちの研究成果は、解析の計算手法と、種分化と絶滅が及ぼす効果を無視したことが、まちがった推論を引き起こしており、ドロの法則を覆したことにはならないという批判だ。

ササラダニの場合、分類群のすべてが単為生殖になったと言えるのかどうかが問題である。たとえば、大多数が単為生殖になった大きな分類群

（Desmonomata団のいくつかのグループ）の一部の系統が両性生殖を依然残しており、その系統の両性生殖が子孫にそのまま伝わっただけではないのか？　遺伝情報は現在生きている個体からしか得られないので、一部の系統が、あらためて両性生殖を獲得したかのような結果が単に推定されたのではないか？

近年、「ドロの法則」について取り上げられることも多いが、ドームスたちの二〇〇七年の論文はササラダニを材料として、単為生殖を手がかりに遺伝情報に基づいて、巧みな実験をデザインし、再進化の真偽に迫る研究であり、五年経っても多く引用され評価されている。

単為生殖は、両性生殖に比べて劣っており、生殖や繁殖に支障をきたす状態が容易に引き起こされるという「マラーのラチェット」の説には反論もある。単為生殖において、有害突然変異がおき、結果的に有害遺伝子を持つことになった個体は、ほかの個体よりも淘汰を受けやすい。だから、有害遺伝子は結果的に集団から排除される傾向にあり、問題はないという考え方である。

さらに言うなら、ササラダニは単為生殖を行っていながらも、卵の発生のときには染色体を組み替えているのではないかという考え方もある。

ササラダニは、産雌単為生殖と両性生殖を巧みに使い分けるという生殖戦略をとっている。これは、ほかの生物には見ることのできないすばらしいものである。このことは、現在、ササラダニが地球上に一万種も見つかっており、森に行けば、一平方メートルの土壌あたり一〇万匹もいるということからも証明されているのである。

【コラム】

小さなダニ一匹のわずかな消化酵素の測り方

ササラダニ類の消化酵素に関しての研究はこれまでにもいくつかあるが、私が参加している研究グループでは、独自の方法を採用したので紹介したい。

ササラダニの身体はおよそ〇・四〜〇・七ミリメートル。ただでさえ小さいのに、人間でいうところの胃から腸にかけての消化器官から何が分泌されているのかを調べるのは至難の業だ。私たちの方法が画期的なのは、一匹のダニからでも食べ物を消化する能力を分かるようにしたことだ。

調べたのは、ササラダニの一種アヅマオトヒメダニ。アヅマオトヒメダニの成虫は体長約〇・五ミリメートルで、草地に棲むササラダニである。農業試験場の不耕起圃場から採集し、糸状菌 *Rhizoctonia solani*（苗立ち枯れ症の病原菌）を餌として継代飼育されているものを、実際に消化酵素を調べる代表として使った。益虫になりうるという可能性にかけたのはもちろんだが、何を食べているのか分かっているダニのほうが好都合だと考えたのだ。比較のために、アヅマオトヒメダニの棲んでいる畑の周囲にある森に生息していた、何種類かほかのササラダニの消化酵素も調べた。

酵素が消化するもの中から、二成分に注目した。

（1）緑色植物の細胞壁の主要成分であるセルロース

（2）糸状菌の細胞質の主要成分であるトレハロース

植物残渣を主に食べて栄養源にしているダニなら、セルロースを分解する消化酵素であるセルラーゼを持っているはずだ。植物残渣にはびこる生きている糸状菌を栄養源にしているなら細胞質中のトレハロースを分解する消化酵素であるトレハラーゼを持っていなければならない。

測定では、セルロースとトレハロースが消化されて単糖のかたちになったものをグルコースとして測った。つまり、酵素によってグルコースをたくさん作ることができる方が、その基質を栄養源として使っていると見なすことができる。

菌食性であることが分かっているアヅマオトヒメダニは、やはり緑色植物を栄養源とすることが不得意で、森林を代表するイカダニの一種 *Dolicheremaeus* sp. のほうが、緑色植物を好物とすることが分かった。イカダニの仲間は、植物遺体（セルロース）を餌資源の中心として用いているのかもしれない。

草地と林地両方に出現するコバネダニの一種 *Ceratozetes* sp. は、菌糸を食べていると考えられていた。酵素活性を測ってみると、アヅマオトヒメダニよりも、緑色植物をよく消化していた。植物遺体も餌資源として使っているのかも、と推測できる。

私たちが菌で飼育していたアヅマオトヒメダニは、緑色植物の細胞壁を分解できる消化酵素をごく僅かは持っていたので、野外では野菜の葉っぱが枯れて落ちたものなどをつまみ食いしている可能性を否定できなかった。アヅマオトヒメダニは、比較的高いトレハラーゼ活性を示したが、これはそもそも菌食性なので、菌糸の中身を栄養源にするための消化酵素をもっているのは当然のことだ。

ササラダニの消化酵素の測定から、彼らの食べ物の嗜好性が少しだけ分かってきた。先に書いたようにササラダニには沢山の種がいるので、全部の消化酵素は測定できないが、できる限り彼らの食べ物の好き嫌いから、その生活を明らかにしていきたいものだと思っている。

緑のそばで、ひっそりと暮らしている彼らの生活をのぞき見て、性格までも想像してみるのもまた楽しいものだ。

5章　ササラダニの防衛戦略

狙われやすいダニ

「森の落ち葉の掃除屋さん」こと、ササラダニの歩行速度はとてつもなく遅く動作も緩慢だ。ほかの生き物を襲うことはほとんどなく、ふだんからゆっくりと腐った落ち葉やカビを食べている。

そんなササラダニだから、外敵からの攻撃を受けやすい。そこで、ササラダニは食べられないように、さまざまな工夫をして、この地球上に一万種という種数を保っている。

ササラダニでまず目につくのは、その外観だ。ダニらしからぬ不思議なその姿は、外敵から身を守る、多様な防御戦略の成功の証である。

外敵に食べられないよう、進化のプロセスで工夫を重ねてきたササラダニだが、それでもササラダニを襲う動物は、同じダニの仲間から脊椎動物まで幅広い。特に、昆虫のコケムシの仲間は、ササラダニを積極的に捕食することが知られている。

カニのように食べられるダニ

コケムシは、硬い殻のササラダニをどのように食べるのだろうか？話を進める前に、カニを食べるときのことを思い出してほしい。カニの身（筋肉）を食べるとき、あなたはきっとカニの脚を持ってバキバキと脚を折り、そこから、カニの身を取り出して（ほじくり出して？）食べているだろう。カニの殻は硬いが、膜からなる関節が最も弱い部分であることを知っているのだ。身体の硬いササラダニを食べるコケムシも同じことをする。

ハネカクシ上科コケムシ科 *Euconnus* sp.（写真提供：野村周平博士）。

コケムシは、ササラダニ亜目やトゲダニ亜目の足を切断したり、まるで缶切りのようにダニの硬い口器をこじ開けて中身を食べているのだ（次ページ写真）。装甲車のような頑丈なササラダニの身体を直接食べるのではなく、力をかけやすい脚の関節を狙い、そこから露出した筋肉を食べる。

コケムシは、ダニの口器から中の筋肉をすするが、ササラダニが命を守れるかどうかは、まずは脚をどのように守るかにかかっている。そこで、しっかり防御をするために、脚をピッタリと隙間なく身体につけるか、フリソデダニのように翼状突起でフタをしたり、イレコダニのように身体の中に脚を入れたりして、できるだけツルツルのボール状になり、昆虫からの攻撃を受けないようにするのである。

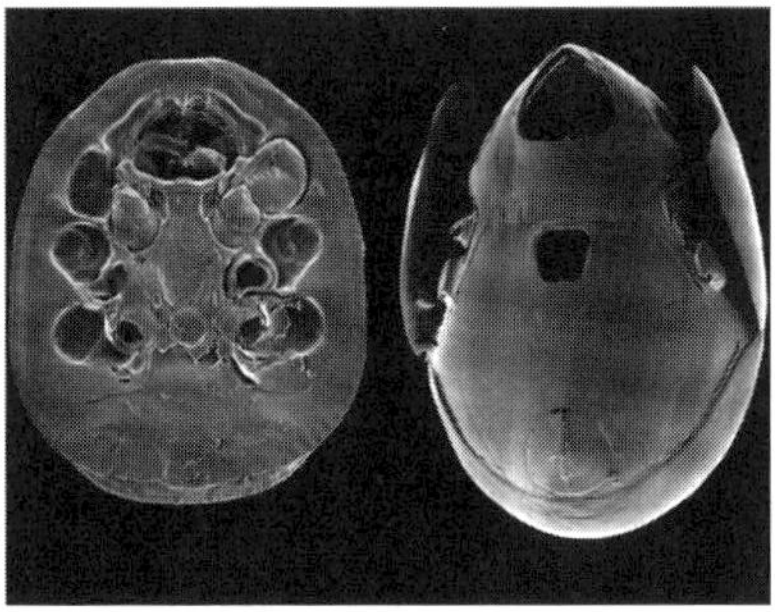

［左］コケムシ類によって食べられたイトダニ（トゲダニ亜目）。［右］フリソデダニ（ササラダニ亜目）（走査型電子顕微鏡像、Walter and Proctor 1999より）。

ここで、ササラダニが外敵（おもに捕食者）から逃れて生きていくための方法をまとめておこう。

（1）形態に基づく防御
（2）行動に基づく防御
（3）化学物質に基づく防御

これらのことについて、順を追って見ていこう。

形態に基づく防御

形態に基づく防御としては、主に以下のA～Dまでの四パターンがある。

（A）防御に特化した背毛
（B）ミネラルを蓄えた外皮
（C）庇《ひさし》構造や翼状突起
（D）特別な身体のかたち

以下に、詳しく述べてみたい。

防御に特化した背毛

ササラダニには、背毛をさまざまな形に変化させて、外敵を遠ざけたり、威嚇したりするものがいる。ササラダニ類の中でも祖先に近いグループであるフシササラダニ上団 Enarthronotides（付録2参照）のダニでは、コシミノダニ属の一種 *Gozmanyina majesta* のように、外敵から攻撃を受けると背毛を逆立てて威嚇するものがいる（次ページ写真）。

このような、背毛で防御する方法が、外敵から身を守るためにササラダニが身につけた、もっとも原始的な防御方法だと考えられている。

コシミノダニは、その属名の Goz=god は「神」、種小名の majesta［= majesty］は「荘厳、王様・皇帝陛下」なので、とても立派な学名だが、和名は、背毛がコシミノのように見えたのでコシミノダニ（日本産

ササラダニを食べる動物たち（Roy A. Norton 博士私信）

脊椎動物
- 小さいトカゲ（Thomas & Kessler, 1996）
- 小さなサンショウウオ（Norton & MacNamara, 1978; Maiorana, 1978）
- カエル（Simon & Toft, 1991）

コムカデ類 *Symphylella* sp.（Walter et al., 1989）

ムカデ類（Lebrun, 1970）

昆虫類
- コウチュウ目
  - ムクゲキノコムシ科（Riha, 1951）
  - アリヅカムシ科（Park, 1954）
  - コケムシ科（Schster, 1966; Schmid, 1988）
  - ハネカクシ科（Lebrun, 1970; Cordo and DeLoach, 1976）
- ハチ目
  - アリ科 *Myrmecina* spp.（Masuko, 1994）, *Adelomyrmex* sp.（Masuko, 1994）
- ハエ目
  - タマバエ科 幼虫（Walter and O'Dowd 1995）
- アミメカゲロウ目
  - コナカゲロウ科 幼虫（Walter and O'Dowd 1995）
- トンボ目
  - 幼虫が水棲ササラダニを捕食（Behan-Pelletier and Bissett, 1994）
- カメムシ目
  - クビナガカメムシ科（Molleman and Walter, 2001）

ほかのダニ類
- 背気門類 アシナガダニ科（Grandjean, 1936; Walter and Proctor, 1998）
- 前気門類 ヨロイダニ科 Labidostommatidae（Vistorin, 1980）
  - テングダニ科 Bdellidae（Wallace, 1967; Wallace and Mahon, 1972; Alberti, 1973; Wallwork, 1980, Stamou and Askidis, 1992）

中気門類
- さまざまな種類で観察されている（例えば、Hartenstein, 1962; Woodring and Cook, 1962; Luxton, 1964; Lebrun, 1970; Stamou, 1989）

種*G. golosovae*）となった。身体の大きさは〇・二ミリメートル程度、湿原のミズゴケの中に棲んでいる。コシミノダニの仲間は、成虫でも特に発達した背毛を持つことで知られている。

マイコダニと呼ばれるダニは、背毛がうちわのように広がっている（写真）。マイコダニの名前は、このダニの身体が小さく弱々しいことと、背毛が着物を着ているようで、可憐な京の舞子さんのように見えることから名付けられた。

ザリヒワダニと呼ばれるグループは、背毛や、吻の周りの構造が発達している（次ページ写真）。

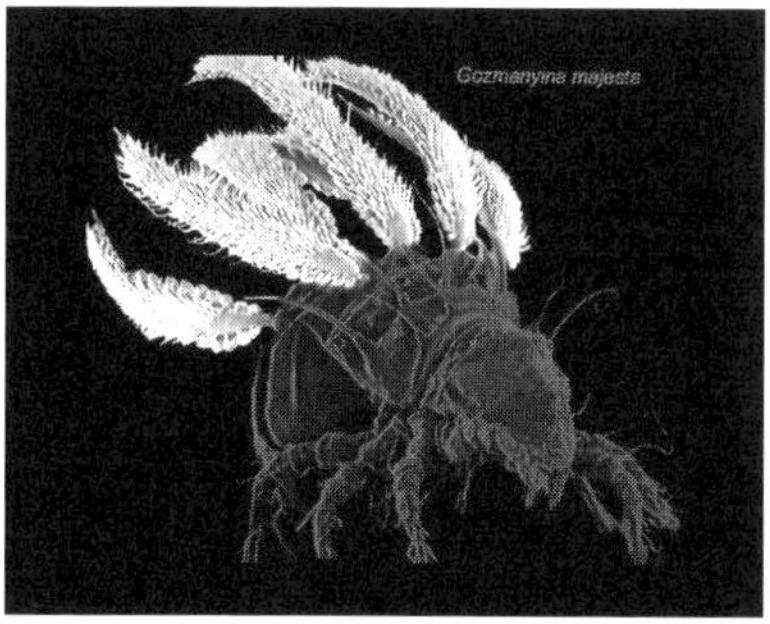

コシミノダニ属の一種 *Gozmanyina majesta* は、外敵から攻撃を受けると背毛を逆立てて威嚇する（写真提供：Valerie Behan-Pelletier 博士、Roy A. Norton 博士）。走査型電子顕微鏡像に着色。

マイコダニ属の一種 *Pterochthonius* sp. 側面図（写真提供：Günther Krisper 博士）。走査型電子顕微鏡像に着色。

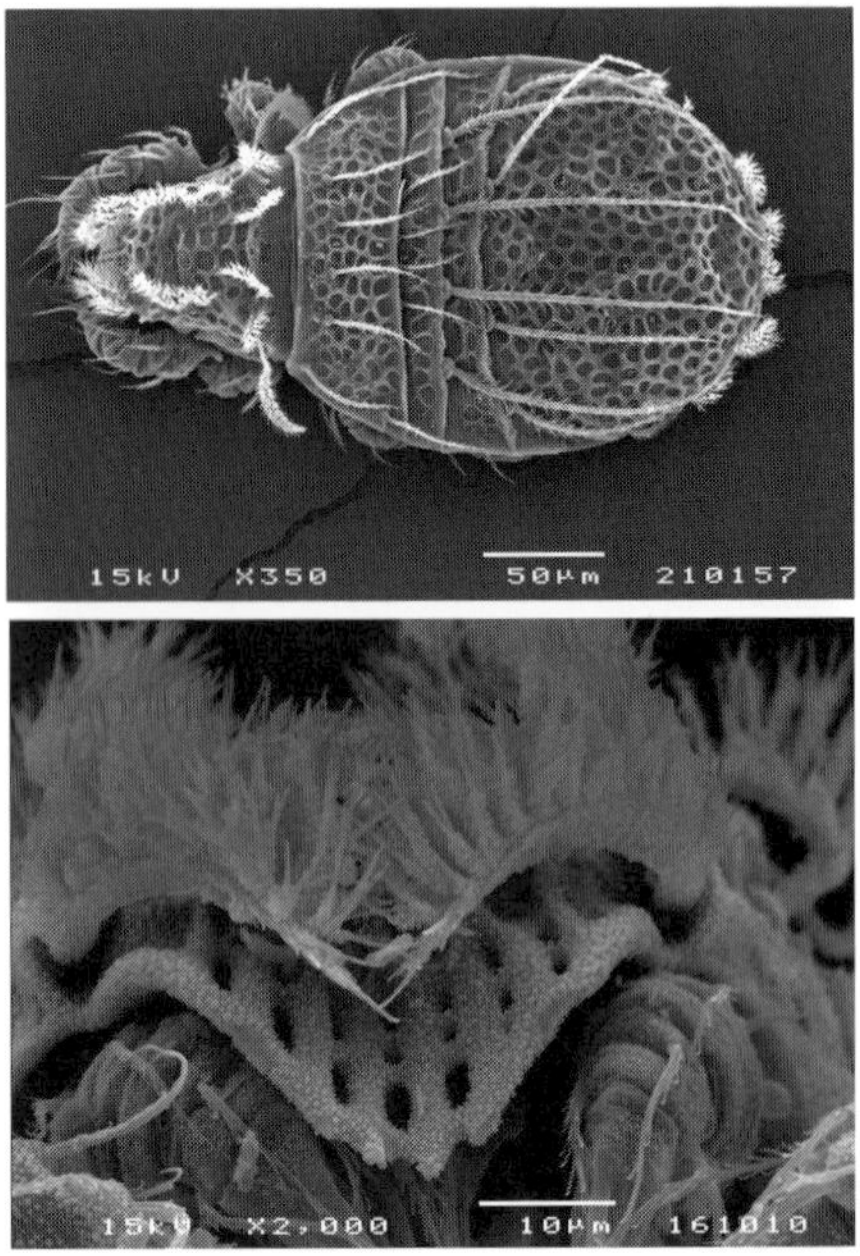

カザリヒワダニ属の一種（日本未記録）
Cosmochthonius foliates.（走査型電子顕微鏡像、写真提供：Ritva Penttinen 博士）。

オトヒメダニ属の一種 *Scheloribates* sp. の若虫 を側面から見ると（次ページ写真・下段右）、長いしっかりとした背毛がスプリングのように背中から生えているのが分かる。

外敵はこの長い毛が邪魔になり、この若虫を襲うことを躊躇するようだ。しかし、オトヒメダニ属のダニは成虫になるとこの長い毛はなくなる。代わりに身体は、幾重にも重なった硬いクチクラによって覆われるのだ（次ページ写真・中段）。

オトヒメダニは、ハナレササラダニ団 Brachypylina というより派生的なグループに属する。特にこのグループのササラダニは、若虫の時代と成虫の時代をまったく異なる形で過ごすことが知られている。

防衛のひとつと考えられている極めて長い脚を持つジュズダニ科のダニ（次ページ写真・下段左）

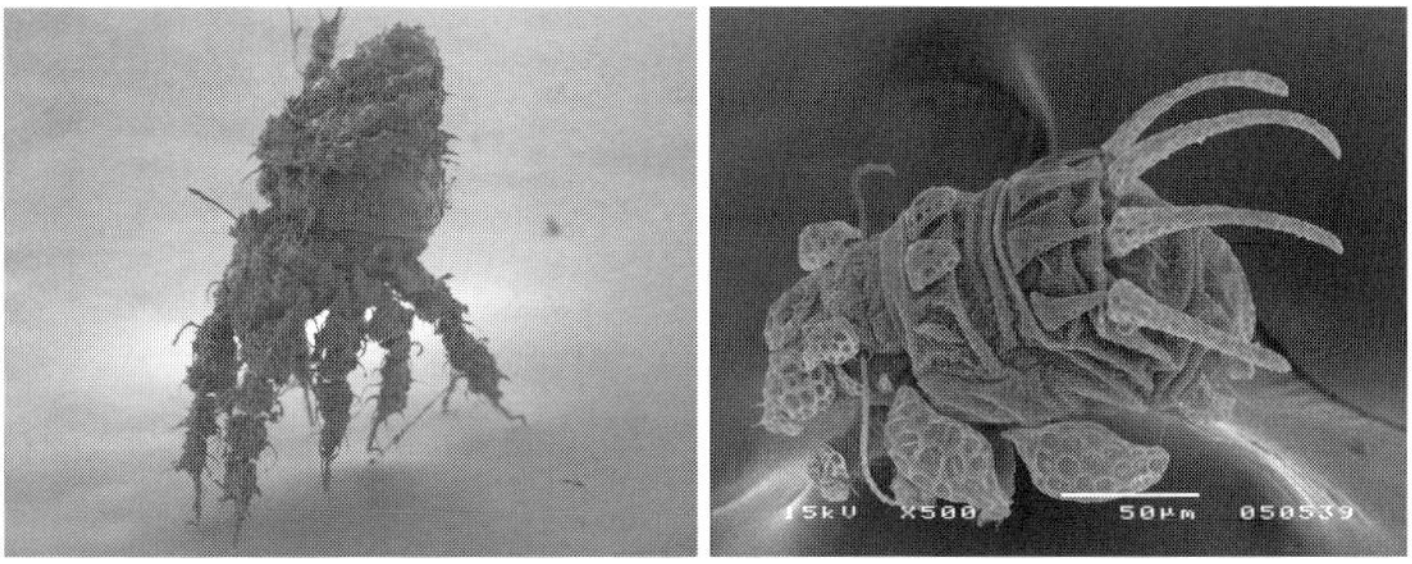

［左］ジュズダニ科の一種 Damaeidae sp.。成虫だが、幼虫からの殻を背中に乗せている（体表に微生物をたくさん付けている）。［右］ツルギマイコダニ属の一種（日本未記録）*Atopochthonius* sp.（走査型電子顕微鏡像、写真提供：Ritva Penttinen 博士；Penttinen and Gordeeva, 2005）。

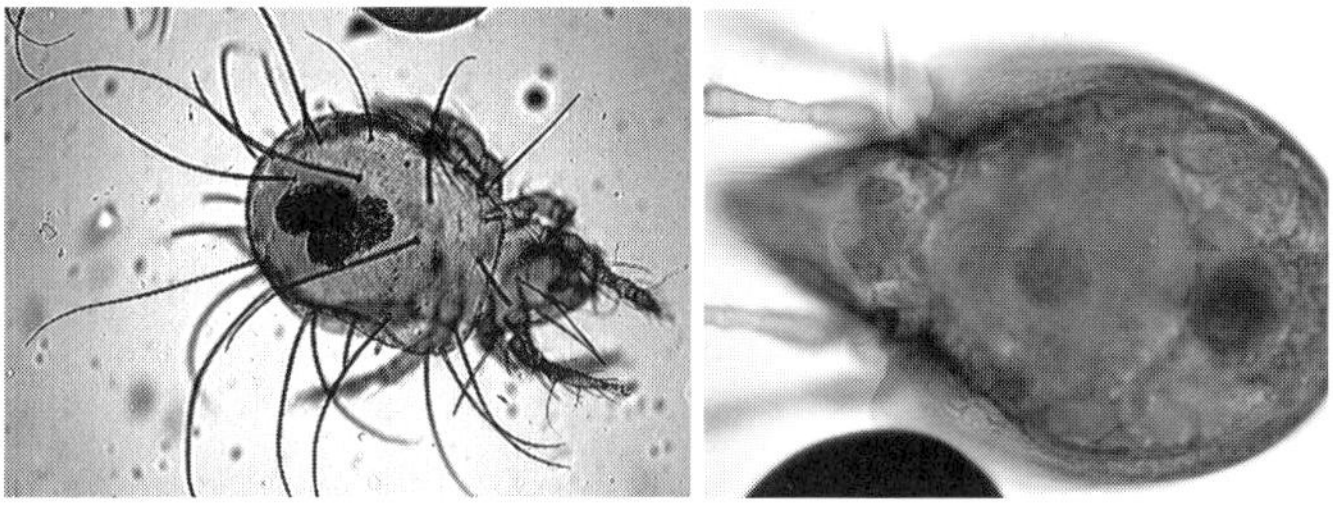

［右］アヅマオトヒメダニ *Scheloribates azumaensis* の成虫（♂）。オトヒメダニ属の成虫は背毛が短い。［左］オトヒメダニ属の一種 *Scheloribales* sp. の若虫。

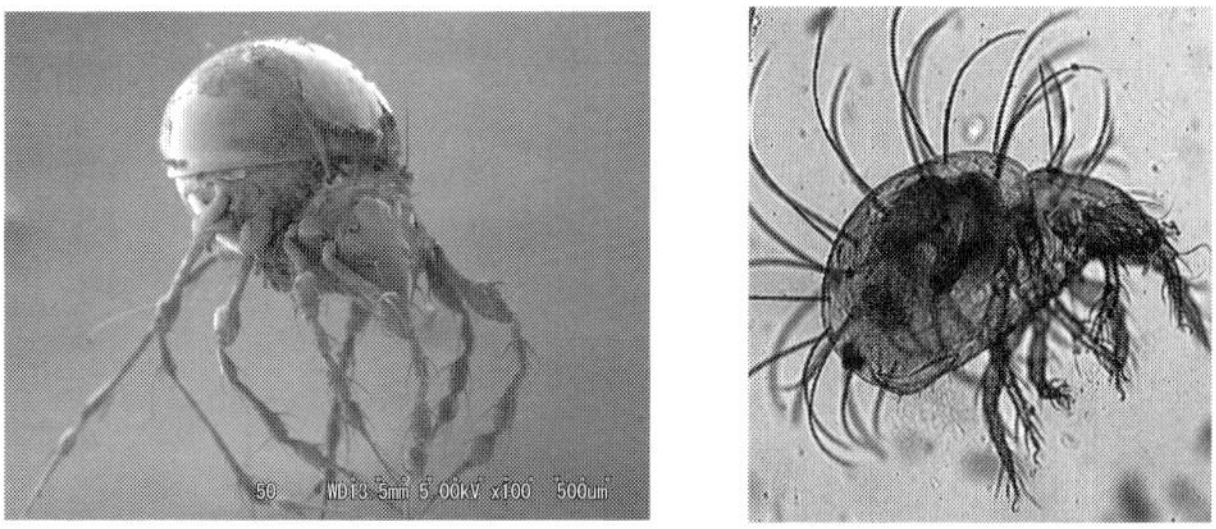

［右］オトヒメダニ属の一種の若虫 。［左］ジュズダニ科トゲジュズダニ属の一種 *Epidamaeus* sp.。

はまた、ケロテギュメント cerotegument というロウ物質を身体の表面に分泌することによって、ゴミを身体にまとう。こうすることで、捕食者を物理的に遠ざけることになるのだろう。

若虫の頃からの脱皮殻を、背中の上に全部載せているのはウズタカダニ科、ジュズダニ科の一部(前ページ写真・上段左)、カゴセオイダニ科のダニがいる。

背中には、一番上から、幼虫、第1若虫、第2若虫、第3若虫の四つの殻が重なっている。また、身体のうえに自分の卵を載せて運ぶジュズダニ科のダニもいる。背中のゴミの上に卵を乗せるのだ。

ミネラルを蓄えた外皮

ササラダニの身体の表面は、特別な構造を持ったクチクラと呼ばれる硬い殻で覆われている。そのため、過去には、カブトムシなどの甲虫にたとえて、ササラダニをコウチュウダニと読んでいた時代があったことは3章でもふれた。

クチクラと呼ばれる表層構造は、外側から上クチクラ epicutucle、外クチクラ exocuticle、内クチクラ endocuticle という三層でできている(次ページ写真・中段)。この層状構造が、体表をより強固に保っているようだ。

イトノコダニというハナレササラダニ団に属するダニは、硬くてツルツルの身体を活かすように、背毛を短くして(長さ約五マイクロメートル)、ほかのダニの攻撃から身を守っている(次ページ写真・中下段)。小さいダニだが、ピンセットでつぶすとパチンと音が聞こえるほど殻は硬い。

祖先的なササラダニの仲間でも、体表は柔らかそうに見えるが、表面近くに炭酸カルシウムなどを

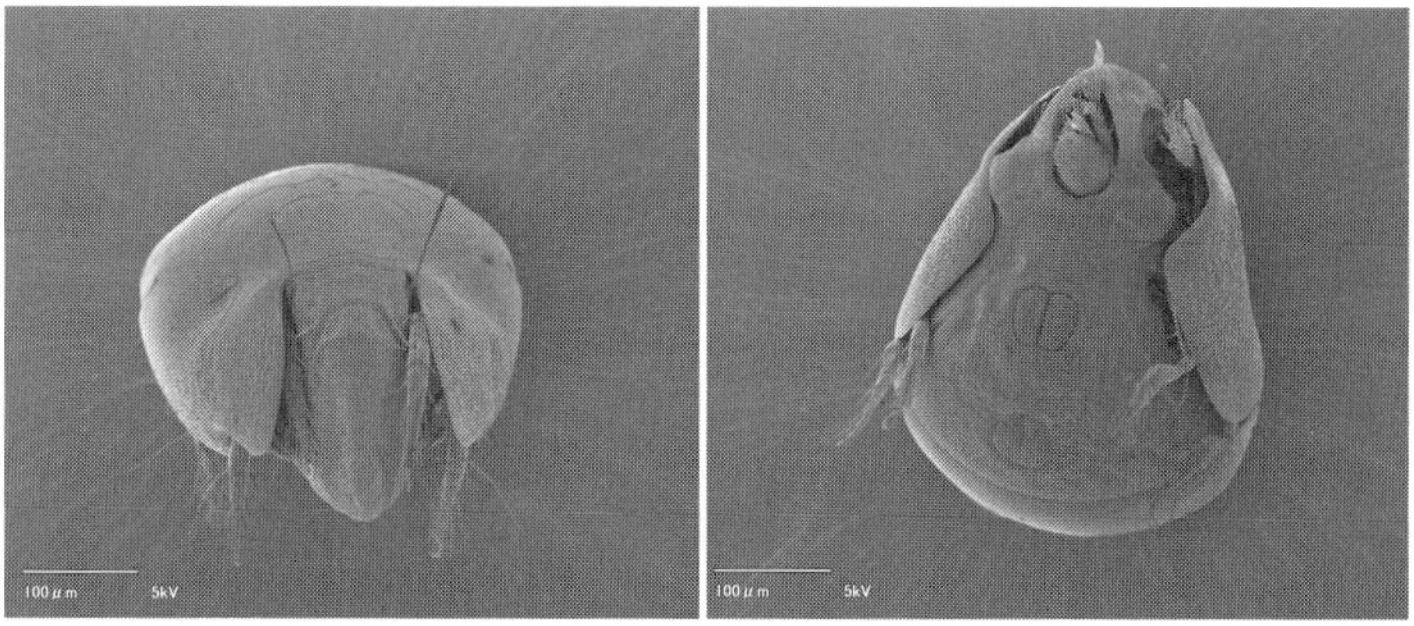

オキナワフリソデダニモドキ *Galumnella okinawana*（走査型電子顕微鏡像）。

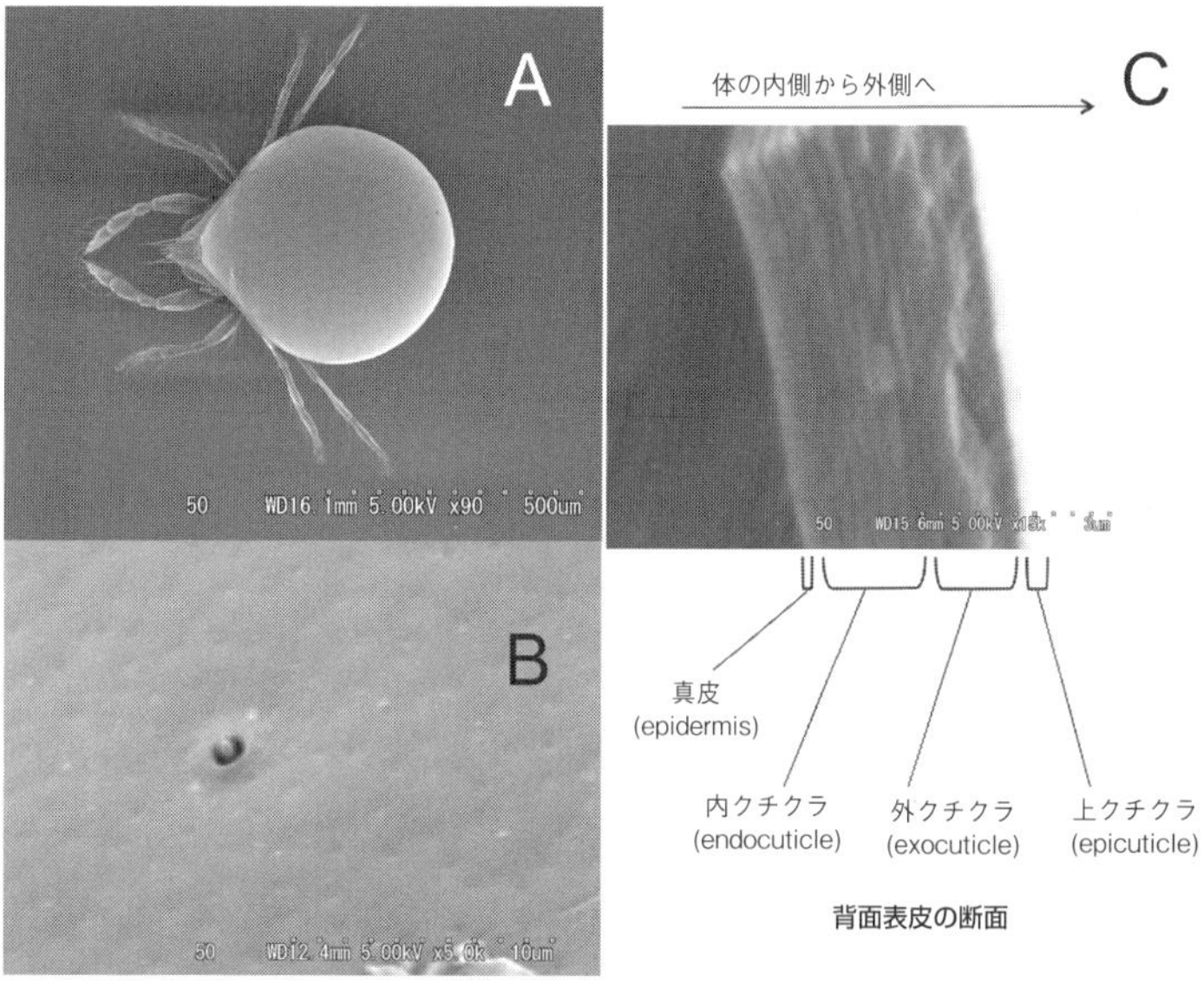

［A］イトノコダニ *Gustavia microcephala*（全体図）。［B］極端に短い背毛。［C］体表（表皮）の断面図。

蓄積して、体表を硬く保っているものもいる（Norton and Behan-Pelletier, 1991 ほか）。

庇《ひさし》構造や翼状突起

ササラダニは、外敵からの捕食を逃れるために、特別なものでは、フリソデダニ類の翼状突起と呼ばれる脚の防御板をもっている。また、口器などの穴についても、これを隠すことのできる防御板を持っている（前ページ写真・上段）。

しかし、よく見ると、ササラダニの身体の細部には、庇構造などが配置されており、関節をくまなく防御するような構造を発達させているものがいる。人が、カニを食べるときに脚から食べる話をしたが、ササラダニにとって脚を守ることが最も大切なことは前述した通りである。

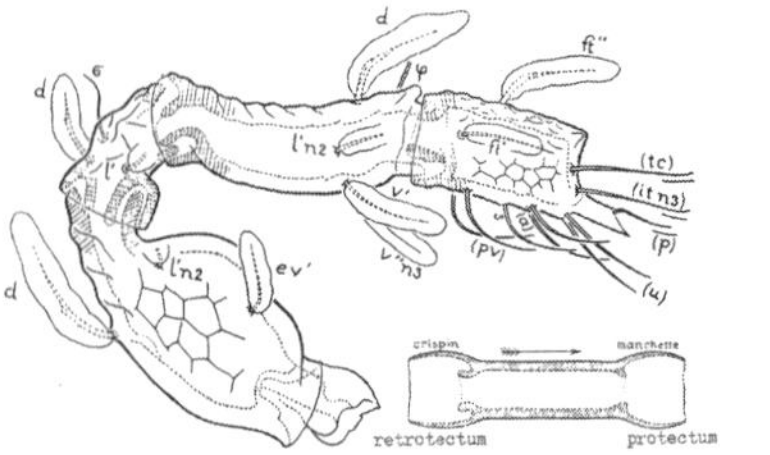

鎧で保護されたササラダニの脚の関節。*Phereliodes wehnckeimp* の第 III 脚。日本未記録（Grandjean, 1956；1964）。

図のダニは、脚の関節を丁寧に、細かく入り組ませた庇構造で隠している。まるで、中世の騎士の鎧のようだ。中世の騎士は、剣で刺されないように関節をすべて覆い、弱い部分をなくしている。ササラダニもまるで、中世の騎士の鎧のようなものを身につけているのだ。

ほかにも、ササラダニの弱点、脚を守るための構造をもつダニは、チュートリウム tutorium や、ペドテクタム pedotectum という、縦の仕切り構造が脚のつけ根にある。この縦の仕切り壁は、

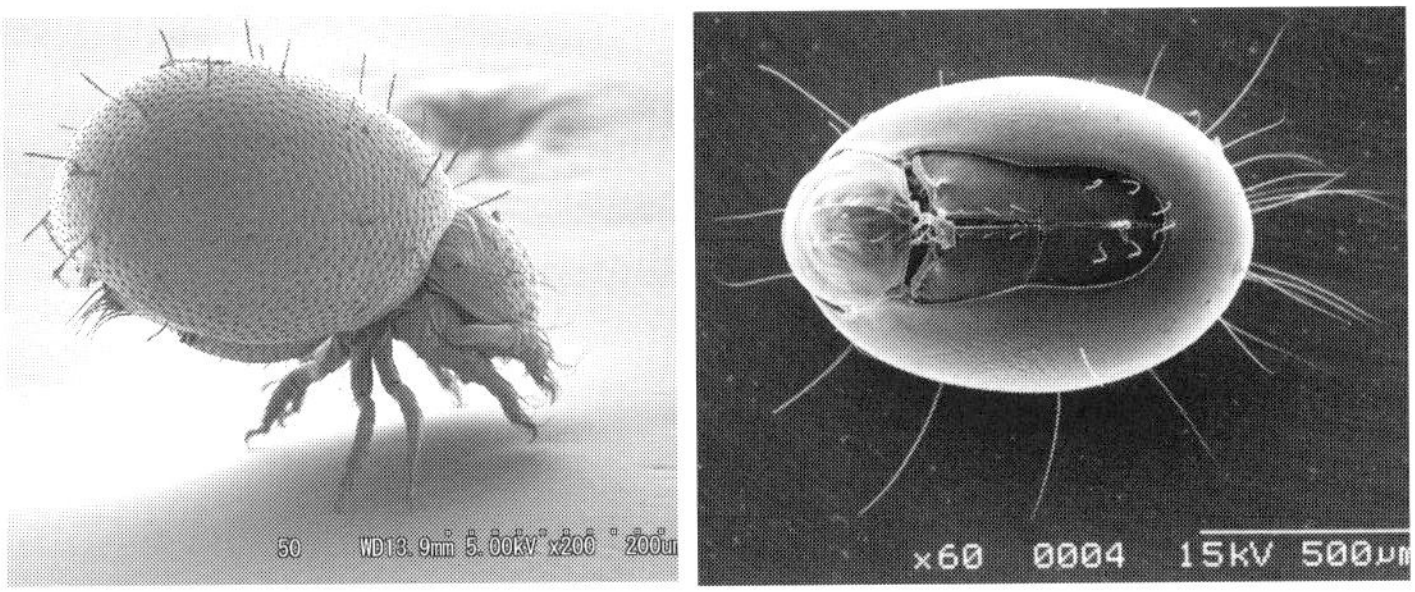

［右］オオイレコダニ *Phthiracarus setosus* が閉じたところ。［左］アラメイレコダニ属の一種 *Atropacarus* sp. 歩いているところ（走査型電子顕微鏡像）。

ササラダニが脚を縮めると脚をその中にピッタリと入れることができるのだ。したがって、脚を身体と一体化させることにより敵から身を守ることができる。

また、フリソデダニの仲間の翼状突起は翼のように動かすことができるのだが、脚をその翼の下に入れて、ピッタリ翼を閉じてしまうと、外から脚は見えない。なかには、口器の部分もピッタリと閉じる蓋を持ったものがいる。このように、攻撃を受けやすい突起物を隠すことによって、外敵が襲う取っ掛かりをなくし、身体を限りなくボールのようにするのだ。ササラダニを捕食する動物にとって、「とりつく島もない」とは、このような状態である。

特別な身体のかたち

イレコダニは、驚くとアルマジロのように、身体を丸めて完全に脚を身体の中に収納してしまう。ダニの中で、このような仕組みを持っているのはイレコダニだけだ（写真）。イレコダニには大きく分けて、イレコダニ上科とヘソイレコダニ上科、そしてフシイレコダニ上科がある。

ヘソイレコダニ上科は、よくできているし分かりやすい。ヘソイレコダニの腹部はジャバラになっていて、両側面を筋肉ですぼめることで、脚を支持しているのだ。この筋肉がないとイレコダニの脚はぶらぶらしているばかりの空気の入っていない手袋のようなもので役に立たない。しかし、ジャバラが水圧を加えることによって、手袋に空気が入り、この脚によって立ちあがることができるのだ。

行動に基づく防御

行動に基づく防御としては、

(A) 穿孔性

(B) ジャンプによる逃避

以上の二つがある。

穿孔性

ササラダニでは、分類群にかかわらず、多くの種が若虫のときに落ち葉の中を食べ進む(図)。これは、卵や若虫のような身体が柔らかく弱いときには、硬い落ち葉の中にいることによって、外敵から身を守るためではないかと考えられている。

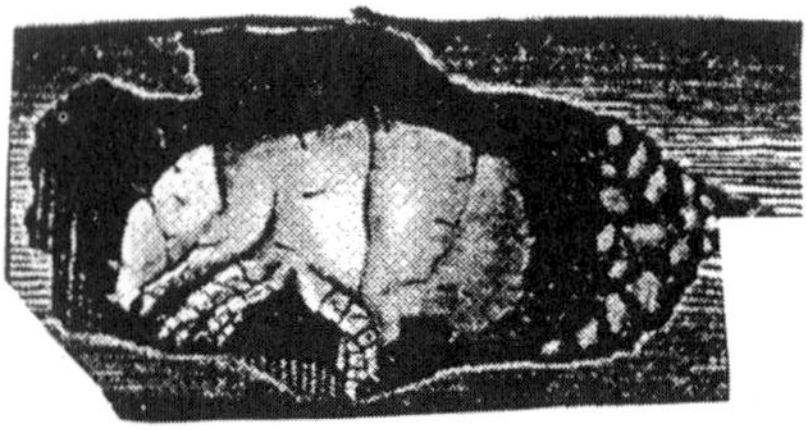

針葉樹の落ち葉の中を食べ進むイレコダニの若虫(Jacot 原図。図版提供:R.A.Norton 博士)。

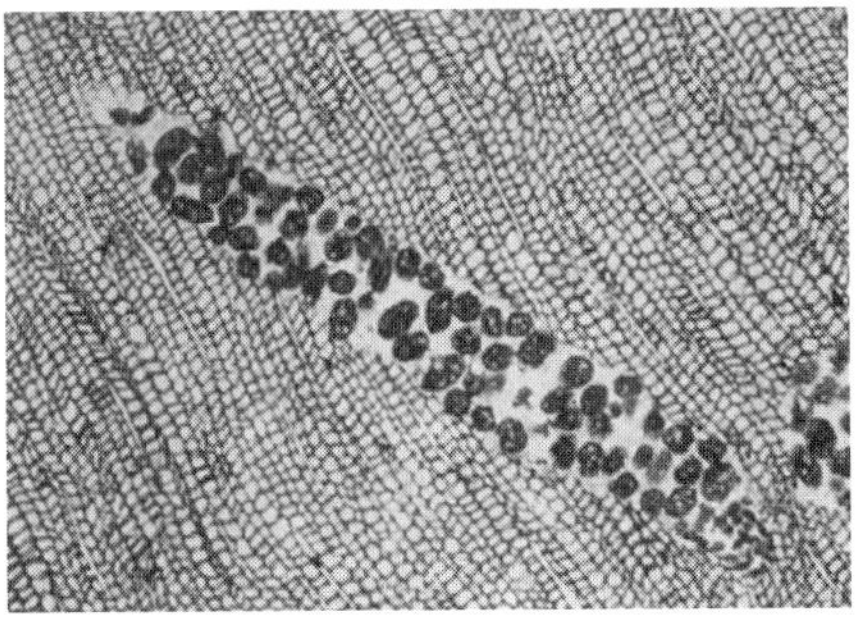

植物組織の化石から見いだされたササラダニの糞の化石。コルデイテス *Cordaites* は石炭紀からペルム紀にかけて繁栄した植物。朽ちた木質に穴をあけてササラダニが食べ進んだ跡（Labandeira et al., 1997）。

落ち葉の中で成長した成虫は、成虫になった段階で、次の繁殖地を求めて、落ち葉の外に出ていく。しかし、また、卵を産むときになると、落ち葉の外側に穴を開けて、落ち葉の中に入り込み、そして卵を産む。

卵は落ち葉の中で孵化し、孵《かえ》った幼虫は、まず母親の糞を食べて育つと言われている。そして、第1若虫、第2若虫、第3若虫、成虫となってから、また、次の落ち葉をもとめて、外界に出て行く、ということを繰り返す。

カラマツなどの針葉樹の落ち葉の中を食べ進んでいるササラダニをよく見つけることができる。カラマツなどの針葉樹は、落ち葉になると、外側が硬いが、葉の中は、意外と柔らかくふかふかしているので、きっと若虫が食べやすいのだろう。

このことは化石からも分かる。細胞壁が明瞭に見える化石の中には、ササラダニの糞が微化石として詰まっているのが分かる（写真）。なぜササラダニだと判断できるかというと、こんな糞をして、落ち葉の中を食べ進む痕跡は、ササラダニぐらいしかいないし、現在のササラダニのものとまったく同じだからだ。

ジャワイレコダニ属の一種 *Indotritia* sp. のジャンプの軌跡。実線は実際の飛距離、両方の点線は計算上の近似式に当てはめた飛距離（Wauthy et al., 1998 を改変）。

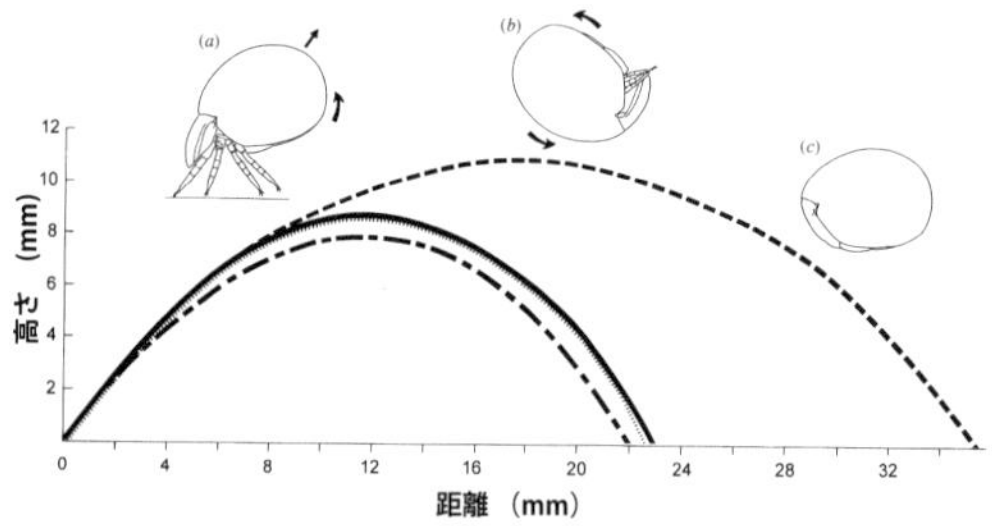

ジャンプによる逃避

日本のササラダニのなかでは、私の知る限り四種がジャンプをする。一口にジャンプするササラダニといっても、大きく分けて二つの方法がある。

（a）バッタ方式

（b）コメツキムシ方式

どちらのササラダニも日本から見つかる。

ハネアシダニは、長い脚で飛び上がるバッタ方式だ。とても強い筋肉をもっていて、一番最後の後脚で跳ね上がる（次ページ図・上段）。イシガキイレコダニは、身体の中に脚を入れてしまうイレコダニの仲間だ。ピンセットでつつくと、歩くのをやめて、しばらくじっとする（次ページ図・中段）。

このとき、前足の腿節 femur にもっているフックを前体部に引っ掛けて、脚を踏ん張ると同時に脚の筋肉によって力をため、その後でこのフックをはずすと、身体は後ろ向きに回転し、私が見たものは一〇センチメートルほどの距離をジャンプした。試しに実体顕微鏡の下で、ダニをピンセットで触ると、しばらくしてから、パチンと音を立ててどこかにいなくなってしまったのだ。

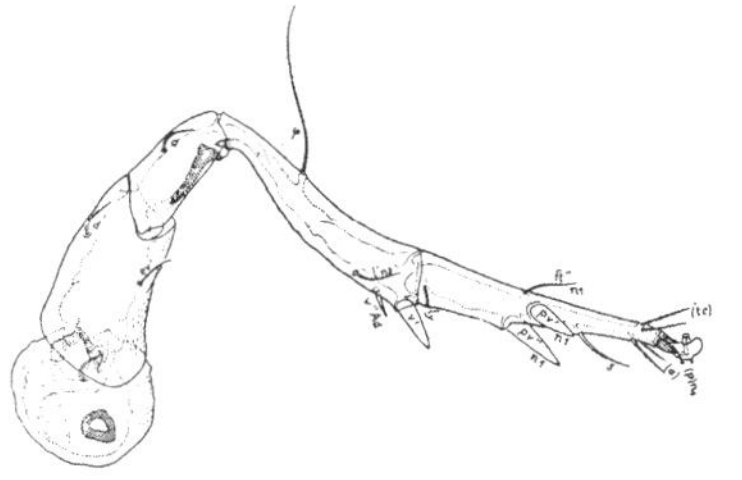

ハネアシダニ属の一種 *Zetorchestes flabrarius* の第Ⅳ脚（最後足）。Grandjean, 1951 原図。

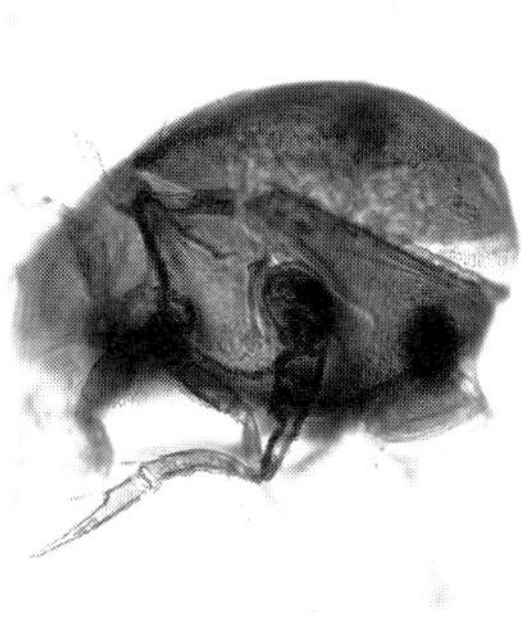

ハネアシダニ
Zetorchestes aokii

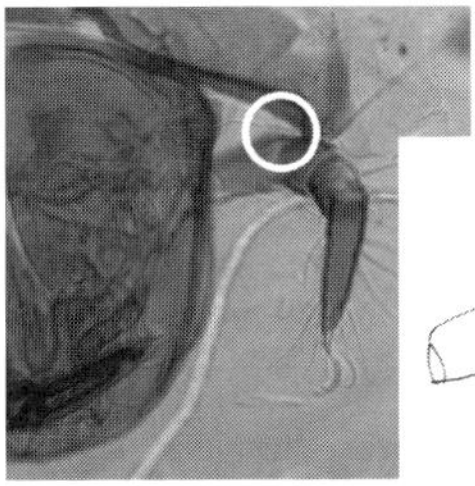

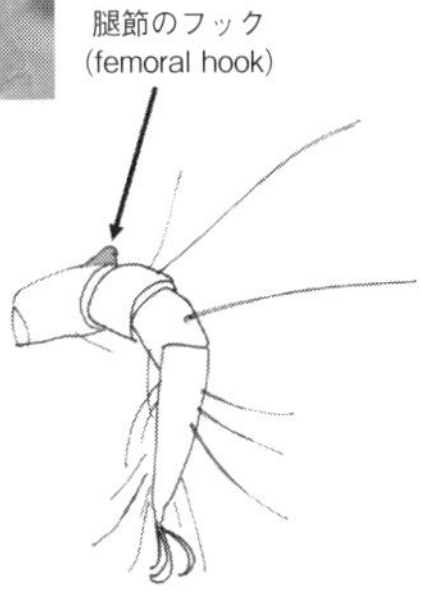

イシガキイレコダニ *Austrotritia ishigakiensis* の脚と腿節のフック femoral hook（円と矢印）。

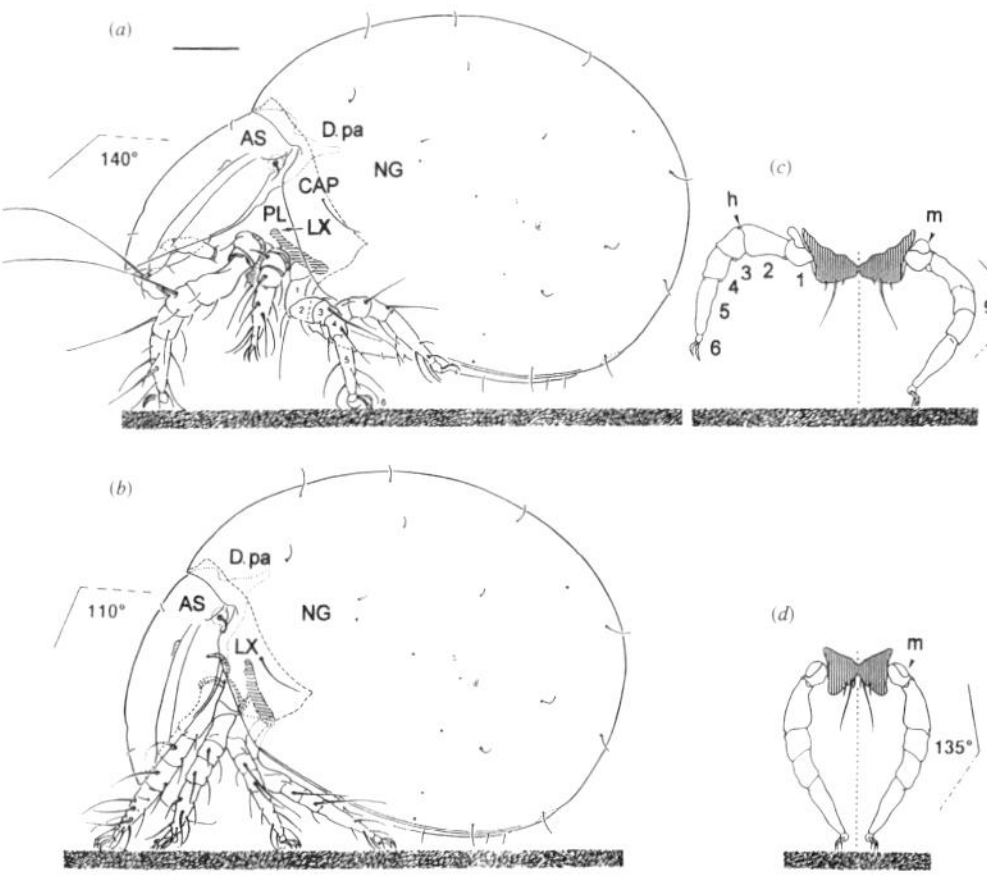

［下］ジャワイレコダニ属の一種 *Indotritia* sp. は脚のフックを使ってジャンプのための力をためる。［上］通常時（Wauthy et al., 1998）。

Wauthyたちの一九九八年の報告によると飛距離は、たった二センチメートルあまりだ（172ページ図）。しかし、体長〇・五ミリメートルほどのダニが逃げるには十分だろう。

化学物質に基づく防御

ササラダニには、後体部の体内に後体部油腺という袋状の分泌物を貯めておく構造とその分泌のための開口部がある。この後体部油腺から、どのような物質が分泌されているのか？　ササラダニは、後体部油腺からの分泌物を、下記の三つに用いている。

（A）フェロモン
（B）防カビ
（C）外敵の忌避

フェロモン

警報フェロモンとしての機能は、アミメオニダニ科のヨコヅナオニダニ *Nothrus palstris* を用いた研究で明らかになった。ゲラニアールが警報フェロモンの機能を持っていることが実験によって証明されたのである。ヨコヅナオニダニの若虫に刺激を与えると、ゲラニアールを含む分泌物を後体部油腺開口部から大量に分泌する。これが、周囲の若虫を逃避させる。つまり、外敵に襲われたダニが、周囲のダニに警報を発し、周囲のダニはこれにより逃げることができるのである。

防カビ

ゲラニアールは、本来、防カビ（抗カビ）効果があることが知られている。カビは外敵ではないが、ダニの生活にとってカビが命取りになる場合がある。飼育していると、カビが繁殖し、ダニは脚をとられるなどして死亡することがあるのだ。このため、カビを好む種類のササラダニと一緒に飼育するか、飼育中は、カビに効くファンギゾンなどの抗生物質が用いられるほどである。

このようにゲラニアールをもつササラダニは多いのだが、通常はごく微量を分泌していると考えられる。4章の性行動のところで説明したササラダニには、性フェロモンもあるのではないかと考えられているが、まだ証明はされていない。

外敵の忌避

私がかかわった研究では、九種のタテイレコダニ科のササラダニの後体部油腺分泌物の中に、ハムシが分泌して防御物質としている化学成分クリソメリジアールを見いだしている（Shimizu et al., 2012）。

また、地上最強の毒とも言われるヤドクガエルの毒の成分の一つがササラダニから発見された。ヤドクガエルが生息している地域でササラダニを採集したところ、ヤドクガエルの毒の成分をふくむ多くの化学物質がササラダニから見つかったのだ。これらの忌避物質が、ササラダニの外敵への忌避として実際に働いているかどうか、まだ、観察ができたわけではないが、何らかの忌避効果を持っていることは間違いないだろう。詳しくは7章で見ていこう。

このように、のろまで動作も緩慢な「森の落ち葉の掃除屋さん」のササラダニは、防御のための形態、行動、そして、化学物質という方法によって、外敵から身を守ろうとしている。

6章　タイ料理とダニをつなぐ香り

フェロモンの発見

のんびりとした動きのササラダニが身を守るための防御戦略を5章で紹介した。その中でも私が深くかかわった、新しいダニの研究成果として、捕食者からダニが身を守る化学物質の存在が明らかになってきた。本章では、その化学物質をめぐるダニ研究の様子を詳しく紹介する。

いきなり話は飛ぶようだが、タイの食事の話から始めたい。私が世界で最も好きなのはタイ料理なのだが、中でも人気のある料理として知られる、世界三大スープの一つ、トムヤムクンやトムカーには、香辛料としてレモングラスが欠かせない。イネ科の植物のレモングラスから採れる精油の主成分であるシトラール citral は、スープの薬味として欠かすことができない。そのレモンのような香りは、スープを煮込みすぎるとどこかに飛んでしまう。

シトラールは、バーベナ、レモン、オレンジにも含まれ、清涼感を与える香料として香水や香味料などに用いられている。犬や猫の忌避物質、育毛剤として用いられることもある。まれに、天然物質のシトラールは室内でのダニ防除の製品に使われるが、香りが強いので最近はあまり見かけない。シトラールは、ひと組のシス-トランス異性体であるゲラニアール geranial とネラール neral を合わせて指す呼称であることを、憶えておいていただきたい。この化学物質が鍵となる。

さて、ササラダニである。このダニの後体部の体内に後体部油腺がある。後体部油腺の中に何が蓄えられているのだろうか？　私は、ふとした思いつきから、この謎に取り組むことになった。

一九九六年頃の話である。

博士課程の学生だった私は、アミメオニダニ科のヨコヅナオニダニ *Nothrus palstris* の若虫と成虫の形態を比較しようと、若虫を沢山飼育していた。ササラダニの幼虫・若虫（第1〜3若虫）と成虫は、形態がまったく異なることは前述したとおりだが、このときは若虫の形態を詳細に調べようとしていたのだった。

ある晩、生きたまま観察しようと顕微鏡の横に持ってきていた、沢山のヨコヅナオニダニの若虫を見ながら、ふとあることを思いだしたのだった——。

当時、京都大学農薬研究施設の桑原保正博士は、コナダニ亜目のサトウダニのコロニーを潰したところ、ざわざわとサトウダニのコロニー全体が、潰したダニを避けるように動き出したことによって、警報フェロモンを発見していた。

「潰してみようかな」

私はそのとき手元にいたヨコヅナオニダニの若虫を潰してみたい気持ちになった。

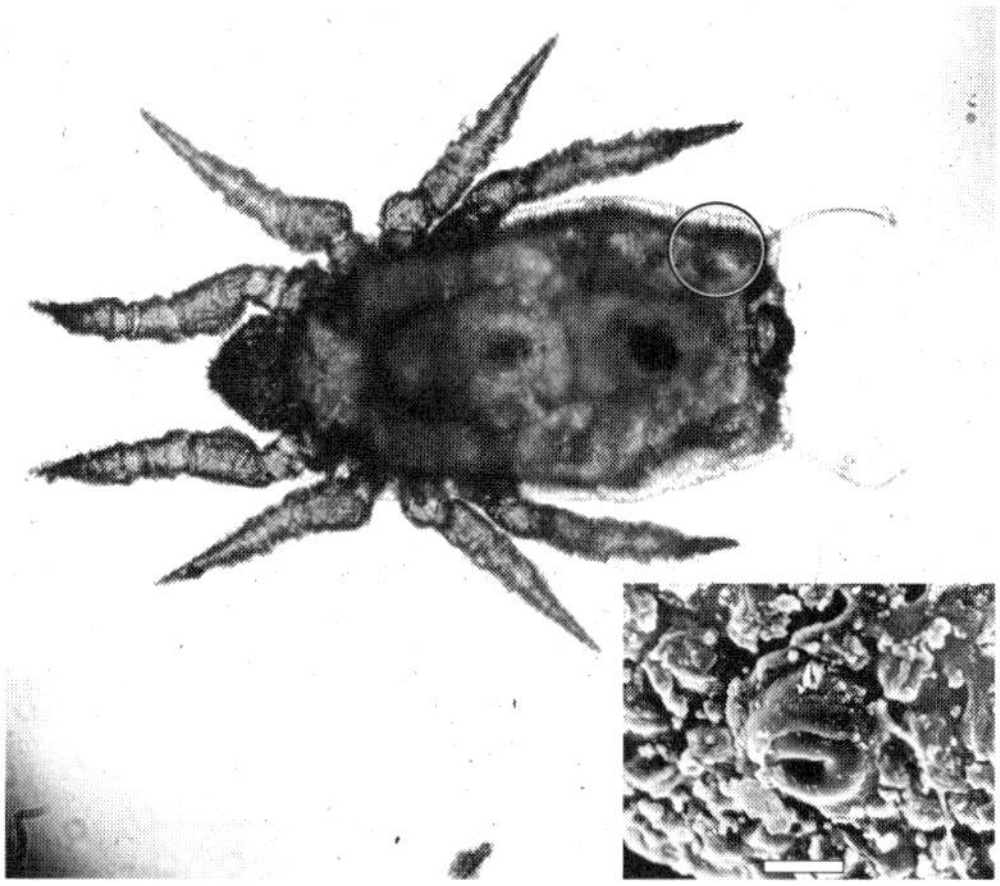

ヨコヅナオニダニ *Nothrus palustris*（C. L. Koch）第２若虫の後体部油腺（円内）と後体部油腺の拡大写真（右下：走査型電子顕微鏡像、バーは 10 μm）。

しかし、穀類害虫であり住宅のカーペットや畳などに発生するコナダニ類が二週間ほどで成虫になるのと比べて、ササラダニは成虫になるまで早いもので数か月、状況によっては何年もかかる場合もある、〝貴重なダニ〟なのだ。

親になるまで三か月以上もかかり、土壌性で主に落ち葉などを食べるササラダニは、湿度管理などに手間がかかる。

このため、ササラダニを自分で飼育している研究者は、思いつきで潰したりはしない。しかし当時、私の在学していた横浜国立大学の構内では、ちょうど六月頃、沢山のヨコヅナオニダニの若虫がシイとタブの林床から採取されていた。

「ヨコヅナオニダニよ、許してくれ」

そう、心の中でつぶやきながら、ひと思いに、私は若虫を潰した。

すると、コナダニの場合と同様に、ササラダニのほかの若虫も、潰したダニを避けるように逃げ出したのである。当時、同じ研究室にいた水谷吉勝君と二人で感激して、何匹ものダニを潰したことを憶えている。翌朝、警報フェロモンの発見をしていた桑原研究室の坂田知世さんに、早速このことを伝えた。

坂田さんは、それはササラダニ亜目からのフェロモンの初めての発見になるだろうから、若虫と成虫を送るように私に指示した。ヨコヅナオニダニの若虫の体表成分の同定の結果は、含まれているゲラニアールという化学物質が警報フェロモンである可能性が濃厚ということであった。

ダニの警報フェロモン発見

生物の体内において、特定の分泌腺から分泌され、体液（血液）を通して体内を循環して別の決まった器官の働きを調節する物質を「ホルモン」という。一方、仲間への合図として、化学物質を使う方法が「フェロモン」である。ホルモンは体内で働くのに対して、フェロモンは体外に分泌され、同種のほかの個体に働きかける物質のことである。

カイコガのメスが、分泌するフェロモンの匂いを触角でキャッチすると、オスは興奮してメスの側にやってくる。このようなフェロモンを「性フェロモン」という。

アリが一列になって行列を作るときに、巣への帰り道の地面についた化学物質をたどると食べ物にありつけたり、それに沿って行列ができるというのは、「道しるべフェロモン」と言われている。ほかにも、ゴキブリが仲間を集める「集合フェロモン」、ハチが仲間に危険を知らせる「警報フェロモン」、ミツバチの女王バチが働き蜂のメスの卵巣の機能を低下させてしまう「階級維持フェロモン（女王物質）」などが知られている。

話を、ササラダニに戻そう。もしも、ヨコヅナオニダニが凶暴な捕食者から攻撃を受けたり、食べられてしまったら、自らがもっている後体部油腺という分泌物の袋から、分泌物を大量に分泌するか、または、袋が破れて中に蓄えられている分泌物が放出する——。そばにいた、ほかの若虫たちは、油腺から分泌された化学物質を察知し、自分たちの身の回りに起きた緊急事態に気づくのかもしれない。

ササラダニには、はっきり見える眼がないので、通常は一番前の脚、第Ⅰ脚で周囲を探りながら危険を察知している。しかし、のろまなササラダニにとって、捕食者がそばに近づいたときに、第Ⅰ脚で捕食者を探っている場合ではないのだ。

ササラダニの場合は身体も大きく、実体顕微鏡の下で固定しながら、後体部油腺を持っている種類のササラダニをピンセットでつつくと、後体部油腺内物質が油腺開口部からあふれて沸騰しながら揮発する様子が観察できる。これが、その緊急事態を知らせる警報フェロモンなのだろうか？

化学物質を同定してくれた坂田さんは、ササラダニの体表成分について研究を始めたところで、ササラダニの体表成分を正確に測定する技術を持っていた。ごくわずか個体数しか得られないササラダニにとって、ダニ一匹から分泌される物質を正確に調べられる技術のお陰で、ヨコヅナオニダニの警報フェロモンの発見が確定した。

坂田さんはその後、さらにササラダニを微量のヘキサンで洗い、そのヘキサンに溶け出している体表成分を正確に測定した。その成分の同定結果に基づいて、体表成分のうち、もっとも可能性の高いと思われるゲラニアールに着目した。今度は、私が生きたダニを使って、ゲラニアールの効果を詳細に調べることになった。

生きたダニで実験

生きたダニへの効果を調べるため、一定量のゲラニアールをろ紙にしみこませて、ダニのコロニーの真ん中に置くことにした。大きめのシャーレをいくつか組み合わせて、研究室の空気の流れを遮断し、空気よりも重いゲラニアールが揮発し、拡散していく気体の流れを邪魔しないチャンバーと、そのなかに検定用のステージを作成した。ステージには同心円を書いたグラフ用紙を貼り付け、ビデオを設置しダニが逃げる様子を記録した。こうした実験には、かつて遺伝子組替え実験をしていた経験が生きた。微量な溶液の取り扱いに私は慣れていたのだ（何事も無駄にはならない）。ゲラニアールの濃度を変えて、私は同じ実験を繰り返した。

実験の結果は、若虫を潰したときと同じで、ゲラニアールはダニを逃避させる効果のあることが分かった。シャーレで組み立てたチャンバーの中のダニは、私が投入したろ紙にしみこませたゲラニアールを察知、仲間のダニが分泌したと勘違いし、「非常事態だ！」とばかりに一目散に逃げた。

ちょうど、ダニ一匹から放出されるのと同じ量のゲラニアールが、ほかのササラダニの若虫たちに

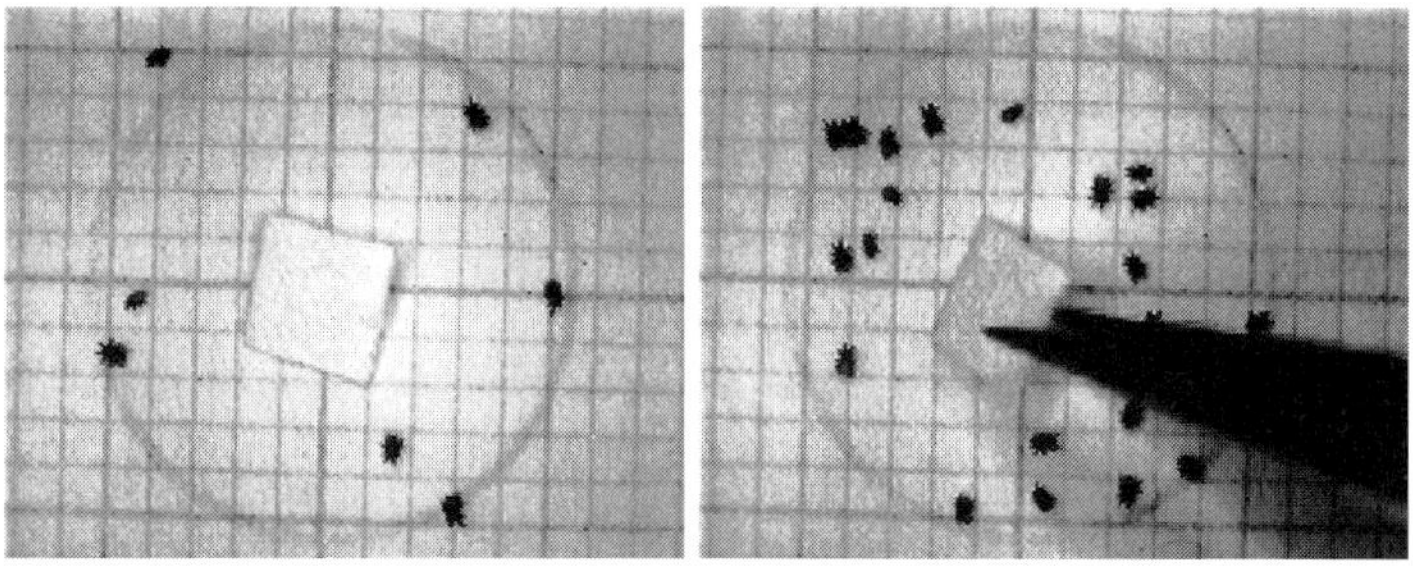

［右］生きたダニを用いた後体部油腺分泌物による逃避行動の実験。ダニの身体をヘキサンで洗浄し、そのヘキサンをろ紙にしみこませコロニーの中にいれた。［左］１分後、ろ紙片のまわりからはダニはいなくなった 。

逃避行動をとらせるのに十分であることも分かった。

もう少し詳しく調べると、若虫の持つゲラニアール相当量の少なくとも一〇分の一程度から若虫が逃げ出すことが分かり、逆に、濃いほど速いスピードでダニは逃げることも判明した。若虫の感受性は濃度に依存していたのである。

さらに、若虫を生きたままヘキサンに入れると、その刺激から若虫がゲラニアールを分泌する。その若虫の分泌物が溶け出したヘキサンをろ紙に滴下しても、ゲラニアールの推定濃度と同じ量で若虫は逃げ出す行動をとった。

「潰してみようかな」から始まった研究は、多くの人の協力を得ながら、ヨコヅナオニダニ（ササラダニ亜目）の若虫自身が警報フェロモンの作用のある物質を持っていることを世界で初めて明らかにしたのだった（Shimano et al., 2002）。

ササラダニとコナダニの深い関係

この発見は、サラダニ亜目に警報フェロモンが見つかったと

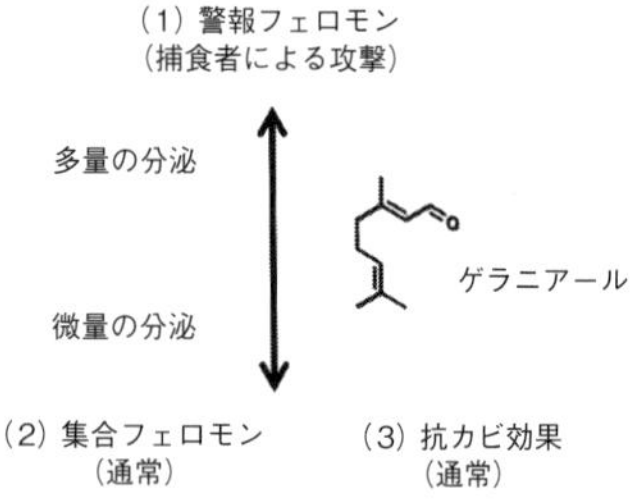

ヨコヅナオニダニにおけるゲラニアールの機能。

いうことだけでは終わらなかった。ゲラニアールは、コナダニの警報フェロモンとして見つかったネラールの異性体だったのである。言い換えると、ネラールとゲラニアールは、構造がほぼ同じで、鏡に映したように対称な構造をしている。また、化学的に平衡であり、分泌された後、時間が経つとネラールがゲラニアールに、ゲラニアールがネラールに変化する性質がある。そこから思い当たるのは、ダニの体の中でこの二つの成分が合成されるときには、おそらく似たような合成経路を持っているだろう、ということであった。

それまでは、桑原博士の研究により、コナダニ亜目の警報フェロモンとしては、ネラールが使われていることが分っていた。ということは、ササラダニ亜目とコナダニ亜目が、大変によく似た油腺分泌物を持っていることになり、〝進化の歴史〟を考えると、この二つの亜目がとても近い関係にあるのではないか、という新たな謎が生まれたのだった。

ここから、ササラダニ亜目と、コナダニ亜目の油腺分泌物の研究が爆発的に進み、ササラダニ亜目とコナダニ亜目の共通物質が次々と明らかになり、機能と形質の蓄積の両側面から、ササラダニ亜目とコナダニ亜目とが近縁であることが明らかになった。

Fusariumu oxysporum f. sp. raphani
コンニャク白紋羽病菌　12日目

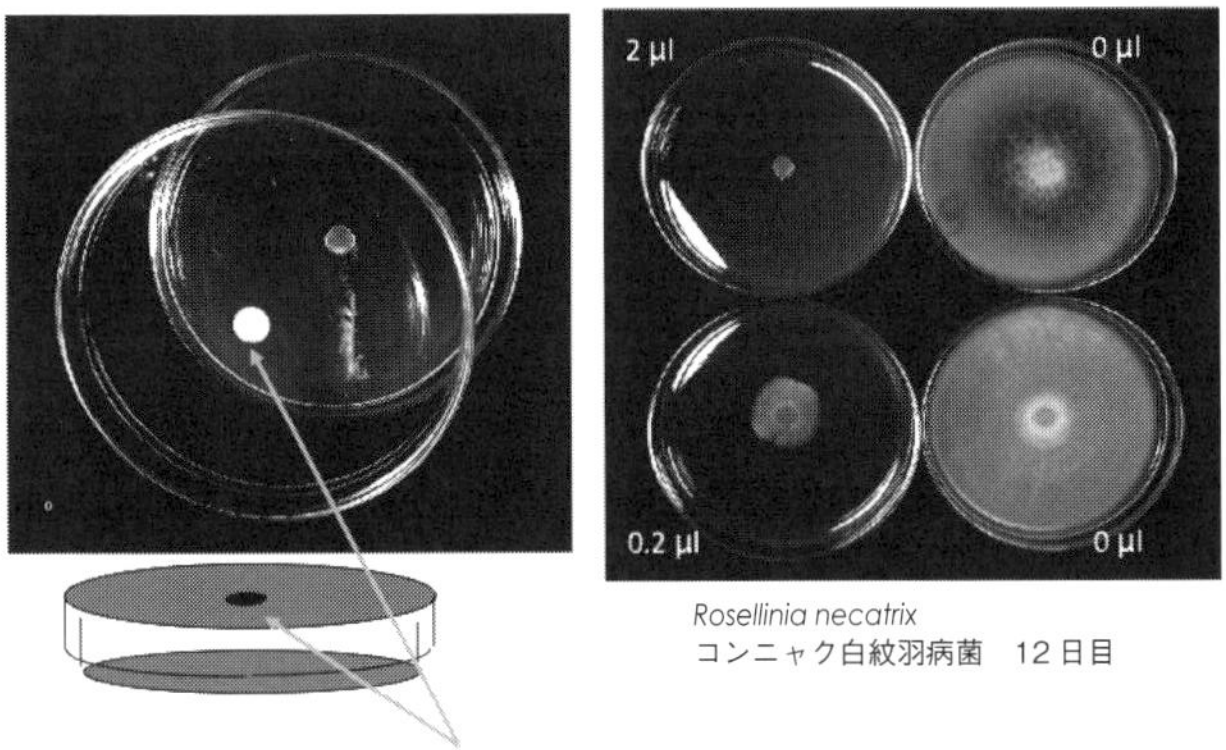

Rosellinia necatrix
コンニャク白紋羽病菌　12日目

シャーレの蓋に付けたろ紙にゲラニアールを滴下

植物病原菌（カビの仲間）の成長を抑制するゲラニアールの効果。ゲラニアールを滴下したシャーレでは、カビの成長が抑制されている。

もう一つの発見

幸運なことにヨコヅナオニダニの研究からは、さらにもう一つの事実が発見された。それは、若虫と成虫が異なる分泌物を持っていた点である。ヨコヅナオニダニの若虫（第2若虫、第3若虫）の分泌物にはゲラニアールが成分として認められているが、成虫からはゲラニアールが分泌されないのである。

　このことは、ササラダニが二つのステージを持つことと一致している。つまり、幼虫、第1若虫、第2若虫、第3若虫までの形態と白っぽい半透明または白い体色（段階1）と、成虫の形態と茶色または黒の体色（段階2）がまったく異なるのと一致しているのである。

　興味深いことに、ササラダニの若虫（段階1）と、コナダニの形態が極めて似ている。コナダニの若虫と成虫は、ササラダニほどの形態の違いはなく、白っぽい半透明または白い体色をしている（ただし、第2若虫＝ヒポプスはまったく異なっている）。

当時、オハイオ州立大学のコナダニの大家、バリー＝オコナー博士は、「コナダニはササラダニのネオテニーではないか」という説を打ち出していた。

もちろん、これは比喩であり、本来のネオテニーとは、幼形成熟ともいい、動物において性的に完全に成熟した個体でありながら、外見的に幼生や幼体の性質が残る現象のことである。たとえば、ウーパールーパーの通称で知られるメキシコサラマンダーの幼形成熟個体がある。頭部の両側に外に突き出た外鰓は両生類の幼生の特徴であるが、この状態でも性成熟はしている。

もっとも、チンパンジーの幼形が人類と似ている点が多いので、ヒトはチンパンジーのネオテニーだという極端な説がある。ヒトの進化のなかで、サルの幼形形態のまま性的に成熟するようになる進化が起こったというのだ。

ササラダニとコナダニの関係に当てはめると、ササラダニの一部、Desmonomata（アミメオニダニ団 Nothrina と同義：付録2参照）と、コナダニ亜目とは、形質的な特徴が二〇以上も類似している（Norton, 1998）。したがって、オコナー博士の説では、ササラダニの Desmonomata に含まれたある種類のネオテニーがコナダニ亜目の進化の始まりであったと考えるわけである。

ササラダニには、実に多様な分類群が含まれているが、コナダニに類似している形態的特徴を持つのは、特に Desmonomata 分類群なのである。警報フェロモンを見つけたヨコヅナオニダニも Desmonomata に所属している。

このように、いくつもの幸運が重なり、ササラダニ亜目とコナダニ亜目の関係の糸口にたどり着いたのであった。タイ料理に欠かすことのできない薬味の主成分であるシトラールは、この発見の鍵になったのである。

警報フェロモンが集合フェロモンになる？

私が参加していた研究グループでは、警報フェロモンの実験を行ったときに、同時にごく微量のゲラニアールが、どの様な効果を持つかについて調べた。その結果、ごく微量のゲラニアールは、若虫を誘引する結果が得られたのである。つまり、ゲラニアールの大量放出は警報フェロモンの効果を示すが、逆に、ごく微量のゲラニアールは集合フェロモンとして機能しているのである。ササラダニ亜目と、類縁関係の近いコナダニ亜目では、シトラールが集合フェロモンとして機能することが明確に証明されている（Shimizu et al., 2001）。

以上をまとめると、ゲラニアールというたった一つの物質についても、ササラダニの利用の仕方は多様だ（191ページ図）。捕食者による攻撃を受けたときには——、

（1）警報フェロモンとして用いて、仲間のダニを逃がすために分泌する。

ただし、ふだんは——、

（2）集合フェロモンとして、仲間同士が寄り添い合い、かつ自分たちの身体をカビから守るため

トムヤムクン

に分泌する。

（3）抗菌物質として用いている。

＊＊＊

タイの街中で、トムヤムクンをおいしくいただきながら私は、「この香りは、ヨコヅナオニダニが仲間と寄り添うために使うものと同じ。危険にさらされたときには自らが犠牲になり、仲間を逃がすためにも使うんだ」と名もなきダニに想いを馳せる。トムヤムクンの風味は、ササラダニと私をつなぐものなのだ。

7章　ササラダニ研究最前線

地上最強の毒がササラダニから発見される

ササラダニの分泌物の研究は、近年、急展開を見せている。私も協力して沢山のササラダニ亜目に所属するダニを集め、その分泌物を博士論文としてまとめた坂田知世博士と、オトヒメダニ属 *Scheloribates* のダニに注目しようという話が出た。二〇〇一年頃のことだ。オトヒメダニは世界中に、広く分布しており、一属のなかに二〇〇種以上の種を含む大きな分類群である。

私が当時所属していた(独)農業・生物系産業技術研究機構の中の研究室では、主任研究員の江波義成博士が、福島市の圃場に棲むササラダニの一種、アヅマオトヒメダニを新種として記載し、このダニが幼苗の病気の原因となるカビを食べて植物の病気を防ぐ効果を調べる研究をしていた。そこで私は、江波博士が飼育していた数個体のアヅマオトヒメダニを譲り受けて坂田博士に送った。しばらくして届いた返信は、警報フェロモンの発見の時以来の驚きの内容だった。

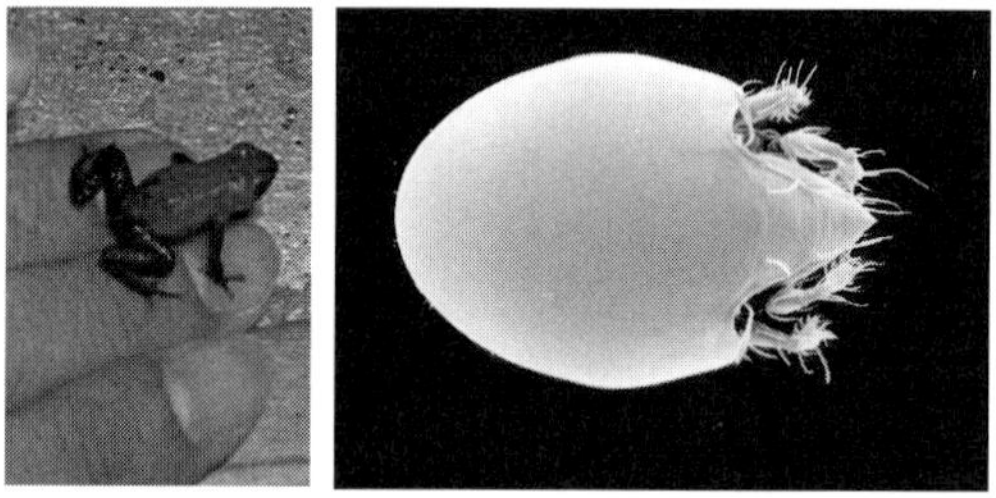

［右］アヅマオトヒメダニ *Scheloribates azumaensis*（電子顕微鏡写真像、写真提供：江波義成博士）。［左］イチゴヤドクガエル *Oophaga pumilio*（写真提供：戸田光彦博士）。

アヅマオトヒメダニから、ヤドクガエルの成分らしきものが見つかったというのである。しばらく、私は呆然としていたが、次第にその重大さに気づいた。この発見は、桑原保正博士の研究室でまとめられ、華々しく世に出ることになった（Takeda *et al*, 2005）。

ヤドクガエルの毒は、地上最強の毒の一つと言われており、二〇マイクログラムという微量で人間の大人を死に至らしめる。コロンビアの先住民が、この毒を吹き矢の先に塗って狩猟に利用したことが、ヤドクガエルの名前の由来になったという。

坂田博士と私がアヅマオトヒメダニから見つけたのは、プミリオトキシン 251D という強毒性の毒である。ほかにも、プミリオトキシン 237A、デオキシプミリオトキシン 193H などの類似の物質もオトヒメダニから見つかった。また、ササラダニは餌からその毒を濃縮しているのではなく、自身で合成していることも分かった。

この発見までは、ヤドクガエルの毒は、アリ由来だと考えられていた。ヤドクガエルがアリを捕食しその毒を蓄積することが、ヤドクガエルにとって最も重要な毒の供給の方法だと考えられていたのである。アリがササラダニを食べることまでは、誰も気がついていなかったのだ。もちろんヤドクガエルがササラダニを食べることさえも。

オトヒメダニ属は世界中に広く分布しているのだが、当時は、中南米のヤドクガエルと日本の福島市のササラダニの関係を確かめるまでには至らなかった。確かめられたのは、発見から二年後のことだった。アメリカのノートン博士のグループによって、中南米のヤドクガエルの生息する地域で、大々的な土壌動物調査の末に、生態系内での毒の循環と濃縮が証明された(Saporito et al, 2007)。彼らは、ヤドクガエルの生息する地域のササラダニの後体部油腺の分泌物をローラー作戦よろしく調査したのである。その結果、八〇以上のアルカロイドが、パナマやコスタリカのササラダニ類から検出された。内訳と詳細は下記とおりであった。

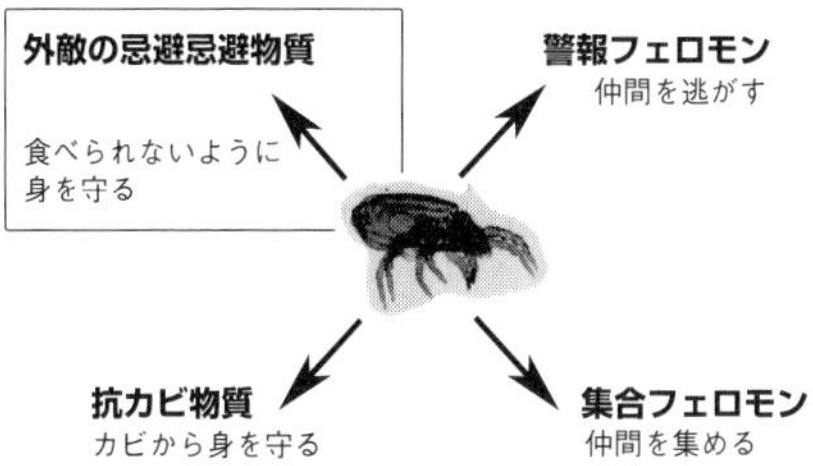

ササラダニの後体部油腺分泌物の機能。

（1）一一の物質がヤドクガエルから知られているものだった。

（2）四二の物質は同所的に生息するイチゴヤドクガエルからも検出された。イチゴヤドクガエルはアリやダニを食べることが知られている。

（3）この四二の物質は以下を含む：インドリジディン（二六種類）、プミリオトキシン（三）、ホモプミリオトキシン（一）。

（4）ササラダニから得られたアルカロイドは、ほぼ半分が化学物質として未同定で、ヤドクガエルには分布していなかった。ヤドクガエルが餌として食べたササラダニが持つ毒のうち、特定の毒のみを利用するための体内蓄毒を示している。

これらの分析結果から、ヤドクガエルのアルカロイドの経口摂食による供給源として、ササラダニが最も重要だという結論を導き出した。

外敵への防御物質を分泌するササラダニ

二〇一二年、京都学園大学の清水伸泰博士が中心になり、タテイレコダニ科のダニ九種の後体部油腺分泌物から、ハムシの外敵防御物質クリソメリジアール発見の論文がまとめられた（Shimizu et al., 2012）。共著者でもある私が特にうれしかったのは、私が初めて命名したマメイレコダニ *Sabacarus japonicus* の後体部油腺分泌物の情報もその論文に含まれていたことだ。私たちが研究を始めたころには、まったく手つかずだった小さなダニの僅かな分泌物の研究が、いま急ピッチで進んでいる。ササラダニの研究の新しい側面が切り拓かれ、ササラダニの暮しが、次々に明らかになっているのだ。

世界中にササラダニを求めて

現在、私は大学に移り、少しずつではあるが自由に研究ができるようになり、国内外でダニだけではなく、土壌動物も採集している。

ある外国では、落ち葉を持ったまま国内便の飛行機に乗ろうとして、抜き打ちの麻薬検査があり、「オー！　マリファナ」と言われて、ただの落ち葉であることを慌てて説明した。別の国では、土壌の採取中に朽ち木といっしょにサソリを掴んだこともある。

東南アジアでは、採集が終わってから、「同じ場所で二週間前に大きなキングコブラを見たけど、

辺境の地のダニに会うため、タイガの森の中、川をボートで何十キロもさかのぼる。

サトシは、よくそんな場所に採集に行くね」と言われたこともあった。採集に行く前に言ってもらいたいものだ。

海外の研究仲間と、ロシアのウラル山脈にも調査に入った。モスクワから飛行機で飛び半日車に揺られ、小さな村に泊まり、次の日は四輪駆動のワゴンで半日。その後、三人乗りのボートで半日、個人宅に泊めてもらい、次の日は、同じボートで川をさかのぼること二六キロ、さらに一五キロ歩いてようやく、タイガの中の調査基地に着いた。翌日さらに半日歩いてツンドラの中へ。ここで、小さな小屋に泊まった。周囲には、親子のクマの足跡やフンが沢山あった。そこで、一日をサンプリングに費やして、また戻る。すべてはササラダニのためなのだ。

おわりに

ダニ類全体を俯瞰したうえで、ササラダニ類に関して分かるところをすべて書こうとしてみた。しかし、書き切れないことが山のように残ってしまった。

本書を書き出して、ダニ学の先哲は、〝たかがダニ〟に膨大な労力を費やし、とてつもない知識の蓄積を行ってきたことを今更ながらに感じた。

いくらかのヒトの害になる〝わるいダニ〟のために、世間からの誤解を受け、自然の中で静かに生きている〝いいダニ〟も、すべて嫌われているが、こんなひどい扱いを受けているダニのために、世界中のダニ学者は、いつもダニのことばかりを考えてきたのだ。なんと不思議な人たちだろう。日本中、世界中のダニ仲間は、かけがえのない友人である。

まだ、ダニは分からないことだらけである。いま読者のそばにある植え込みの一握りの土にさえも、名前のついていないダニがいるかもしれない。そして、人間にとって役に立つ未知の機能を持っているかもしれない。あなたにも、それを発見できるチャンスがある。ダニは常に人間の周りにいるし、地球上の陸地のありとあらゆる場所にいるからだ。

ササラダニを研究するには、ダンボール箱で作ったツルグレン装置と顕微鏡があれば始められる。幸いにして、光学顕微鏡の限界に迫るほど小さくもなく、また集めようと思えば、そこそこの個体数は集められる。一年を通して土の中にいるので、昆虫のように季節にならないと採集できないということもない。天候も気にならない。土さえあれば、ササラダニはそこから沢山出てくるのである。ササラダニ類は、普通の人間の知らないところで、ひっそりと、しかし、生態系の分解者としてコツコツ、懸命に毎日仕事をしながら生きている。人間が、彼らから学ぶとするならば、我を通さず、陰ながら社会のために貢献するその姿であろうか。

本書の執筆にあたっては、小野展嗣先生・高久元先生・大原昌宏先生はじめ多くの方々に、ご協力をいただいた。心から感謝を申し上げたい。I express my thanks to Prof. Daniel Gilbert（France）, Prof. Nadine Bernard（France）, Dr. Valerie M. Behan-Pelletier（Canada）and my sincere respects for Prof. Roy A. Norton（USA）for his advice.

最後に、ダニの世界に導いて頂いた青木淳一先生には、最大の感謝を述べるとともに、改めてダニ学の先輩や同学の士に心から敬意を表し、厚く厚くお礼を申し上げたい。

＊　＊　＊

本書で使った走査型電子顕微鏡写真は、その多くを南三陸町立自然環境活用センターにあった走査型電子顕微鏡で撮影させていただいた。この地域のササラダニを材料にして、地域の土壌の多様な生物を撮影させていただいたのである。南三陸町は周囲の山林の面積も広い。緑に囲まれ自然にはぐくまれた志津川湾・歌津の海の豊富な魚と、ワカメなどの養殖の盛んな地域である。

同センターは、このような自然豊かな漁業をはじめとする町の産業とその誇りを、地域の児童生徒、一般市民に伝える役目を果たしてきた。また、日本全国の高校生までの児童生徒を受け入れ、南三陸町の自然のすばらしさを、シュノーケリングのできる指導力を生かし伝えてきた。同センターを訪れた高校生の中には水産学部に進学し、南三陸町に研究のために戻って来たものもいる。走査型電子顕微鏡は、その撮影能力と映像の迫力から地元はもとより、全国から来た児童生徒に、地域の産業と自然を伝えるためのよいきっかけとなっていた。

二〇一一年三月一一日に、東日本大震災が起きた。千年に一度と言われる大きな津波が、東日本の五〇〇キロにわたる沿岸部を襲い、宮城県の海岸線は、なかでもとりわけ被害の大きい地域となった。直後、同センターの太齋彰浩氏から、六〇〇名が孤立している旨の連絡を受け、私もわずかの物資を用意し、現地に足を運んだ。同センターは、変わり果てた姿となり、走査型電子顕微鏡も田んぼで発見されることになった。

あの日から五か月が過ぎ、少し落ち着きを取り戻し始めた頃、地元の高校生と先生が、津波の影響を確認するために海浜植生と海浜生態系の調査を再開した。彼らの調査から見えてきたのは、千年に一度の津波は、決定的に自然を傷つけてはいないことだった。海岸のササラダニも、砂浜のどこかに残されていて、海岸に打ち上げられた有機物の分解者として再び彼らの仕事を少しずつ始めていた。

南三陸町は町の機能が大きく損なわれた。同センターは未だに再生できるかどうか分からない。しかし、南三陸町の自然の豊かさを、地域と全国の児童生徒に知ってもらうためにも、自然環境活用センターは、この地にあるべきだと考えている。

二〇一二年一二月　　島野智之

増補　ダニと共生する　～よくあるダニへの誤解Q＆A～

世の中には、マダニが媒介するウイルスのニュースが飛び交う様になり、日本では「ダニはキケン」と新聞やテレビのニュースで報道されるようになった。ある学校は、かなりの予算をかけて校舎の全ての床にカーペットを敷いた。しかし、父兄から「ウイルスなどを媒介するダニがカーペットにいるかもしれないので怖い」という指摘をうけて、このカーペットをすべて取り払ったという。

全くの誤解である。最近、ニュースで頻繁に報道されている重症熱性血小板減少症候群（Severe Fever with Thrombocytopenia Syndrome：SFTS）ウイルスは、野外に生息するマダニによって媒介されるのであって（ＳＦＴＳウイルスはマダニ類の一部の種で媒介例が知られている）、カーペットに生息し、アレルゲンのもとになるヒョウヒダニ類や、これらのダニを餌として、ごくまれに発生するツメダニ類などは、このウイルスをはじめその他の感染症も媒介はしないのである。誤解は沢山ある。

ダニをすべて人間のまわりから駆除することは不可能である以上、人間に深刻な害を及ぼすダニに対しては適切に対応して、ダニ達と上手に付き合うしかない。ダニに関する誤解をＱ＆Ａにしてみた。

質問1「春先、暖かくなってからコンクリートの上にいる小さな赤いダニは、血を吸って赤くなっているのですよね？」
回答「いいえ。そのダニはカベアナタカラダニといって、人間には絶対に寄生しません。幼虫の時期にだけ昆虫に寄生します。しかし、昆虫の血は赤くありません。また、春先に動き回っているのは成虫で、花粉を食べているようです。」
質問2「夏が近づくと人間のフケを食べるイエダニが増えて、ついには、このダニが人間も刺すのですよね？」
回答「いいえ。イエダニは、ネズミに寄生するダニで、昔の家はネズミがよく住みついていました。このため、ネズミに寄生するイエダニが人間について刺すことがありました。しかし、現在では人家にネズミが生息していることはあまりないので、イエダニも人家から見つかることは、ほとんどなくなりました。
人間のフケやはがれた皮膚を餌にするヒョウヒダニ類（チリダニ科）などが、増えていくと、それを食べるツメダニ類が増えて、このツメダニ類が人間を間違えて刺すことになります。」
質問3「ダニは動物の血を吸うために進化した生き物ですね？」
回答「いいえ。人体や動物に寄生するダニは、ダニ全体から見ればごく一部です。ダニのうち多

ダニ類(ダニ目)に関する主な誤解

亜目	科	誤(誤解)	正(正しい情報)
トゲダニ亜目 Gamasida/Mesostigmata	イエダニ科	一般的に家庭に生息。	ネズミに寄生、たまに人を刺すことがあった。現代の一般家庭では、ほぼ見つからない。
マダニ亜目 Ixodida	マダニ科	刺されると必ず病気になる。	野外で野生動物から吸血。一部の場合のみ人が病気になることがある。刺されて、一週間〜数週間後に熱が出たらすぐに病院に行きダニに刺されたことを告げて相談する。
ケダニ亜目 Prostigmata/Actinedida	ニキビダニ科	カオダニで皮膚炎になる。	ニキビダニが正しい。人間では一般的に皮膚炎にならない。ペットにいても飼い主に影響はない。不潔にしたり、ステロイドの入った軟膏などで増える。
	ツメダニ類 (オオサシダニ科)	刺されると病気になる。	痒いが病気にはならない。室内の畳や布団にヒョウヒダニ類が増加すると発生する(ヒョウヒダニ類が餌)。偶発的刺症による被害。
	ツツガムシ科	刺されると必ず病気になる。	刺されても必ず病気になるわけではない。病気は深刻。幼虫のみが人や動物から吸液。
	シラミダニ科		家のそばに積んでおいた薪、草、あるいは貯蔵穀物に発生した昆虫に寄生。人に、偶発的刺症による被害。
	タカラダニ科・ ハシリダニ科	体色が赤いので血を吸っているのではないか。	動物に寄生しない。血は吸わない。幼虫は昆虫などに寄生するものもいる。春先、コンクリート上に発生するカベアナタカラダニの成虫は花粉を食べているらしい。
	ハダニ科・ コハリダニ科・ ハリクチダニ科		植物から吸汁する。ごくまれに間違えて人間を刺すこともある。人の体液や血を吸うわけではない。クローバーハダニなど、芝生の上に座った人が刺される例がごくまれにある。
ササラダニ亜目 Oribatida	オニダニ科・ コイタダニ科など		植物への加害例が若干あるが、ごくまれ。決して人を刺したりもしない。
コナダニ亜目 Astigmata/Acaridida	チリダニ科 (ヒョウヒダニ類を含む)	血を吸う。病気を媒介する。	人を刺したりしない。病気を媒介しない。刺すのはツメダニ。消化管内分泌物と体表分泌物の両方がアレルゲンになる(体そのものがアレルゲンと言ってもよい)。
	ヒゼンダニ科		現在でも、疥癬は深刻。

くのものは、自然の中で自由気ままに生きているのです（自由生活性、自活性という）。そもそも、ダニがこの地球上に出現したのは、発見されたもっとも古いダニからすると、古生代のデボン紀（約四億二千万年前～三億六千万年前）か、それ以前であろうと考えられています。この時代、動物（哺乳類）はおろか、恐竜すら出現していないので、寄生する相手も地球上に現れていないのです。ダニの直接の祖先は、他のクモ形類の祖先と同様に、捕食性で他の小さな虫などを捕らえて食べていたのではないかと考えられています。ちなみに、恐竜は約二億三千万年前に地上に現れ、ティラノサウルスは約六五〇〇万年前、人はたった二五万年前に地上に現れたとされています。」

質問4「ダニは主に家の中や家のまわり、あるいは、人や動物の活動する周辺で生活しているのですよね？」

回答「ダニは熱帯から寒帯まで、つまり赤道直下から南極大陸及び北極圏にまで生息しているのです。標高別に見ても、海岸から高山帯、ヒマラヤの高地にまで生息しています。しかし、多くのものは、人や動物に寄生する寄生性ダニではなく、自由生活性のダニです。

自由生活性のダニは、森林、草原、畑地、都市植栽まであらゆる所に生息しています。限られた、ごく一部のものだけが、人家の中に生息の場を広げているのです。

水の中にもミズダニがいて、湖、河川、渓流、環境の良い田んぼ、地下水などに棲みつき、四〇度を超える温泉の中にさえも見出されます（オンセンダニの仲間）。洞穴の中からもダニが見つかります。

深海にまでダニは生息しているのです。ウシオダニの仲間は、伊豆半島から小笠原諸島までの間の水深約七千メートルで見つかっています。深海の地底あるいは、有機質にくっついて、上から落ちてくる藻類、あるいは、線虫などの微小な動物を食べているらしいのです。気管はなく、身体が小さいので、酸素は皮膚を通して水中から直接取り込むと考えられています。

それでは、昆虫はどうでしょう。ごく少数のウミアメンボが海水面にいますが、これらを除けば、昆虫は、海へ進出することはできなかったと考えられています。つまり、昆虫と比べてもダニが地球上のより広い範囲に生息していることになります。

結局のところ、地球上は、ダニだらけと言ってもよいでしょう。人間が地球上に現れる以前から、ダニは地上のほぼすべての場所にいたのです。そうなれば、人間のそばには、いつもダニがいて当然です。ごく一部に、わるいダニ（人間の害になるダニ）もいるものの、生態系の一部を担っている良いダニ達もまた、地上を埋め尽くすほど沢山いるのです。」

質問5　「地球上は、ダニだらけといっても、ダニはそんなに、多いわけではないですよね？」

回答　「いいえ。両手を前に伸ばして四角を作ってみて下さい。この手で囲った面積が一平方メートルだとします。よく保存されている森林に行くと、土壌には一平方メートルあたり二万から四万匹のササラダニが生息しています。ササラダニは、落葉落枝の分解者として知られています。もしも、生態系から分解者がいなくなると、森は落ち葉で覆われてしまうかもしれませんよ……」

お好み焼き粉とダニ

さて、冒頭に触れた学校の環境であるが、文部科学省によって、「学校環境衛生基準（二〇一〇年四月）」が定められて、学校環境におけるダニの数が一定以上に増えないように管理されている。これによると、対象は主に、アレルギーの原因（アレルゲン）になるヒョウヒダニ類となっている。「温度及び湿度が高い時期に、ダニの発生しやすい場所において一平方メートルを電気掃除機で一分間吸引し、ダニを捕集する。捕集したダニは、顕微鏡で計数するか、アレルゲンを抽出し、酵素免疫測定法によりアレルゲン量を測定する」とされている。

一平方メートルあたり、ダニ数は一〇〇匹以下、またはこれと同等のアレルゲン量以下であることが定められている。きちんと定められたように管理されていれば、カーペットを張ったとしても、また、ウイルスがニュースで騒がれたとしても（もちろんウイルスを媒介するマダニは室内にはいないからあたり前だが）、そのカーペットをはがす必要はないわけである。

しかし、一平方メートルあたり、二万匹というササラダニの生息数は森林の中なので、こんなに高いダニの密度なのだと、思わないでほしい。家の中にも、かなり高いダニ密度が生じていることが最近のニュースで報告されている。

少し前のニュースで、開封後に台所で常温保存され、賞味期限が二年以上過ぎたお好み焼き粉を食べた方がアレルギー反応で病院に担ぎ込まれたという。患者は小麦粉アレルギーをもっておらず、ヒヨウヒダニのアレルギーが原因らしい。

そのお好み焼き粉から、一グラムあたり二万二八〇〇匹のヒョウヒダニが見つかったと言う。お好み焼き一枚あたりに換算すると、仮に、小麦粉一五〇グラムが必要として、一枚につき三四二万匹のダニを食べた計算になる。

「学校環境衛生基準」を見ても、室内のヒョウヒダニは一平方メートルに一〇〇匹以上だと問題がある。しかし、比較にならないほど多いダニの量だ。ナイロン製の袋の口を輪ゴムで縛っても、ダニは進入する。対策としては、タッパウエア内にチャック付きの袋にお好み焼き粉を入れ、密閉保管して冷蔵庫に保存する。ダニが増殖しにくい温度と湿度になる。

小麦粉などは、以前は台所の流しの下などに、使いかけの袋をそのまま、口を洗濯ばさみなどで、軽く閉じて置いてある姿をよく見かけた。実際に「あ！　うちはそうです」というアパート住まいの大学生が今でもいる。ダニにすれば、温度も高く、湿度も高い増殖には絶好の環境だ。

最近は、小麦粉だけではなく、ダシの入ったお好み焼き粉などが販売されるようになった。実際に、小麦粉だけではなく、小麦粉にダシが添加されたものの方がダニの増殖率は高いらしい。開封後の粉の管理には充分に、気をつけていただきたい。

もっとも、賞味期限が二年以上過ぎたお好み焼き粉は、常識から考えても食べない方がいいだろう。繰り返すが、ダニを必要以上に恐れることはないが、正しい知識を持ってダニと付き合った方が良い。熟成した高価なミモレットなどのチーズは、ダニのいる表面を薄く削り取ってしまえば、通常何の問題もない。神経質すぎるとせっかくの風味が台無しになってしまう。

野外でダニの被害に遭わないために正しいダニ対策を

現在、マダニが媒介する様々な病気が話題になっている。余談だが、アメリカの女性歌手アヴリル＝ラヴィーンや、指揮者のヘルベルト＝フォン＝カラヤンが、ライム病に悩まされたことは有名な話である。アイスマン（一九九一年にアルプスにあるイタリア・オーストリア国境のエッツ渓谷の氷河で見つかった約五三〇〇年前の男性のミイラ）のゲノム解析から、ライム病の病原体（*Borrelia burgdorferi*）のゲノムの痕跡も見つかり、アイスマンがライム病にかかっていた可能性が示唆されている。

ダニが媒介する主な病気として、真正細菌（リケッチア、スピロヘータを含む）が引き起こすもので国内から症例のあるものは、日本紅斑熱、Q熱、ツツガムシ病、アナプラズマ症、野兎病（主に感染動物との接触が原因）、ライム病、新興回帰熱がある。また、ウイルスが引き起こすもので国内から症例があるものは、重症熱性血小板減少症候群（SFTS）、ダニ脳炎（北海道の一例のみ）がある（川端、二〇一五）。このうち、ほとんどは、マダニ類（マダニ亜目）が媒介するが、ツツガムシ病は、目で見えないほど小さいツツガムシ類（ケダニ亜目）の幼虫が媒介する（幼虫のみが刺す）。

マダニに刺されてもすぐにあわてる必要はない。なぜならば、病原菌を保有しているマダニ個体でなければ感染はしないからだ。マダニに刺された場合、医療機関で処置して貰った後、一週間（〜数週間）ほどして熱が出るなどした場合には、マダニに刺されたことを告げて医療機関を訪れればよいので安心してほしい。ただし、あわてず冷静に観察し、適切な対応をする事が大切である。

（1）まず、気をつけることは、マダニが食いついているからといって、あわてて「ダニの体を持って」引き抜かないことである。マダニの体の中にある病原菌がスポイトのように、ヒトの体に注入されるという説がある。先の尖ったピンセットでマダニの口器（硬い口器）をもって、マダニを引き抜くようにする（http://www.cdc.gov/ticks/removing_a_tick.html）。

しかしながら、一般の方は医療機関で処置してもらうようにしてほしい。

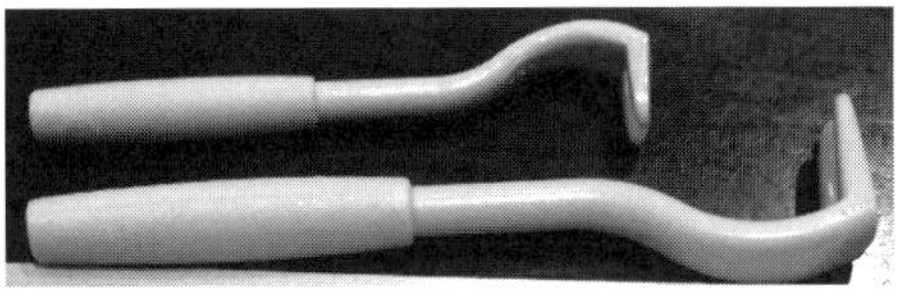
Tick twister あるいはダニツイスターなどの名称で、近年、販売されているペット用のマダニ除去装置。

ペット用には、日本でも販売されているが。釘抜きのような形で、食いついているマダニを下から支えて、そのままマダニをクルクル回しながら引き抜く簡単な装置が売られている。これは、マダニの体に触ることなく、かなり安全にマダニを引き抜くことが出来る。犬や猫などの動物にマダニがついている場合の除去には、目の細かいクシをかけることも効果的である。マダニ駆除薬もあるので、以上の点については、獣医師に相談してもらいたい。

（2）マダニを自分で潰さない。吸血中のマダニに気がついた際には、自分でマダニを潰さないようにしてもらいたい。マダニを潰すことでマダニが体内に持つ深刻な病原菌に感染したという事例がある。

そもそも、ダニ（マダニ類、ツツガムシ類）が媒介する感染症にかからないようにするためには、ダニに刺されないことが重要である。

このためには、（3）服装に注意する。ダニ（マダニ類、ツツガムシ類）は、山林、草地、荒地に生息しているほか、タヌキなどの野生動物や、犬・猫などに付いて移動することもある。公園や住宅地の庭でも注意が必要なのである。実際に、住宅地付近でダニ媒介性の感染症が起きた例も知られている。剪定や草取りなどの際、やぶや草むらなどのダニの生息する場所に入る場合には、長袖、長ズボン、足を完全に覆う靴下（長ズボンの裾を靴下に入れる）、靴、帽子、手袋を着用する（手袋のなかに袖を入れるなどする）。裾からダニが入りこみにくいような服装がよいだろう。入念に首にタオルを巻くなど、なるべく肌を露出しないようにする。

（4）忌避剤を使用する。これまで、ツツガムシ類に対して忌避効果のある市販薬があったが、昨年（二〇一四年）。日本でもマダニ類に忌避剤として、ディート成分を含むムシペールα（池田模範堂）などが認可されてきた。これらの効果も大きいので組み合わせて活用する。しかし、ダニの付着数は減少するものの、全くいなくなるわけではないので忌避剤を過信せず、半袖半ズボンやサンダル履きなどという服装は避けていただきたい。

（5）上着や作業服は家の中に持ち込まない。当然ながら、ダニが付いている可能性のある上着は安易に家の中に持ち込まないようにする。ダニが付いているかどうか、作業が終わったら、共同作業者とお互いに確認する事も必要である。もし付いている場合には、ガムテープなどで除去する。

（6）野外作業の後、風呂に入って体にダニが付いていないか確認する。実は効果的な方法で、ホクロだと思ったらダニだったなどということもある。早めであればマダニ類も除去しやすい。また、ツツガムシなどが衣類に付いていた場合、ツツガムシに刺されないようにする効果もある。ツツガムシは、鼠径部、わき、膝の裏などの柔らかい部分を好むので、ツツガムシに刺されたとき特有の刺し口一〇～一五ミリメートル程度で、痛みやかゆみがない赤い腫れなどがあった場合には確認し（あわてなくてもよい)、後で熱などが出た場合には(ツツガムシ病の潜伏期間は五〜一四日間)、野外作業及び、赤い腫れのこと等も医師にあわせて相談する。

このような訳で、「ダニがいそうな布団」も、SFTSウイルスをはじめ、ダニが媒介する感染症とは何の関係もないのである。正しい知識をもって、あわてず冷静に、しかし、適切にダニと付き合っていただきたい。

[参考]

「マダニ対策、今できること(二〇一三年版)」(国立感染症研究所)は、マダニ対策についてわかりやすく説明している。

◎http://www.nih.go.jp/niid/ja/from-lab/478-ent/3964-madanitaisaku.html

また、山口県感染症情報センターのホームページもわかりやすい。

◎http://kanpoken.pref.yamaguchi.lg.jp/jyoho/page9/dani_1.html

最近、ダニアレルギー(室内ダニ:ヒョウヒダニ類)について、減感作療法薬(アレルゲン免疫療薬)(シオノギ製薬など)が日本でも利用できる事になった。耳鼻科などの医師にご相談いただきたい。

日本アレルギー学会「ダニアレルギーにおけるアレルゲン免疫療法の手引き」(二〇一五年四月)

◎http://www.jsaweb.jp/modules/journal/index.php?content_id=4

増補改訂版　あとがき

『ダニ・マニア』を上梓させていただいた当時、東日本大震災から約二年が経っていた。しかしながら、いや、今でも景色こそは、きれいになったかもしれないが、まだまだ、多くの問題が、東北地方の東側沿岸部には残されている。『ダニ・マニア』で使った電子顕微鏡写真は、その多くを、宮城県北東部の南三陸町立自然活用センターにあった電子顕微鏡で撮影させていただいたものであると、当時は書いた。そして、震災後、その電子顕微鏡は津波によって破壊され、付近の田んぼの中で発見された。

当時、あまりにも被災地が混乱していたので、考えすぎたこともあった。そのひとつが、標本はすべて気仙沼で採集されたものであることを書き記さなかった点である。同じ、宮城県北東部にある隣接した気仙沼市は、復興に向けての動きは力強く、一方、南三陸町は、なかなか進まない様に私には見えた。そこで、南三陸町を応援することに絞ったのだが、それが、気仙沼高校の自然科学部の生徒達をがっかりさせたらしい。標本は当時、彼らと、ササラダニの多様性調査で得られたものである。ここに改めて、一緒に土壌動物を研究した気仙沼高校の自然科学部の生徒達に感謝し、気仙沼高校の木村直敬先生、高橋誠子先生、そして、電子顕微鏡とともに失われてしまった、美しい気仙沼のダニたちの標本にも感謝したい。

それから、著者近影を書いてくださった盛口満さんには、改めて感謝したい。盛口さんにはこの本のために様々なヒントをたくさんいただいた。また、杉本雅志さんをご紹介いただいた。杉本さんから巨大ケダニをお譲りいただいたことが、執筆の大きな弾みとなった。感謝を捧げたい。

写真を惜しみもなく提供してくださった西田賢司さん、島田拓さん、堀繁久さんはじめ多くの皆様には心から感謝を申し上げたい。ケダニ類について、いつも優しく教えていただいている、芝実先生にはあとがきを書く間までも常にお世話になっている。特別に感謝を捧げたい。

また、東京に居を移して最もうれしかったのは、私のダニ学の師匠である青木淳一先生と、お目にかかる機会が増えたことである。先生は八十歳になられて、益々お元気で、引退後、始められたホソカタムシのご研究を続けられている。私は、ダニ学に専念し、新しいダニを求めて旅をしている。ダニのことをいつも考えていられるこの環境を楽しんでいる。

私をこの道に導いていただいた青木淳一先生に、改めて心から感謝いたします。

二〇一五年七月二七日　吐噶喇列島に向かう船上にて

島野智之

＊＊＊

［**追記**］

南三陸町立自然活用センター（ネーチャーセンター）は、二〇一六年の年明けくらいには、新しい建物の着工が決まったらしい。現在の準備室の皆さんも元気に、準備を進めている。復活の願いが叶ったことは本当に大きいことだ。

しかしながら、スパイダー（八幡明彦さん）は、このニュースを待たずに昨年の夏に他界した。南三陸町にボランティアとして入り、以来、住み着いて、地域の子供達に自然を解き続けた彼は、有名な蜘蛛研究家だった。言ってみればクモマニアである。日本蜘蛛学会で始めて会った時、彼は採集会に森の中から現れ、再び森の中に去って行った。再会したのは東日本大震災後の南三陸町、愛称も、そのまま彼の大好きな「スパイダー（spider ＝クモ）」だった。僕が「クモは糸を出すから下品」というと、彼が「ダニは小さくてつまんない」と南三陸町で会うたびにふざけ合った。周囲はダニとクモがふざけていると笑っていた。

昨年の夏の天気のよい日曜日、久しぶりに予定が何もない日だった。机にすわって、窓の外を眺めながら考え事をしていると、彼の交通事故の連絡が友人を通じて入った。我々の願いむなしく、連絡はそのまま訃報に変わった。葬儀さえも、「スパイダー（こと八幡明彦）」として、とりおこなわれたのには驚いた。それほど地域の人々や子供達にスパイダーの愛称で慕われていたのである。

マニア度ナンバーワン、クモ形綱では、マニアとして最大のライバルだったスパイダーこと、八幡明彦氏のご冥福をお祈りいたします。

〔筆者注〕　その後、建物の着工がまた延期されたという。

事項索引

主な解説ページ　＊図版掲載ページ

種名索引

主な解説ページ　＊図版掲載ページ

【ア行】
アカツツガムシ　*Leptotrombidium akamushi*　89
アシブトコナダニ　*Acarus siro*　99*, 99-100
アヅマオトヒメダニ　*Scheloribates azumaensis*　129-130, 132*, 156-158, 165*, 189-190, 190*
アラメイレコダニ属の一種　*Atropacarus* sp.　169*
イシガキイレコダニ　*Austrotritia ishigakiensis*　172-173, 173*
イトダニ科の一種　*Uropodidae* sp.　77, 77-78*
イトノコダニ　*Gustavia microcephala*　口絵*, 144*, 166-168, 167*
ウズタカダニ属の一種　*Neoliodes* sp.　30-31, 31*, 104-106, 106*
エンマダニ　*Eupelops acromios*　138*
オオイレコダニ　*Phthiracarus setosus*　口絵*, 169*
オオダルマヒワダニ属の一種　*Eobrachychthonius* sp.　137*
オオマンジュウダニ　*Cepheus latus*　105*
オキナワフリソデダニモドキ　*Galumnella okinawana*　口絵*, 167*
オトヒメダニ属の一種　*Scheloribales* sp.　165*

【カ行】
カザリヒワダニ　*Cosmochthonius reticulatus*　66*
カザリヒワダニ属の一種　*Cosmochthonius foliates*　164*
カベアナタカラダニ　*Balaustium murorum*　80-82, 81*
カモシカマダニ　*Ixodes acutitarsus*　73*
キチマダニ　*Haemaphysalis flava*　70-74, 71-73*
クワガタダニ属の一種　*Tectocepheus* sp.　130*
クワガタツメダニ　*Cheyletus malaccensis*　46*
クワガタナカセ　*Coleopterophagus berlesei*　93*, 93-94
ケナガカブリダニ　*Neoseiulus womersleyi*　86-87, 87*
ケナガコナダニ　*Tyrophagus putrescentiae*　15, 17*, 48
コイタダニ属の一種　*Oribatula tibialis*　114*, 114-115
コイタダニ科の一種　*Phauloppia lucorum*　112*, 112-113
コシミノダニ属の一種　*Gozmanyina majesta*　口絵*, 162-163, 163*

【サ行】
シマノニオウダニ　*Hermannia shimanoi*　113*
ジャワイレコダニ属の一種　*Indotritia* sp.　172-173*
ジュズダニ科の一種　*Damaeidae* sp.　口絵 *, 165*
スベスベマンジュウダニ　*Conoppia palmicincta*　105*, 106-107, 107*

【タ行】
タカサゴキララマダニ　*Amblyomma testudinarium*　73*
タテツツガムシ　*Leptotrombidium scutellare*　89
タマツナギウデナガダニ　*Podocinum catenum*　口絵 *, 74-76, 75*
チーズコナダニ　*Tyrolichus casei*　18-19
ツキノワダニ　*Nanhermania elegantula*　131*
ツツガムシ科の一種　*Trombiculidae* sp.　87-89, 88*
ツルギマイコダニ属の一種　*Atopochthonius* sp.　165*
テングダニ科の一種　*Bdellidae* sp.　口絵 *, 84, 84*
トゲケダニ属の一種　*Trombella* sp.　83, 83*, 136*
トゲジュズダニ属の一種　*Epidamaeus* sp.　165*
トサツツガムシ　*Leptotrombidium tosa*　89
トドリドビンダニ　*Hermanniella todori*　111*

【ナ行】
ナミケダニ上科の一種　*Trombidioidea* sp.　口絵 *, 24-26, 24-25*, 82*, 82-84
ナミハダニ　*Tetranychus urticae*　85-86, 86*
ナミブチハエダニ　*Macrocheles serratus*　77*

【ハ行】
ハエダニ属の一種　*Macrocheles* sp.　76*, 76-77
ハナビラオニダニ　*Nothrus biciliatus*　142*
ハネアシダニ　*Zetorchestes aokii*　172, 173*
ハラミゾダニ属の一種　*Epilohmannia* sp.　125*
ヒメヘソイレコダニ　*Acrotritia ardua*　口絵 *, 127*
ヒモダニ科の一種　*Gordialycus tuzetae*　90-91, 91*
ヒョウタンイカダニ　*Dolicheremaeus elongates*　109*
フクロフリソデダニ　*Neoribates roubali*　110*, 141*
フタツメミズノロダニ　*Hydrozetes lemnae*　138*

フタツワダニ　*Fenestrella japonica*　75-76
フトゲツツガムシ　*Leptotrombidium pallidum*　89
ホソゲマヨイダニ科の一種　*Melicharidae* sp.　78, 78*

【マ行】

マイコダニ属の一種　*Pterochthonius* sp.　口絵 *, 163*
マダニ属の一種　*Ixodes* sp.　70-74, 73*
マメイレコダニ　*Sabacarus japonicus*　192
マンジュウダニ　*Cepheus cepheiformis*　105*
ミズダニ類の一種　*Hydrachnellae* sp.　85, 85*
ミズノロダニ属の一種　*Hydrozetes* sp.　116, 143*
ムシノリダニ科の一種　*Antennophoridae* sp.　口絵 *, 79*, 79-80

【ヤ行】

ヤマトコバネダニ　*Ceratozetes japonicus*　128*
ヤマトモンツキダニ　*Trhypochthonius japonicus*　110*
ヨコヅナオニダニ　*Nothrus palustris*　口絵 *, 174, 178-185, 179*
ヨロイダニ科の一種　*Labidostommatidae* sp.　90, 90*

【付録 1】 ダニ類の体系と土壌から得られるダニ類の特徴・見分け方

	ダニ亜綱 (Acari)					
	I. 胸穴上目 Parasitiformes					
新しい提案 (Krantz and Walter eds., 2009) → 付録 高次分類体系を参照	A. アシナガダニ目 Opilioacarida	B. カタダニ目 Holotyrida	C. マダニ目 Ixodida	D. トゲダニ目 Mesostigmata	A. ケダニ目 Trombidiformes	
				(A) ネッタイダニ亜目 Sejida (B) ミツイタトゲダニ亜目 Trigynaspida (C) タンバントゲダニ亜目 Monogynaspida	(A)クシゲチビダニ亜目 Sphaerolichida	(B) ケダニ亜目 Prostigmata (b) ムシツキダ Heterostigm
	ダニ目 (Acari)					
現在 一般的な体系 接尾語 (-ida)	単毛類 / パラシティフォルメス (胸穴類) Anactinotrichida/Parasitiformes 脚の基部は明瞭でかつ可動である				複毛類/ア 脚	
	(1) アシナガダニ亜目 Opilioacarida	(2) カタダニ亜目 Holotyrida	(3) マダニ亜目 Ixodida	(4) トゲダニ亜目 Gamasida	(5) ケダニ亜目 Actinedida	
以前 接尾語 (-stigmata)	(1) 背気門亜目 Notostigmata	(2) 四気門亜目 Tetrastigmata	(3) 後気門亜目 Metastigmata	(4) 中気門亜目 Mesostigmata (= ヤドリダニ類)	(5) 前気門亜目 Prostigmata	(6) 異気門亜 ホコリダニ亜 Heterostigm Tarsonemi (= ホコリダニ
日本に生息するか	未発見	未発見	生息する	生息する	生息する	生息する
体の大きさ				0.5～1 mm 内外	2 mm以上はまずケダニ類, 稀にマダニ類	0.3 mm以
色				半透明, 白, 淡褐色～濃褐色	派手なもの(赤・緑・黄)は まずケダニ類, 他に白, 褐色, 黒, 青	半透明, 白, 黄
口器				露出	露出	かくれる
毛				-	密生ならケダニ類	
第1脚 (他の脚に比べて)				特に細長, やや細長	ほぼ同じ(やや太長)	ほぼ同じ(太
第4脚 (他の脚に比べて)				ほぼ同じ	ほぼ同じ	第3脚, 第4脚 他の脚より 著しく太いか (ほぼ同じ
第2脚と第3脚 の基部				近接	近接, 少し離れる	遠くはなれる, (1,2脚と3,4脚 離れてい ものが多し
爪数 (第1～4脚の爪数を 1-1-1-1と表す)				2-2-2-2 (第1脚の長いウデナガダニは, 0-2-2-2)	2-2-2-2	1-2-2-2
その他の特徴				例外的に体表構造の 複雑なものあり		
プレパラート作成					体がよじれることがある	

板上目 Acariformes		
B. ササラダニ目 Sarcoptiformes		
セササラダニ亜目 ndeostigmata	(B) ササラダニ亜目 Oribatida	
		(c) コナダニ団 Astigmatina (Astigmata)
ス(胸板類) Actinotrichida／Acariformes と融合し固着している		
	(6) ササラダニ亜目 Oribatida	(7) コナダニ亜目 Acaridida
	(7) 隠気門亜目 Cryptostigmata (= Oribatei)	(8) 無気門亜目 Astigmata
生息する	生息する	生息する
	0.2～1.5 mm	0.3～0.8 mm
	白, 褐色, 淡赤, 黒褐, 黒	半透明～白
	露出	かくれる
	胴背毛に 全く毛のないものは ササラダニ類	
	太長	ほぼ同じ (やや太長)
	ほぼ同じ	ほぼ同じ
	近接	少し離れる
	1-1-1-1 3-3-3-3 (体の柔らかい 下等なもの 2-2-2-2)	1-1-1-1
	アルマジロ型, 4脚とも長い などのものがいる	時に後部に長毛あり 第2若虫は特別な形 をしており, 複雑な吸盤もち 4脚とも前方向き
	体が横向きに なることがある, 光を通さないほど 褐色のものがある	

注１：土壌から得られる各ダニ類の特徴と見分け方は青木(1980)に基づいている（青木淳一，1980. 土壌ダニの大まかな区分と識別 . Edaphologia, 21: 45-51.)。

注２：特に、Heterostigmata, Tarsonemida については、Woolley（1988)，Van der Hammen（1989)，Evans（1982)などに基づき亜目の扱いも示した。

注３：多気門亜目 Onychopalpida が、ダニの国内最初の教科書である内田・佐々（編）（1965)「ダニ類」で、Baker & Wharton（1952）の体系に基づいて採用されている。しかしながら、背気門亜目と四気門亜目を合併した多気門亜目は、背気門亜目と四気門亜目が全く異なる系統であることから、誤りであると指摘されている（江原，1966:「動物系統分類学 第７巻（中A)」)。

斜線部：A. ケダニ目 の解説と同じであるため省略した。

【付録 2】
ダニ亜綱の高次分類群の和名（Krantz and Walter eds. 2009, pp.98-100 表に基づ

I. SUPERORDER PARASITIFORMES	I. 胸穴上目
A. Order Opilioacarida	A. アシナガダニ目
(1) Superfamily Opilioacaroidea	(1) アシナガダニ上科
B. Order Holothyrida	B. カタダニ目
(1) Superfamily Holothyroidea	(1) カタダニ上科
C. Order Ixodida	C. マダニ目
(1) Superfamily Ixodoidea	(1) マダニ上科
D. Order Mesostigmata	D. トゲダニ目
(A) Suborder Sejida	(A) ネッタイダニ亜目
(1) Superfamily Sejoidea	(1) ネッタイダニ上科
(B) Suborder Trigynaspida	(B) ミツイタトゲダニ亜目
(a) Cohort Cercomegistina	(a) ケルコメギスツス団
(1) Superfamily Cercomegistoidea	(1) ケルコメギスツス上科
(b) Cohort Antennophorina	(b) ムシノリダニ団
(1) Superfamily Antennophoroidea	(1) ムシノリダニ上科
(2) Superfamily Celaenopsoidea	(2) ケンモチダニ上科
(3) Superfamily Fedrizzioidea	(3) モップダニ上科
(4) Superfamily Megisthanoidea	(4) オオトゲダニ上科
(5) Superfamily Parantennuloidea	(5) ヘンペイダニ上科
(6) Superfamily Aenictequoidea	(6) ムネキバダニ上科
(C) Suborder Monogynaspida	(C) タンバントゲダニ亜目
(a) Cohort Microgyniina	(a) ムネワレダニ団
(1) Superfamily Microgynioidea	(1) ムネワレダニ上科
(b) Cohort Heatherellina	(b) ヒーサーダニ団
(1) Superfamily Heatherelloidea	(1) ヒーサーダニ上科
(c) Cohort Uropodina	(c) イトダニ団
1. Subcohort Uropodiae**	1. イトダニ亜団 **
(1) Superfamily Thinozerconoidea	(1) ナギサイトダニ上科
(2) Superfamily Polyaspidoidea	(2) コウライトダニ上科
(3) Superfamily Uropodoidea	(3) イトダニ上科
2. Subcohort Diarthrophalliae	2. クロツヤムシダニ亜団
(1) Superfamily Diarthrophalloidea	(1) クロツヤムシダニ上科
(d) Cohort Heterozerconina	(d) キュウバントゲダニ団
(1) Superfamily Heterozerconoidea	(1) キュウバントゲダニ上科
(e) Cohort Gamasina	(e) ヤドリダニ団
1. Subcohort Epicriiae	1. ユメダニ亜団
(1) Superfamily Epicrioidea	(1) ユメダニ上科
(2) Superfamily Zerconoidea	(2) マルノコダニ上科
2. Subcohort Arctacariae	2. キタノダニ亜団
(1) Superfamily Arctacaroidea	(1) キタノダニ上科
3. Subcohort Parasitiae (Parasitina, Neotocospermata)	3. ヤドリダニ亜団
(1) Superfamily Parasitoidea	(1) ヤドリダニ上科
4. Subcohort Dermanyssiae (Dermanyssina, Neopodospermata)	4. ワクモ亜団
(1) Superfamily Veigaioidea	(1) キツネダニ上科
(2) Superfamily Rhodacaroidea	(2) コシボソダニ上科

和名の整理と新称提案は、安倍・青木・後藤・黒佐・岡部・芝・島野・高久＊（2009）による。＊この著作には全著者が均等に関与した。

(3) Superfamily Eviphidoidea	(3) ヤリダニ上科
(4) Superfamily Ascoidea	(4) マヨイダニ上科
(5) Superfamily Phytoseioidea	(5) カブリダニ上科
(6) Superfamily Dermanyssoidea	(6) ワクモ上科
II. SUPERORDER ACARIFORMES	II. 胸板上目
A. Order Trombidiformes	A. ケダニ目
(A) Suborder Sphaerolichida	(A) クシゲチビダニ亜目
(1) Superfamily Lordalycoidea	(1) オタイコチビダニ上科
(2) Superfamily Sphaerolichoidea	(2) クシゲチビダニ上科
(B) Suborder Prostigmata	(B) ケダニ亜目
a. Supercohort Labidostommatides	a. ヨロイダニ上団
(1) Superfamily Labidostommatoidea	(1) ヨロイダニ上科
b. Supercohort Eupodides	b. ハシリダニ上団
(1) Superfamily Bdelloidea	(1) テングダニ上科
(2) Superfamily Halacaroidea	(2) ウシオダニ上科
(3) Superfamily Eupodoidea	(3) ハシリダニ上科
(4) Superfamily Tydeoidea	(4) コハリダニ上科
(5) Superfamily Eriophyoidea	(5) フシダニ上科
c. Supercohort Anystides	c. ハモリダニ上団
(a) Cohort Anystina	(a) ハモリダニ団
(1) Superfamily Caeculoidea	(1) カワダニ上科
(2) Superfamily Adamystoidea	(2) イソハモリダニ上科
(3) Superfamily Anystoidea	(3) ハモリダニ上科
(4) Superfamily Paratydeoidea	(4) ニセコハリダニ上科
(5) Superfamily Pomerantzioidea	(5) イタセオイダニ上科
(b) Cohort Parasitengonina	(b) ケダニ団
1. Subcohort Erythraiae	1. タカラダニ亜団
(1) Superfamily Calyptostomatoidea	(1) ヤリタカラダニ上科
(2) Superfamily Erythraeoidea	(2) タカラダニ上科
2. Subcohort Trombidiae	2. ナミケダニ亜団
(1) Superfamily Tanaupodoidea	(1) マダラケダニ上科
(2) Superfamily Chyzerioidea	(2) コブケダニ上科
(3) Superfamily Trombidioidea	(3) ナミケダニ上科
(4) Superfamily Trombiculoidea	(4) ツツガムシ上科
3. Subcohort Hydrachnidiae	3. ミズダニ亜団
(1) Superfamily Hydryphantoidea	(1) アカミズダニ上科
(2) Superfamily Eylaoidea	(2) メガネダニ上科
(3) Superfamily Hydrovolzioidea	(3) ヒヤミズダニ上科
(4) Superfamily Hydrachnoidea	(4) オオミズダニ上科
(5) Superfamily Lebertioidea	(5) アオイダニ上科
(6) Superfamily Hygrobatoidea	(6) オヨギダニ上科
(7) Superfamily Arrenuroidea	(7) ヨロイミズダニ上科
4. Subcohort Stygothrombiae	4. チカケダニ亜団
(1) Superfamily Stygothrombidioidea	(1) チカケダニ上科
d. Supercohort Eleutherengonides	d. ネジレキモンダニ上団
(a) Cohort Raphignathina	(a) ハリクチダニ団
(1) Superfamily Myobioidea	(1) ケモチダニ上科

（続く）

【付録２】
ダニ亜綱の高次分類群の和名（Krantz and Walter eds. 2009, pp.98-100 表に基づく）

（続き）

(2) Superfamily Pterygosomatoidea	(2) ヤモリダニ上科
(3) Superfamily Raphignathoidea	(3) ハリクチダニ上科
(4) Superfamily Tetranychoidea	(4) ハダニ上科
(5) Superfamily Cheyletoidea	(5) ツメダニ上科
(b) Cohort Heterostigmatina	(b) ムシツキダニ団
(1) Superfamily Tarsocheyloidea	(1) コツメダニ上科
(2) Superfamily Heterocheyloidea	(2) クロツヤムシツメナシダニ上科
(3) Superfamily Dolichocyboidea	(3) フタヅメシラミダニ上科
(4) Superfamily Trochometridioide	(4) ミツイタシラミダニ上科
(5) Superfamily Scutacaroidea	(5) ヒサシダニ上科
(6) Superfamily Pygmephoroidea	(6) ヒナダニ上科
(7) Superfamily Pyemotoidea	(7) シラミダニ上科
(8) Superfamily Tarsonemoidea	(8) ホコリダニ上科
B. Order Sarcoptiformes	B. ササラダニ目
(A) Suborder Endeostigmata	(A) ニセササラダニ亜目
(a) Cohort Alycina	(a) アミメウスイロダニ団
(1) Superfamily Alycoidea	(1) アミメウスイロダニ上科
(b) Cohort Nematalycina	(b) ヒモダニ団
(1) Superfamily Nematalycoidea	(1) ヒモダニ上科
(c) Cohort Terpnacarina	(c) シリマルダニ団
(1) Superfamily Oehserchestoidea	(1) ケシツブダニ上科
(2) Superfamily Terpnacaroidea	(2) ヨコシマダニ上科
(d) Cohort Alicorhagiina	(d) ニセアギトダニ団
(1) Superfamily Alicorhagioidea	(1) ニセアギトダニ上科
(B) Suborder Oribatida	(B) ササラダニ亜目
a. Supercohort Palaeosomatides (Palaeosomata)	a. コダイササラダニ上団
(1) Superfamily Acaronychoidea	(1) ゲンシササラダニ上科
(2) Superfamily Palaeacaroidea	(2) ムカシササラダニ上科
(3) Superfamily Ctenacaroidea	(3) シリケンダニ上科
b. Supercohort Enarthronotides (Enarthronota)	b. フシササラダニ上団
(1) Superfamily Brachychthonioidea	(1) ダルマヒワダニ上科
(2) Superfamily Atopochthonioidea	(2) ツルギマイコダニ上科
(3) Superfamily Hypochthonioidea	(3) ヒワダニ上科
(4) Superfamily Protoplophoroidea	(4) フシイレコダニ上科
(5) Superfamily Heterochthonioidea	(5) カワリヒワダニ上科
c. Supercohort Parhyposomatides (Parhyposomata)	c. ヒゲツツダニ上団
(1) Superfamily Parhypochthonioidea	(1) ヒゲツツダニ上科
d. Supercohort Mixonomatides (Mixonomata)	d. セツゴウササラダニ上団
(1) Superfamily Nehypochthonioidea	(1) ヤワラカダニ上科
(2) Superfamily Eulohmannioidea	(2) ユウレイダニ上科
(3) Superfamily Perlohmannioidea	(3) トノサマダニ上科
(4) Superfamily Epilohmannioidea	(4) ハラミゾダニ上科
(5) Superfamily Collohmannioidea	(5) オオサマダニ上科
(6) Superfamily Euphthiracaroidea	(6) ヘソイレコダニ上科
(7) Superfamily Phthiracaroidea	(7) イレコダニ上科

e. Supercohort Desmonomatides (Desmonomata)	e. カタササラダニ上団
(a) Cohort Nothrina	(a) アミメオニダニ団
(1) Superfamily Crotonioidea	(1) シリボソダニ上科
(b) Cohort Brachypylina	(b) ハナレササラダニ団
(1) Superfamily Hermannielloidea	(1) ドビンダニ上科
(2) Superfamily Neoliodoidea	(2) ウズタカダニ上科
(3) Superfamily Plateremaeoidea	(3) ヒラセナダニ上科
(4) Suprefamily Damaeoidea	(4) ジュズダニ上科
(5) Superfamily Cepheoidea	(5) マンジュウダニ上科
(6) Superfamily Polypterozetoidea	(6) ハサミケタダニ上科
(7) Superfamily Microzetoidea	(7) ヤッコダニ上科
(8) Superfamily Ameroidea	(8) エリナシダニ上科
(9) Superfamily Eremaeoidea	(9) モリダニ上科
(10) Superfamily Gustavioidea	(10) イトノコダニ上科
(11) Superfamily Carabodoidea	(11) イブシダニ上科
(12) Superfamily Oppioidea	(12) ツブダニ上科
(13) Superfamily Tectocepheoidea	(13) クワガタダニ上科
(14) Superfamily Hydrozetoidea	(14) ミズノロダニ上科
(15) Superfamily Ameronothroidea	(15) ハマベダニ上科
(16) Superfamily Cymbaeremaeoidea	(16) スッポンダニ上科
(17) Superfamily Eremaeozetoidea	(17) ドテラダニ上科
(18) Superfamily Licneremaeoidea	(18) モンガラダニ上科
(19) Superfamily Phenopelopoidea	(19) エンマダニ上科
(20) Superfamily Achipterioidea	(20) ツノバネダニ上科
(21) Superfamily Oribatelloidea	(21) カブトダニ上科
(22) Superfamily Oripodoidea	(22) マブカダニ上科
(23) Superfamily Ceratozetoidea	(23) コバネダニ上科
(24) Superfamily Galumnoidea	(24) フリソデダニ上科
(c) Cohort Astigmatina (Astigmata)	(c) コナダニ団
(1) Superfamily Schizoglyphoidea	(1) ハジメコナダニ上科
(2) Superfamily Histiostomatoidea	(2) ヒゲダニ上科
(3) Superfamily Canestrinioidea	(3) コウチュウダニ上科
(4) Superfamily Hemisarcoptoidea	(4) カイガラムシダニ上科
(5) Superfamily Glycyphagoidea	(5) ニクダニ上科
(6) Superfamily Acaroidea	(6) コナダニ上科
(7) Superfamily Hypoderatoidea	(7) カワモグリダニ上科
(8) Superfamily Pterolichoidea	(8) ナミウモウダニ上科
(9) Superfamily Analgoidea	(9) ウモウダニ上科
(10) Superfamily Sarcoptoidea	(10) ヒゼンダニ上科

** Subcohort Uropodiae（イトダニ団）は、Krant and Walter eds. 2009, pp.133-136 および pp.166-167 の各上科の説明や検索表と一致しないため、同 pp.166-167 が採用されている（安倍弘・青木淳一・後藤哲雄・黒佐和義・岡部貴美子・芝実・島野智之・高久元［2009］ダニ亜綱の上位分類群に対する和名の提案．日本ダニ学会誌，18, 99-105.）。

【付録３】

マニアックなササラダニの観察法（上級編）
「ササラダニの三枚下ろし」をマスターしよう！

ここでは、ササラダニの分類学的研究にも、実用可能な高度な観察方法を紹介しよう。タングステン針を使ったダニの解剖は、いわゆる「ダニの三枚下ろし」の発展型である。あなたも、新しいダニの三枚下ろしの方法をマスターすれば、分類学的研究をすぐにでも始めることができる。是非、あまり多くの人に知られていないダニの秘密に迫っていただきたい。一般的な、土壌動物の採集方法、観察方法については、青木（2005）および、筆者も分担執筆した金子ほか（2007）も、あわせてご覧いただきたい。

＜ササラダニ類のプレパラートの作り方＞

(1) 乳酸中で観察する。

ササラダニの筋肉の構造、内部構造などは、乳酸中で観察すると光学顕微鏡で非常に見やすい（下図）。角度も自由に変えられる。ポイントは以下の２点。

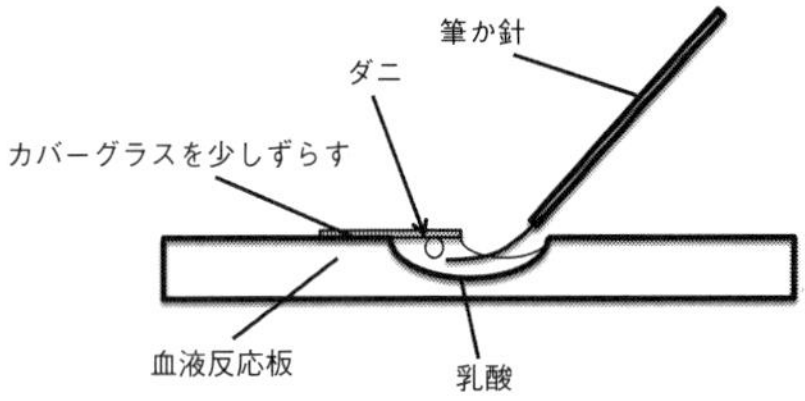

（ア）一般的なホールスライドではなく、血液反応板のような厚くて深い穴があいているスライドグラスを使うこと。筆などで角度を変える。（イ）乳酸での観察後は、蒸留水などでよくダニの身体を洗ってから、保存用のエタノールに戻すこと。直接、エタノールに入れると結晶が生じる。

(2) 解剖せずにプレパラートを作製する（通常の封入）。

ササラダニのプレパラートは、カナダバルサムを用いた永久標本の場合もあり、長く保存が可能であるが、通常はガム・クロラールで封入し、必要によって開封するように作るのが一般的（次ページ上図）。

ササラダニの身体に着いたゴミや、表面の分泌物。ロウ物質などを取り除く時には乳酸を使う。スライドグラスを二枚重ね、乳酸にダニを入れ上のスライドグラスに載せ、下からライターであぶる。乳酸を沸騰させるとダニが壊れるので沸騰させない程度に温めた後、筆などを使って実体顕微鏡の下で掃除する。下側のスライドグラスは、ススが付くので、ライターであぶるためだけに使う

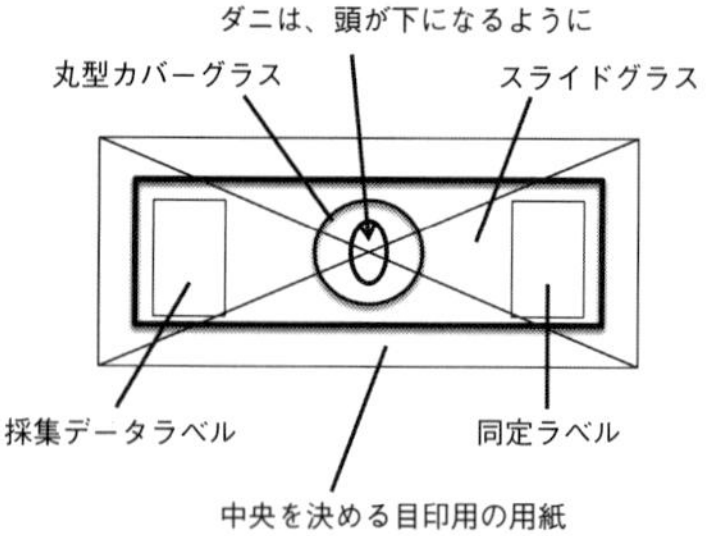

が、上側のスライドグラスはそのまま標本作製に用いることができる。
　ササラダニは乳酸を使って透徹することはせず、掃除をした後に標本にするか、解剖する。乳酸での観察後は、蒸留水などでよくダニの身体を洗う。
　プレパラートのラベルは、左側に採集データラベル（下図）を貼り、右側に同定結果などのラベルを貼る。標本作製の詳細は、高久ほか（2011）を参照。ササラダニでは、丸形カバーグラス（筆者は特注の直径 10 mm を使用、15 mm でもよい：松波硝子工業（株））を用いると脚が広がりやすく、美しいプレパラートになる。

Mt. Aoba, Sendai city, Miyagi, Japan
'Windy Valley', 600m 38° 15', 140° 52'
14-VII-2006
Coll. Satoshi SHIMANO
Ex. Saxifraga oppositifolia Lichen moss among rocks

青葉台，仙台市，宮城県，日本
ミズナラ谷，標高 600m
14-VII-2006
島野智之：採集
抽出材料：岩上の地衣類
(Saxifraga oppositifolia)

（3）解剖せずにプレパラートを作製する（身体の大きいダニの封入）。
　身体の大きいダニは、市販のホールスライドガラスを使いたくなるのだが、これを使うと、身体の下の方にピントが合わない標本になる。そこで、スライドグラスにドリルで穴をあける。ドリルはハンドル付きの固定できる台のあるものがよい（数万円）。ポイントは、ドリルで穴をあけた後、スプレー式のエアダスターで、中のガラス粉末を吹き飛ばし、70％エタノールなどで中を洗うこと。ガラス粉末が観察を妨げるためだ。プレパラートは通常の作製手順で行う（下図）。
　本法は見たい角度でダニを固定できるのため、通常は非常に観察しにくい前面からの観察や、後面からの観察も可能。身体の大きいダニ以外にも活用できる。

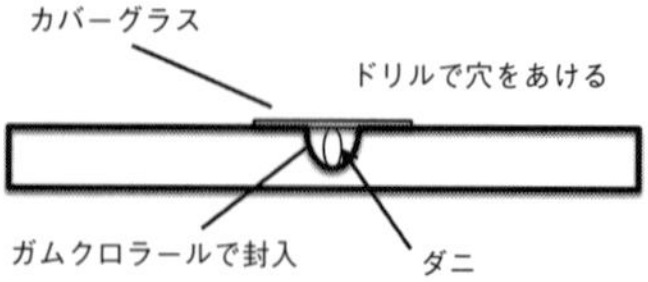

(4) 解剖してプレパラートを作製する。

[タングステンニードルの作り方]

タングステン線は、例えば（株）ニラコ（東京都）から購入できる。電源には顕微鏡用の古いトランス（電源）を使用する（下図）。トランスがない場合は、電気分解に多少時間はかかるが、6V の乾電池を使用してもよい。タングステン線を鰐口クリップに挟んで 10% の水酸化カリウム溶液中に出し入れすると、タングステンが電気分解されて先端が尖る（Norton and Sanders, 1985）。タングステン線は直径 0.5 mm にしておけば、一般のシャープペンシルの軸に入れ固定できる

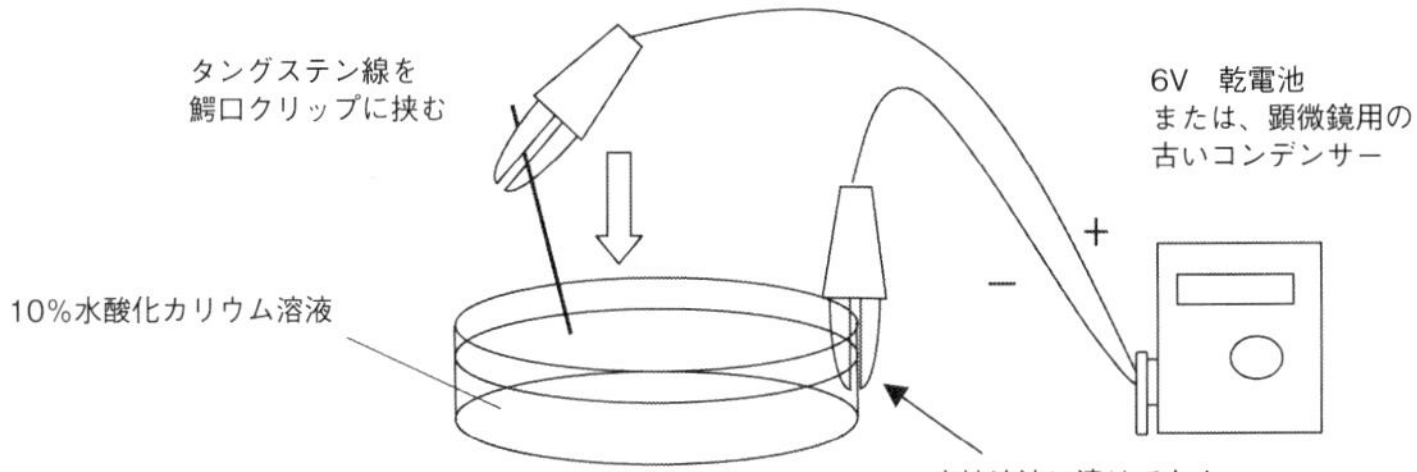
溶液に入っている部分の長さと電気分解させる時間で針の尖り具合を調節する
タングステン線を
鰐口クリップに挟む
6V　乾電池
または、顕微鏡用の
古いコンデンサー
+
－
10%水酸化カリウム溶液
直接溶液に漬けてもよい

[解剖の準備]

ネズビット溶液（抱水クロラール 40 g、蒸留水 25 ml、濃塩酸 2.5 ml）を作り、これをガム・クロラール溶液と 1：1 の割合で混合したものをガムネズビット溶液とする。ササラダニは、80% アルコールに浸漬してある状態では、筋肉がアルコールにより脱水され固くなり解剖には向かない。そこで、前日の午後に、解剖したい標本をバイアル瓶などに入れ、少量のガムネズビット溶液に移して､30 ～ 40℃で一晩加温する。翌日ここから取り出し、解剖する。

[解剖の手順（ダニの三枚おろし）]

タングステンニードルは、スライドグラスの面に対して垂直ではなく、平行になるように手で持つ。指はシャープペンシルの軸を親指、人差し指、中指でもち、薬指と小指は、広げて顕微鏡のステージに三脚のように固定して震えないようにする。

(1) 2 枚スライドグラスを用意し、1 枚には、ガム・クロラールを極少量数か所に滴下し（右下図）、解剖が終わったらすぐに封入できるようにしておく。

(2) もう 1 枚のスライドグラス上にガムネズビット溶液を 1 滴、滴下し、この中に上述の軟化したササラダニを入れ、溶液中で解剖する。ガムネズビ

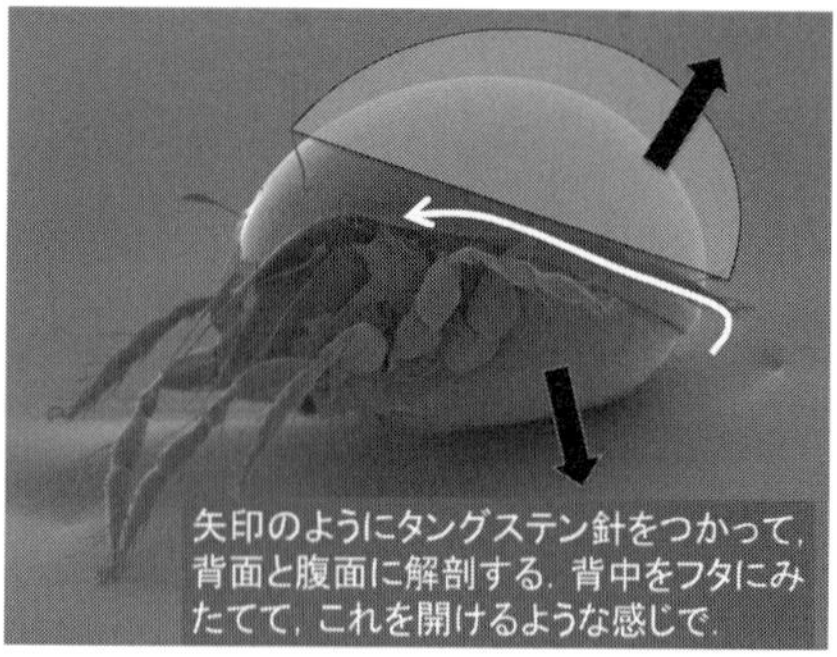
矢印のようにタングステン針をつかって，
背面と腹面に解剖する．背中をフタにみ
たてて，これを開けるような感じで．

ット溶液の表面が、乾燥によってかたまってきたら、これを取り除くようにする。また、タングステンニードルにガムネズビット溶液がダマ状にかたまってきたら、蒸留水などでこれを洗浄し、キムワイプで拭いて解剖を続ける。

(3) 一般のササラダニでは、身体の背面と腹面に解剖する（上図）。4対の脚と、口器をはずす。こうすることで、腹面の基節板（coxisternal seta; epimeral seta）の配列も明瞭に観察できるようになる。イレコダニ類では、前体部と後体部に解剖し、腹面も別にする（下図）。前体部と後体部をつなぐ太い筋肉群があるので、これを最初に切る。ポイントは、脚や鋏角は、左右一対を同じ向きにそろえて封入することだ。そうすることで、脚の外側と内側の毛の配列を同時に観察することができる。

＊ササラダニの脚の対は、前から第Ⅰ脚～Ⅳ脚と呼ぶ。

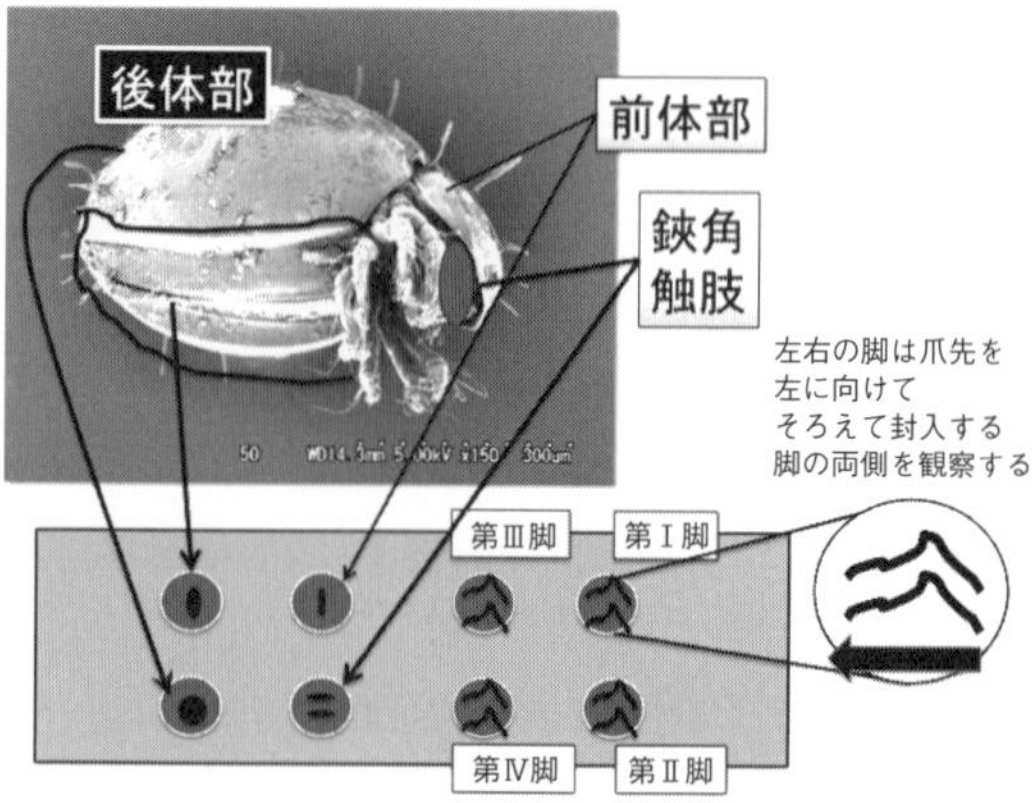
後体部
前体部
鋏角
触肢
左右の脚は爪先を
左に向けて
そろえて封入する
脚の両側を観察する
第Ⅲ脚
第Ⅰ脚
第Ⅳ脚
第Ⅱ脚

(4) 解剖して得られた身体のパーツは、別のスライドグラス上のガム・クロラール液の中に封入する。このとき、パーツは、ガムネズビット溶液から、もう一枚のスライドグラス上のガム・クロラール液に移し、直接封入してかまわない。封入には直径 10 mm の丸形カバーグラス（前述）を使用すると、最大 8 つまで 1 枚のスライドグラス上に置くことができるので、1 個体の標本から得られた各パーツ標本をひとそろい 1 枚のプレパラートとして作製することができる。
(5) 観察は第Ⅰ脚と第Ⅱ脚、第Ⅲ脚と第Ⅳ脚は、毛の配列がよく似ているので、毛の少ない第Ⅱ脚と第Ⅳ脚から観察を始めるとよい。

< 走査型電子顕微鏡観察法 >

節足動物などの外部形態の観察・描画には体長が 5 mm を超えるようなサイズのものであれば、だいたいが実体顕微鏡で観察・撮影ができる。これは動物をプレパラートなどにすることなく、そのまま反射光で 10-60 倍程度に拡大して観察できる双眼の顕微鏡であるが、ふつうは 100 倍を超えると良好な解像度が得られなくなる。

通常の光学顕微鏡（生物顕微鏡）は 1000 倍まで拡大できるが、こちらは透過光で観察するので、体の表面の微細構造などの観察には向かない。

これらに対し、表面構造の微細構造の観察に好都合なのが、走査型電子顕微鏡（Scanning Electron Microscope. 略称：SEM）である。この顕微鏡で観察するためには、観察試料に電子線を反射する金属をコーティングする必要がある（蒸着という）。

最近は、低真空 SEM と言われる蒸着なしで試料をそのまま観察できるタイプの機種も出てきているが、現在でも高真空タイプの解像度が上回っている。以下に、蒸着を施すまでの SEM 試料作製の手順を説明する。

[SEM 試料作製のための前処理]

観察試料の乾燥と蒸着の前に、まず試料標本の洗浄をおこなう。洗浄には超音波洗浄機を使用し、一滴の TritonX-100 （どうしてもなければ、台所用洗剤）をごく少量のみ滴下する。超音波洗浄機の処理時間によっては、毛が脱落したり、さらには標本が破壊されたりする場合がある。この場合には、処理時間を短くするか、標本を入れるビーカーなどのガラス容器を 2 重にするか、または単巻変圧器スライダック（現在ボルトスライダーとして販売 ; YAMABISHI（東京都））を超音波洗浄機の電源に入れるかなどの方法によって、試料にかかる衝撃を調節する。

一般的には SEM 観察の障壁になるのは、試料の乾燥条件だ。観察試料は蒸着をほどこす前に、乾燥させなければならないのであるが、この時に、試料が破壊されるのだ。乾燥には、以前は臨界点乾燥装置を使用していたが、取り扱いとメンテナンスが煩雑なため、近年は凍結乾燥装置を使用することが多くなった。

しかし、実に簡便な試料調製方法がある。この方法は、どちらの機械も必要とせず、それ以上に美しい画像が得られる。ここでは、ササラダニ類

のSEM 標本作製の例を挙げる。この方法で、ササラダニ若虫のように身体の柔らかい試料でも、もちろん美しく観察できる。本書の電子顕微鏡写真のほとんどは本法を用いた。

[SEM 試料作製法]

方法：ダニ標本の洗浄処理後、(1) 標本をバイアルの中に入れて次々と上清を取り替えるか、(2) 標本をろ紙で包んでホッチキスで留めるか、いずれかの方法で、アルコールシリーズによって脱水をする。

75% エタノール（10 分）→ 80% エタノール（5 分）→ 90% エタノール（5 分）→ 95% エタノール（5 分）→ 99% エタノール（5 分）→無水エタノール（5 分)、無水エタノールを数回繰り返した後→アセトン（5 分）→ペンタン（5 分）数回→きれいなろ紙の上にピペットで 1 個体ずつ液体ごと滴下。すぐに乾くので、細い面相筆で試料台の上に乗せ、蒸着（近年は、ほとんどが自動で行う）を行った後、SEM 観察を行う。

試料台にダニを乗せるときに使用する両面テープは、事務用のニチバン（株）の製品が使いよい。表面が波打ったりすることなどがないためである。透過型電子顕微鏡（略称 TEM）に関しては成書に譲る。

観察法に関する引用文献

金子信博（編著）・布村昇・長谷川 元洋・渡辺弘之・鶴崎展巨 , 2007.『土壌動物学への招待―採集からデータ解析まで（日本土壌動物学会 編）』, 261 pp., 東海大学出版会 , 東京 .

＊専門的な土壌動物の研究調査法マニュアル。ササラダニ類に関する記述もある。

Norton, R. and Sanders, F. (1985) Superior micro-needles for manipulating and dissecting soil invertebrates. Quaestiones Entomologicae, 21 : 673-674.

高久元・島野智之・芝実・岡部貴美子・唐沢重考 , 2011.『土壌ダニ（初級・中級）採集・標本作製編』パラタクソノミスト養成講座・ガイドブックシリーズ 6. 20 pp. 北海道大学総合博物館 , 札幌 .

引用文献と
ダニ・マニアのための参考書

【引用文献】＊読者にとって役立つ重要なもののみ掲載する。

Alberti, G. and Fernandez, N. A. 1988. Fine structure of a secondarily developed eye in the fresh water moss mite, *Hydrozetes lemnae* (Coggi, 1899) (Acari: Oribatida). Protoplasma, 146: 106-117.

Alberti, G., Fernandez, N. A. and Kümmel, G. 1991. Spermatophores and Spermatozoa of oribatid mites (Acari: Oribatida). Part I: Fine structure and histochemistry. Acarologia, 32: 261-286.

青木淳一 1976.『大地のダニ』, 共立出版 , 東京 .

青木淳一 1996.『ダニにまつわる話』, 筑摩書房 , 東京 .

青木淳一 2005.『だれでもできるやさしい土壌動物のしらべかた ― 採集・標本・分類の基礎知識』, 合同出版 , 東京 .

Domes, K., Norton, R. A., Maraun, M. and Scheu, S. 2007. Re-evolution of sexuality breaks Dollo's law. Proceedings of the National Academy of Sciences of the United States of America, 104: 7139–7144.

Enami, Y. and Nakamura, Y. 1996. Influence of *Scheloribates azumaensis* (Scheloribatidae) on *Rhizoctonia solani*, the cause of the radish-root rot. Pedobiologia, 40: 251-254.

Gorirossi-Bourdeau, F. 1995. A documentation in stone of Acarina at the Roman temple of Bacchus in Baalbek, Lebanon about 150 AD. Bulletin et Annales de la Societe Royale Belge d'Entomologie, 131: 3-15.

Haupt, J. and Coineau, Y. 1999. Ultrastructure and functional morphology of a nematalycid mite (Acari: Actinotrichida: Endeostigmata: Nematalycidae): adaptations to mesopsammal life. Acta Zoologica (Stockholm), 80: 97-111.

Hooke, R. 1665. Micrographia: or some Physiological Descriptions of Minute Bodies made by Magnifying Glasses. With Observations and Inquiries thereupon. Jo. Martyn and Ja. Allestry, Printers to the Royal Society, London.

Kevan, D. K. M. 1986. Soil zoology, then and now - mostly then. Quaestiones Entomologicae, 21 (1985): 371-472.

Michael, A. D. 1884. British Oribatidae. Vol I. pp. 1-336. Ray Society, London.

森田達志 2008. 蟲のヒトリゴト . 其の一 . マダニ引き抜き編 1.ViVeD, 4: 358-361.

Norton, R. A. 1998. Morphological evidence for the evolutionary origin of Astigmata (Acari: Acariformes). Experimental Applied Acarology, 22: 559-594.

Norton, R. A. and Behan-Pelletier, V. M. 2009. Suborder Oribatida. pp. 430-564. In: A Manual of Acarology: Third Edition (Krantz, G. W. and Walter, D. E. (Eds.)), Texas Tech University Press, Texas.

Norton, R. A., Oliveira, A. R. and Moraes, G. J. de 2008. First Brazilian records of the acariform mite genera *Adelphacarus* and *Gordialycus* (Acari: Acariformes: Adelphacaridae and Nematalycidae). International Journal of Acarology, 34:

91-94.
Norton, R. A., Alberti, G., Weigmann, G. and Woas, S. 1997. Porose integumental organs of oribatid mites (Acari, Oribatida). 1. Overview of types and distribution. Zoologica, Stuttgart, 146: 1-31.
Norton, R. A., Bonamo, P. M., Grierson, J. D. and Shear, W. A. 1988. Oribatid mite fossils from a terrestrial Devonian deposit near Gilboa. New York. Journal of Paleontology, 62: 259-269.
大原昌宏・前川光司・矢部衛 2008. 古生代前期における魚類の進化、陸上生態系の出現と初期進化. p.69-91. In:『地球と生命の進化学－新・自然史科学 I（沢田健ほか編）』, 北海道大学出版会, 札幌.
小野展嗣 2002.『クモ学―摩訶不思議な八本足の世界』, 東海大学出版会, 東京.
Oppedisano, M., Eguaras, M. and Fernandez, N. A. 1995. Depot de spermatophores et structures de signalisation chez *Pergalumna* sp. (Acari: Oribatida). Acarologia, 36: 347-353.
Sanders, F. H. and Norton, R. A. 2004. Anatomy and function of the ptychoid defensive mechanism in the mite *Euphthiracarus cooki* (Acari: Oribatida). Journal of Morphology, 259: 119-154.
Saporito, R. A., Donnelly, M. A., Norton, R. A., Garraffo, H. M., Spande, T. F., and Daly, J. W. 2007. Oribatid mites as a major dietary source for alkaloids in poison frogs. Proceedings of the National Academy of Sciences of the United States of America, 104: 8885–8890.
Schatz, H. 2002. Die Oribatidenliteratur und die beschriebenen Oribatidenarten (1758–2001) – eine Analyse. Abh Ber Naturkundemus Görlitz, 72: 37–45.
Shimano, S. and Aoki, J. 1997. A new species of oribatid mites of the family Oribotritiidae from Toyama in central Japan. Edaphologia, 59: 55-59.
Shimano, S. and Matsuo, T. 2002. Morphological studies on the digestive tract of *Scheloribates azumaensis* (Acari: Oribatida). Journal of the Acarological Society of Japan, 11: 37-40.
Shimano, S., Sakata, T., Mizutani, Y., Kuwahara Y. and Aoki J. 2002. Geranial: the alarm pheromone in the nymphal stage of the oribatid mite, *Nothrus palustris*. Journal of Chemical Ecology, 28: 1831-1837.
Shimizu, N., Yakumaru, R., Sakata, T., Shimano, S. and Kuwahara, Y. 2012. The absolute configuration of Chrysomelidial: a widely distributed defensive component among Oribotririid mites (Acari: Oribatida). Journal of Chemical Ecology, 38: 29-35.
Subías, L. S. 2012. Listado sistemático, sinonímico y biogeográfico de los ácaros oribátidos (Acariformes: Oribatida) del mundo (Excepto fósiles). (http://www.ucm.es/info/zoo/Artropodos/Catalogo.pdf ; as of Nov., 2012)
Takeda, W., Sakata, T., Shimano, S., Enami, Y., Mori, N. and Kuwahara, Y. 2005. Scheloribatid mites (Oribatida: Acari) as the source of Pumiliotoxines known in Dendrobatid frogs. Journal of Chemical Ecology, 31: 2403-2415.
Travé, J. 1968. Sur l'existence d'yeux latéraux dépigmentés chez

Eobrachychthonius Jacot (Oribate). Acarologia, 10: 151-158.
Wauthy, G., Leponce, M., Banai, N., Sylin, G. and Lions, J. C. 1998. The backward jump of a box moss mite. Proceedings of the Royal Society London, B, Biological Sciences, 265: 2235-2242.
Wheeler, Q. D. 1990. Insect diversity and cladistic constraints. Annals of the Entomological Society of America, 83: 1031-1047.
Wheeler, W. C. and Hayashi, C. Y. 1998. The phylogeny of the extant chelicerate orders. Cladistics, 14: 173-192.
喘息予防・管理ガイドライン 2009 作成委員 2009.『喘息予防・管理ガイドライン 2009（社団法人日本アレルギー学会 喘息ガイドライン専門部会 監修)』, 協和企画 , 東京 .
＊紙面に掲載できなかったものは以下をごらんいただきたい。
https://sites.google.com/site/daninomania/

【参考書：日本語で読むダニ学】

1）江原昭三 1966. 第 4 目ダニ類（Acari）. p. 139-194. In:『動物系統分類学（山田真弓 監修）, 7（中 A)』, 307 pp., 中山書店 , 東京 .
2）江原昭三 2000. クモ形類（Arachnida）・ダニ類（Acari）. p. 214-220. In:『動物系統分類学(山田真弓 監修）, 追補版』, 451 pp., 中山書店 , 東京 .
3）江原昭三 1980. ダニ類概説 . p. 491-510. In:『日本ダニ類図鑑(江原昭三 編)』, 562 pp., 全国農村教育協会 , 東京 .
＊以上３点は日本ダニ学の偉人の一人、故江原昭三博士のダニ学の基礎としてダニマニア必読。
4）佐々学(編) 1965.『ダニ類―その分類・生態・防除』, 486 pp., 東京大学出版会 , 東京 .
＊日本最初のダニ学の教科書。すべてのダニを網羅し、採集法などにも詳細に解説を加えているという点において、本書は今でも日本ダニ学の金字塔である。ササラダニについては当時の科までの検索表付き。刊行当時のダニ学の熱さが読むたびに感じられる。
5）佐々学・青木淳一(編) 1977.『ダニ学の進歩―その医学・農学・獣医学・生物学にわたる展望』, 602 pp., 図鑑の北隆館 , 東京 .
＊『ダニ類』から約 10 年後に刊行された２冊目の金字塔。ササラダニについては、形態用語のまとめと当時の属までの検索表付き。ダニマニアなら『ダニ類』とあわせて持ち、日本ダニ学の先哲方の強い心意気を常に感じたい。
6）佐々学（編著）1984.『ダニとその駆除（害虫駆除シリーズ〈2〉)』, 175 pp., 日本環境衛生センター , 東京 .
＊隠れた名著、日本ダニ学の創設者の一人である佐々学博士のダニ学概説(絶版)。
7）江原昭三(編・著) 1990.『ダニのはなし―生態から防除まで〈1〉』, 229 pp., 技報堂出版 , 東京 .
8）江原昭三(編・著) 1990.『ダニのはなし―生態から防除まで〈2〉』, 223 pp., 技報堂出版 , 東京 .
9）江原昭三・高田伸弘(編・著) 1992『ダニと病気のはなし』, 214 pp., 技報堂出版 , 東京 .
＊以上３点は日本語のダニ学の教科書と言える。沢山のダニが網羅されており日本ダニ学の広がりが分かる。
10）高田伸弘 1992.『病原ダニ類図譜』, 216 pp., 金芳堂 , 京都 .

＊人体寄生性または病原に関わるダニ学(衛生動物学，寄生虫学)には欠かせない教科書。
11）青木淳一(編) 2001.『ダニの生物学』, 420 pp., 東大出版会，東京．
＊ 2000 年前後のダニ学の進歩のトピックを平易に取り上げてある良書。
12）江原昭三・真梶 徳純(編) 1996.『植物ダニ学』, 419 pp., 全国農村教育協会，東京．
13）江原昭三・後藤哲雄（編）2009.『原色植物ダニ検索図鑑』, 349 pp., 全国農村教育協会，東京．
＊植物寄生性ダニとその天敵。農業現場が中心の教科書と図鑑。

【参考書：外国語で読むダニ学】

14）Krantz, G. W. and Walter, D. E. (Eds.) 2009.『A Manual of Acarology: Third Edition』, 816 pp., Texas Tech University Press, Texas.
＊ダニ学を目指すものは必携の一冊。新しい高次分類体系の提案が含まれる。世界中のササラダニの科までの検索表付き。検索表はひとつの特徴ではなく、常に複数の特徴で検索がなされるように工夫されているので科の特徴もつかみやすい。
15）Walter, D. E and Proctor, H. C. 2013.『Mites: Ecology, Evolution & Behaviour –Life at a Microscope, Second edition』, 494 pp., Springer, Dordrecht Heidelberg New York London.
＊読み物的な教科書だが、ダニ(mite)の知識が網羅されているという必読の書。マダニ類(tick)にも２版で言及した。
16）Evans, G. O. 1992.『Principles of Acarology』, 563 pp., CABI, Wallingford.
＊ダニ学の教科書として大切な一冊。ダニ全体の比較形態について網羅。生態についてはあまり書かれていない。
17）Houck, M. A. (Ed.) 1994.『Mites: Ecological and Evolutionary Analyses of Life-History Patterns』, 357 pp., Chapman & Hall, New York and London.
＊ダニ学の進化生態学の教科書として少し古いが、全体を見渡すことができる。
18）Wrensch D. L. and Merceses A. Ebber, M. A. (Eds.) 1992.『Evolution and Diversity of Sex Ratio in Insects and Mites』, 652 pp., Chapman & Hall, New York and London.
＊ダニ(mite)の繁殖戦略についての教科書。
19）Travé, J., André, H. M., Taberly, G. and Bernini, F. 1996.『Les Acariens Oribates』, 110 pp., Published jointly by AGAR Publishers and the Société internationale des Acarologues de Langue francaise (SIALF), Wavre, Belgique.（フランス語）
＊コンパクトにまとめられたササラダニの教科書。ササラダニの形態については、まとまった教科書がないので本書は重宝する。現在の形態用語の体系を作り上げた故 Grandjean 博士のイラストが多数あるので形態用語の勉強になる。
20）Hammen, L. V. D. 1980.『Glossary of Acarological Terminology Glossaire De La Terminologie Acarologique: General Terminology』, 244 pp., Dr.W Junk B.V. Publisher, The Hague.
＊ダニの用語について最も詳しく正確な定義付けがある。入門者には Hunt ほかの CD-ROM が分かりやすい。

【クモ形綱の参考書】
21）小野展嗣 2002.『クモ学―摩訶不思議な八本足の世界』, 224 pp., 東海大学出版会 , 東京 .
22）小野展嗣 2008. 鋏角亜門 . p. 122-167. In:『節足動物の多様性と系統（バイオディバーシティ・シリーズ）（石川良輔 編著・馬渡峻輔 監修・岩槻邦男 監修）』, 495 pp., 裳華房 , 東京 .
23）鶴崎展巨 2000. 系統と分類 . p. 3-27. In:『クモの生物学（宮下直 編）』, 267 pp., 東京大学出版会 , 東京 .
＊以上 3 冊のクモ形綱に関する記述は、クモ形綱全体の中でのダニ類という分類群の性質を理解するという観点から必読。ダニ類の進化や体系を知ることができる。
24）青木淳一（監訳）2011.『クモ・ダニ・サソリのなかま , 知られざる動物の世界 , 7』, 118 pp., 朝倉書店 , 東京 .
＊美しい生態写真と詳細な解説は鋏角類の理解に大きな手助けとなる絵本。

【ササラダニ類の図鑑・図集】
25）江原昭三（編）1980.『日本ダニ類図鑑（江原昭三 編）』, 562 pp., 全国農村教育協会 , 東京 .
＊現在のところササラダニの普通種については最も詳しい図鑑。日本唯一のまとまったダニ図鑑。
26）青木淳一（編著）2015.『日本産土壌動物 分類のための図解検索 第二版』, 1988 pp.（2 分冊）, 東海大学出版会 , 東京 .
＊国内のササラダニ・ケダニなど種レベルで既知種（土壌性のみ）は網羅。
27）皆越ようせい 2005.『土の中の小さな生き物ハンドブック（渡辺弘之 監修）』, 75 pp., 文一総合出版 , 東京 .
＊他の図鑑は線画だが、本書は実写なので顕微鏡などで観察するときには大変に便利。
28）Weigmann, G. and Miko, L. 2006.『Hornmilben（Oribatida）』, 520 pp., Goecke & Evers, Keltern.（ドイツ語）
＊ヨーロッパのササラダニ種について詳しく網羅されているので日本の種とヨーロッパの種を比較するなどの場合に便利。
29）Balogh, J. and Balogh, P. 1992. The oribatid mites genera of the world（2 vols.）. 263 pp.+ 375 pp., Hungarian National Museum Press, Budapest.（英語）
＊世界中のササラダニの属までの検索表と図集。これによって世界中のササラダニ属を知ることができる。ただし 1992 年現在まで。
30）Hunt, G. S., Norton, R.A., Kelly, J. P. H., Colloff, M. J., Lindsay, S. M., Dallwitz M. J. and Walter, D. E. 1998.『Oribatid Mites: Interactive Glossary of Oribatid Mites AND Interactive Key to Oribatid Mites of Australia（CD-ROM）』, CSIRO Publishing, Victoria.（英語）
＊形態用語は、文章による詳細な定義と重要なものについては走査型電子顕微鏡像があるので、非常に分かりやすい。英語でササラダニを勉強するときの入門としては欠かせない。
31）Walter, D. E and Proctor, H. C. インターネット版 .『Orders, suborders and cohorts of mites in soil』 http://keys.lucidcentral.org/keys/cpitt/public/mites/Soil%20Mites/Index.htm
＊ソフト Lucid をもちいたサーバー上の検索システム。土の中から得られるすべてのダニ類（tick & mite）について、豊富な走査型電子顕微鏡像と詳細なダニ類用語および形態用語。

（盛口 満・画）

［著者］島野智之　しまの さとし

1968年富山県生まれ。横浜国立大学大学院工学研究科単位取得満期退学。博士（学術）。農林水産省（独）農業・生物系産業技術研究機構主任研究員、2005年宮城教育大学准教授を経て、2014年より法政大学国際文化学部・自然科学センター教授。著書に『生物学辞典』（編集協力、分担執筆、東京化学同人）、『ダニの生物学』（分担執筆、東京大学出版会）、『ダニのはなし』（編者・分担執筆、朝倉書店）など。

ダニ・マニア　チーズをつくるダニから巨大ダニまで　【増補改訂版】

2012年 12月25日　初版第1刷発行
2015年 10月27日　増補改訂版第1刷発行

著　者　島野智之
発行者　八坂立人
印刷・製本　シナノ書籍印刷（株）

発行所　（株）八坂書房
〒101-0064　東京都千代田区猿楽町1-4-11
TEL.03-3293-7975　FAX.03-3293-7977
URL.：http://www.yasakashobo.co.jp

ISBN 978-4-89694-188-3